室内装饰材料识别与选购

张清丽 主编

李本鑫 周岩枫 副主编

化学工业出版社

·北京·

本书紧紧围绕高职教育培养目标的要求，结合高等职业教育特点，较系统地阐述了装饰材料的基础理论和有关专业知识内容，主要介绍家庭装饰装修工程中常用的装饰材料、必要的家用电器以及相关材料的识别与选购。主要内容包括顶面装饰材料、墙面装饰材料、地面装饰材料、厨房用装饰材料及家用电器、卫浴材料、家具材料、门窗、水电材料、室内陈设品和其他装饰材料等近百种装饰材料的选购技巧。书中力求以一些实用的选购技巧和经验，帮助家装设计者、消费者在家庭装饰装修中选购到合适的装饰材料，以保证装修质量。

本书充分结合当前家庭装饰装修的实际，及时采纳了装饰装修中的新材料、新工艺、新技术和施工管理中相应采取的新规范、新标准，体现了当代家庭装饰装修的理论和技术的新成果，力争实现教材内容和技术的超前性特征，注重学生创新能力的培养。

本书为高职高专建筑装饰工程技术，室内设计技术，家具设计等专业的教材，也可供建筑设计类、环境艺术设计等有关专业的师生以及建筑和装饰装修方面的材料生产企业、设计和施工单位的人员作参考用书。

图书在版编目（CIP）数据

室内装饰材料识别与选购/张清丽主编. —北京：
化学工业出版社，2012.12
ISBN 978-7-122-15548-1

Ⅰ.①室… Ⅱ.①张… Ⅲ.①室内装饰-建筑材料-装饰材料-高等职业教育-教材 Ⅳ.①TU56

中国版本图书馆 CIP 数据核字（2012）第 241787 号

责任编辑：王文峡　　　　　　　　　　　　文字编辑：陈　雨
责任校对：宋　玮　　　　　　　　　　　　装帧设计：尹琳琳

出版发行：化学工业出版社（北京市东城区青年湖南街 13 号　邮政编码 100011）
印　　装：北京云浩印刷有限责任公司
787mm×1092mm　1/16　印张 15¼　字数 376 千字　　2013 年 1 月北京第 1 版第 1 次印刷

购书咨询：010-64518888（传真：010-64519686）　售后服务：010-64518899
网　　址：http://www.cip.com.cn
凡购买本书，如有缺损质量问题，本社销售中心负责调换。

定　　价：32.00 元　　　　　　　　　　　　　　　　　　版权所有　违者必究

前　言

室内装饰材料是人类文化发展的一部分，是一个时代文明的重要标志之一。人类社会的发展史就是材料的发展史，材料是人类生产和生活水平提高的物质基础。室内装饰材料作为室内设计、装修的基本载体和最基础元素，是传达思想、观念与艺术形式的物质媒介，它们作用于人们的视觉、触觉，能够影响人们的视觉经验和心理体验，同时承载着设计者的设计理想与观念的表达。设计离不开材料的支撑，没有材料，设计将永远停留在创意阶段，无法成为真正的设计。人们在认识到这一基本原理的同时，也感受到时代变迁带来的巨大变化与进步。随着国民经济的飞速发展和人民生活水平的不断提高，人们对所处生活、生产环境质量的要求不断提高，对建筑装饰的要求也越来越高，这便有力地促进了建筑装饰业的飞速发展，因此各种新材料、新工艺和新的设计理念也应运而生。建筑装饰材料是装饰设计和装饰工程的重要物质基础。实践证明，一个好的装饰设计，只有与好的装饰材料、合理的构造方式和先进的施工工艺相配合，才能使工程项目获得预想的使用功能、完美的装饰效果及明显的经济效益。室内设计教育就应该结合现代装饰材料发展趋势，在教育教学中提倡学生对装饰材料及与之相关的技术的学习与研究，力求构成室内设计教育完整的知识体系和技能体系。

本书是按照高职高专建筑装饰工程技术专业和相关专业的教学基本要求编写的，采用了最新版本的国家规范及标准，介绍了建筑装饰材料和与装饰工程相关的建筑材料的组成、分类、规格、性能、特点和应用及选购要点。本书内容包括墙面装饰材料、地面装饰材料、厨房装饰材料及电器、卫浴材料、门窗、水电、室内陈设品及其他辅助材料的选购与识别技巧，并且介绍了与材料、环境相适应的绿色环保装修理念。

本书可作为高职高专、成人、远程高等教育建筑装饰工程技术类专业的教学用书，也可作为高等教育建筑学专业、环境艺术专业的教学参考用书，建筑装饰行业设计、施工以及技术、管理人员的继续教育、岗位培训的教材和实用参考书。

本教材由黑龙江生物科技职业学院张清丽主编，李本鑫、周岩枫任副主编，由张清丽负责统稿。其中，绪论、第三章、第八章由张清丽（黑龙江生物科技职业学院）编写，第五章、第六章、第七章由李本鑫（黑龙江生物科技职业学院）编写，第一章、第四章由周岩枫（黑龙江生物科技职业学院）编写，第二章由韦双颖（东北林业大学材料科学与工程学院）编写，第九章由王春莲（辽东学院）编写。

限于作者水平和时间，书中不妥之处在所难免，敬请专家和广大读者批评指正。

编者
2012 年 8 月

目 录

2 第二章 室内墙面装饰材料识别与选购 /21

3 第三章 室内地面装饰材料识别与选购 /52

第四章　厨房装饰材料及电器的识别与选购　/96

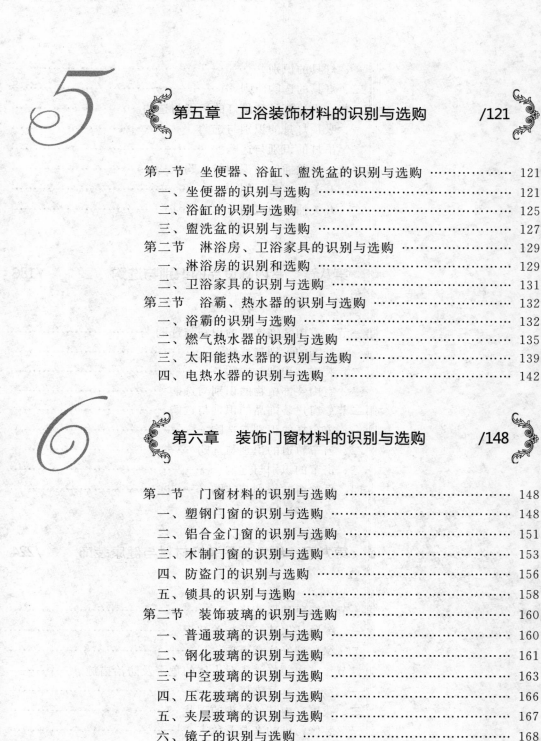

第八章　室内陈设品的识别与选购　/186

第九章　绿色环保装饰材料与健康装饰　/224

室内装饰材料简介

✱ 学习目标

　　1. 掌握室内装饰材料的分类及选择原则。

　　2. 了解室内装饰材料的地位及其发展趋势。

✱ 学习建议

　　通过走访装饰材料市场、观察周围各种类型的装饰材料的运用和装饰效果，结合本章内容掌握装饰材料在生活中的重要作用及选择要点。

　　室内装饰有着悠久的历史，早在古埃及，人们就经常用各种鲜艳的色彩和美丽的饰物把居室布置得金碧辉煌。4世纪，随着基督教的兴起，开始产生了以教堂内部装饰为代表的拜占庭艺术。12世纪后，哥特式教堂在欧洲大量出现，风靡一时的玻璃镶嵌画使教堂内充满了五彩缤纷的光线，烘托了宗教特有的神秘气氛。17世纪，法国曾盛行巴洛克艺术，凡尔赛宫的内部装饰体现了这一风格。它的特点是装饰豪华气派，风格庄严而典雅，极力显示皇族的威仪。中国传统的室内装饰素以色彩丰富、纹饰华美、古朴典雅著称于世。在数千年的发展进程中，形成了独特的中国风格和中国气派，在殿式建筑中，多讲究雕梁画栋，用色鲜明，对比强烈；在家具和陈设品的摆放上，则取庄重而严肃的对称式格局，刻意追求富丽堂皇的皇家气派；而一般文人，则喜欢用色调古朴沉着的古玩、家具以及取色淡雅的水墨字画作为室内设计的主色调，从而创造出一种含蓄而高雅的境界。

　　室内装饰是为了满足人们的社会活动和生活需要，合理、完美地组织和塑造具有美感而又舒适、方便的室内环境的一种综合性艺术。它是环境艺术的一个门类，又称室内设计，它将现代科学技术与文化艺术融合于一体，并与建筑设计、装饰艺术、人体工程学、心理学、美学有着密切的联系。

　　室内装饰大体可分为两类：一类依附于建筑实体，如空间造型、绿化、装饰、壁画、灯光照明以及各种建筑设施的艺术处理等，统称为室内装修；另一类依托于建筑实体，如家具、灯具、装饰织物、家用电器、日用器皿、卫生洁具、炊具、文具和各种陈设品，统称为室内陈设。

　　室内装饰可以改善空间，即通过装修，对室内空间进行美化和修饰，创造一个符合美的规律的室内空间，创造一定的氛围。通过室内家具、陈设品的选择与设计，创造一种理想的室内气氛，使人赏心悦目，怡情逸性。

第一节　室内装饰的作用

　　现代建筑不但要求其有良好的使用功能，还要求其结构新颖、造型美观、立面丰富、环境清洁、优美。因此，只有正确地选择和应用装饰材料，最大限度地发挥材料本身的作用和功能，才能满足人们的需求。室内装饰是依据一定的方法对建筑物进行美的设计和包装，在某种程度上建筑装饰可以反映某一时代的科技、文化、民族风格及城市的特色。

　　装饰材料是集材料、工艺、造型设计、美学于一体的材料。艺术家们很久以前就把设计美观、造型独特、色彩适宜的建筑称为"凝固的音乐"。建筑物的装饰美很大程度上受到建筑装饰材料的制约，尤其受到材料的光泽、质地、质感、图案、花纹等特性的影响。装饰材料是建筑物的重要物质基础，只有了解和掌握装饰材料的性能、特点，按照建筑物的应用特性及使用环境条件，合理选用装饰材料，才能更好地发挥材料的长处，做到物尽其用，也能更好地表达设计意图。

　　现代的室内装饰更加强调以人为中心进行设计，其大致可以分为两大潮流。一种是从使用功能上对室内环境进行设计，如科学地通风、采光、色彩选择等，以提高室内空间的舒适性和实用性。另一种是创造个性化的室内环境，强调个人的风格和独特的审美情调。它的作用主要体现在以下四方面。

一、保护建筑物主体的作用

　　建筑物暴露在大气中，不可避免地受到日晒、风吹的侵袭以及腐蚀性气体和微生物的作用，会使其产生粉化、裂缝甚至脱落等破坏现象，使耐久性受到威胁，选用材性适当的装饰材料，不仅对建筑物有良好的装饰功能，且能有效地提高建筑物的耐久性，降低维修费用。

　　如混凝土墙面上的砂浆层经常受日晒及温差交替变化等影响，会产生粉化、脱落、开裂等破坏现象，采用镶贴陶瓷面砖或涂刷涂料等方法，就能够保护基体免受或减轻这类破坏，从而延长建筑物的使用寿命。

二、增强和弥补建筑物主体功能的作用

　　在现代建筑中，对于主体尚好的陈旧建筑，同样可以通过手段使其适应现代建筑的美观及使用功能的要求。例如墙体的保护手段一般有抹灰、刷油漆、贴面等。传统的抹灰能延长墙体使用年限，当室内相对湿度较高，墙面易被溅湿或需用水刷洗时，内墙需做隔气、隔水层予以保护。如浴室墙面用瓷砖贴面，厨房、厕所做水泥墙裙、刷油漆或瓷砖贴面等。而地面的装饰是为了保护楼板和地坪，保证使用条件及美化功能。一切楼面、地面必须能够满足必要的强度、耐腐蚀、耐磕碰、表面平整光滑等基本使用条件。此外，一楼地面还要有防潮性能，浴室、厨房等地面要有防水性能，其他房间地面要能防止擦洗地面等活动所带来的生活用水的渗漏。标准较高的地面还应考虑隔声、吸声、隔热保温以及富有弹性的质感，使人感到舒适，不易产生疲劳感。

三、改善室内环境的作用

　　人们经过一天紧张的工作、学习之后，需要在一个舒适、温馨的环境中得到松弛，求得心理平衡，情趣调节。因此，家居环境是人们主要的休憩场所。室内装饰和陈设就显得尤为重要。

　　室内墙壁如果喷涂色彩淡雅的建筑涂料，或铺贴壁纸或贴墙布，既能改变人们过去对单一的白灰抹墙的冷色基调的反感心理，起到美化居室的作用，又可保护墙壁不受有害物质的

侵蚀，防臭涂料和壁纸还能起到室内除臭和净化空气的作用；防火涂料在一定程度上能抑制居室火灾的发生；公共建筑设施中的会客厅、厅堂为庄重起见，可施以大理石、花岗岩装饰；商场、剧院等人群密集之处为了降低噪声，可采用各种吸声材料加以装饰；地面如采用水磨石或各种彩色地砖，便于清洗、美观大方，如铺设塑料地板、地毯、木地板、复合地板，一改水泥混凝土刚性地面，会给人一种弹性、舒适感，冬季更有一种温暖感；室内如果再配以色彩柔和、造型美观典雅的吊灯、壁灯，放置几盆花草和盆景，墙壁镶嵌一两幅壁画点缀，配上家具，整个居室会给人一种清静、舒畅、温馨之感，从而使身心得到更好的调节与平衡。

四、美化的作用

室内装饰材料的功能之一是装饰室内，起到美化的作用。众所周知，只有建筑而没有适当的装饰是不完美的艺术，现代建筑要求建筑师遵循美学的原则，创造出具有提高生命意义的优美空间环境，使人的身心得到平衡，情绪得到调节，智慧得以发挥。装饰材料为实现这一目标起着重要的甚至决定性的作用。同样的建筑主体，采用不同的装饰材料进行装修，就会创造出不同的档次、风格的效果。例如门窗可选用木门窗、彩板门窗、铝合金门窗、塑钢门窗等；内墙可选用壁纸、壁布、内墙涂料及其他装饰材料；内隔墙可采用透光不透明的空心玻璃、彩色玻璃、屏风式拉格等；顶棚可采用金属龙骨或木龙骨配以石膏板、矿棉板、铝合金板等组装成吊顶，而吊顶可根据空调风道、灯具饰物的需要，组装成具有不同标高层次和形状；室内地面可采用无放射性污染的天然大理石、花岗岩、地面砖、实木地板、软木地板、复合地板、塑料地板、地毯等。

一个建筑物的室内装饰装修是通过建筑装饰材料的质感、线条和色彩来表现的。建筑装饰材料的开发和运用使建筑物饰面异彩纷呈。选用性质不同的装饰材料或对同一种装饰材料采用不同的施工方法，就可使建筑物的内外装饰产生不同的装饰效果。如用丙烯酸类涂料可以做成有光、平光或无光的饰面，也可以做成凹凸的、拉毛的或彩砂的饰面。

总之，室内装饰材料不仅起着美化建筑与环境的作用，同时也起着保护建筑物的作用。

第二节　室内装饰对材料的要求与材料的选择

一、室内装饰对材料的要求

（一）室内装饰装修对材料的基本要求

室内装饰的艺术效果主要由材料及其做法的质感、线型及颜色三方面因素构成，这也是建筑物饰面的三要素，同时这也是对装饰材料的基本要求。

1. 质感

任何饰面材料及其做法都会以不同的质地感觉表现出来。例如，结实或松软、细致或粗糙等。不同的材料会给人带来不同的感觉，例如坚硬而表面光滑的材料（如花岗石、大理石）表现出严肃、有力量、整洁之感。富有弹性而松软的材料（如地毯及纺织品）则给人以柔顺、温暖、舒适之感。同种材料不同做法也可以取得不同的质感效果，如粗犷的外露混凝土和光面混凝土墙面呈现出迥然不同的质感。

饰面的质感效果还与具体建筑物的体型、体量、立面风格等方面密切相关。粗犷质感的饰面材料及做法用于体量小、立面造型比较纤细的建筑物就不一定合适，而用于体量比较大的建筑物效果就好些。另外，外墙装饰主要看远效果，材料的质感相对粗些无妨。室内装饰多数是在近距离内观察，甚至可能与人的身体直接接触，通常采用较为细腻质感的材料。较大的空间如公共设施的大厅、影剧院、会堂、会议厅等的内墙，适当采用较大线条及质感粗细变化的材料有好的装饰效果。室内地面因使用上的需要，通常不考虑凹凸质感及线型变化，陶瓷锦砖、水磨石、拼花木地板和其他软地面虽然表面光滑平整，但也可利用颜色及花纹的变化表现出独特的质感。

2. 线型

一定的分格缝，凹凸线条也是构成立面装饰效果的因素。抹灰、刷石、天然石材、混凝土条板等设置分块、分格，除了为防止开裂以及满足施工接茬的需要外，也是装饰立面在比例、尺度感上的需要。例如，目前多见的本色水泥砂浆抹面的建筑物，一般均采取划横向凹缝或用其他质地和颜色的材料嵌缝，这种做法不仅克服了光面抹面质感贫乏的缺陷，同时还可使大面积抹面颜色欠均匀的感觉减轻。

3. 颜色

装饰材料的颜色丰富多彩，特别是涂料一类饰面材料。改变建筑物的颜色通常要比改变其质感和线型容易得多。因此，颜色是构成各种材料装饰效果的一个重要因素。

不同的颜色会给人以不同的感受，利用这个特点，可以使建筑物分别表现出质朴或华丽、温暖或凉爽，向后退缩或向前逼近等不同的效果，同时这种感受还受着使用环境的影响。例如，青灰色调在炎热气候的环境中显得凉爽安静，但如在寒冷地区则会显得阴冷压抑。

（二）室内装饰装修对材料的具体要求

建筑装饰材料是实现室内装饰装修活动的物质基础，设计师了解材料犹如画家了解颜料及画布性能，色彩多样、功能各异的材料将为设计师提供无穷的想象与实施空间。

1. 装饰材料的耐久性

不同功能的建筑及不同的装修档次，所采用的装饰材料耐久性要求也不一样。尤其是新型装饰材料层出不穷，随着人们的物质生活、精神生活要求的逐步提高，很多装饰材料都有流行趋势，因此，有的建筑装修使用年限较短，就要求所用的装饰材料耐用年限不必太长。但也有的建筑要求其耐用年限很长，如纪念性建筑物，所以对装饰材料的使用寿命要求也高。

2. 装饰的安全牢固性

在选用装饰材料时，要妥善处理装饰效果和使用安全的矛盾，要优先选用环保型材料和不燃或难燃等安全型材料，尽量避免选用在使用过程中感觉不安全或易发生火灾等事故的材料，努力给人们创造一个美观、安全、舒适的环境。

3. 装饰的经济性

一般装饰工程的造价往往占建筑工程总造价的 30%～50%，个别装修档次要求较高的工程可达到 60%～65%，甚至比这还高。因此，装饰材料的选择应考虑经济性原则，可根据使用要求和装饰等级，恰当地选择材料；在不影响装饰工程质量的前提下，尽量选用质优价廉的材料；选用工效高、安装简便的材料，以降低工程费用。另外在选用装饰材料时，不但要考虑一次性投资，还应考虑日后的维修费用，有时在关键性问题上，宁可适当加大点一次性投资，可以延长使用年限，从而达到总体上经济的目的。

二、室内装饰材料的选择

室内装饰的目的就是造就一个自然、和谐、舒适而整洁的环境，各种装饰材料的色彩、质感、触感、光泽等的正确选用，将极大地影响到室内环境。一般来说，室内装饰材料的选用应根据以下几方面综合考虑。

（一）建筑类别与装饰部位

建筑物有不同的种类和不同功用，如大会堂、医院、办公楼、餐厅、厨房、浴室、厕所等，对装饰材料的选择则有各自不同的要求。例如，大会堂庄严肃穆，装饰材料常选用质感坚硬且表面光滑的材料（如大理石和花岗石），色彩用较深色调，不采用五颜六色的装饰。医院气氛沉重而宁静，宜用淡色调和花饰较小的装饰材料。

装饰部位不同，材料的选择也不同。卧室墙面宜淡雅明亮，但应避免强烈反光，采用塑料壁纸、墙布等装饰较好；厨房、卫生间应有清洁、卫生的气氛，宜采用白色瓷砖或水磨石装饰；舞厅是一个兴奋场所，装饰可以色彩缤纷、五光十色，使用能够给人以刺激的色调和质感的装饰材料为宜。

（二）地域和气候

装饰材料的选用常常与地域和气候有关，水泥地坪的水磨石、花阶砖的散热快，在寒冷地区采暖的房间里会使人感觉太冷，从而有不舒适感，故应采用木地板、塑料地板、高分子合成纤维地毯，其热传导低，使人感觉暖和舒适。在炎热的地区，则应采用有冷感的材料。

在夏天的冷饮店，采用绿、蓝、紫等冷色材料使人感到有清凉的感觉。而地下室、冷藏库则要用红、橙、黄等暖色调，能为人们带来温暖的感觉。

（三）场地与空间

不同的场地与空间，要采用与人协调的装饰材料。空间宽大的大会堂、影剧院等，装饰材料的表面组织可粗犷而坚硬，并有突出的立体感，可采用大线条的图案。室内宽敞的房间，也可采用深色调和较大图案，以减少空旷感。对于较小的房间，比如目前我国的大部分城市居家，其装饰要选择质感细腻、线型较细和有扩空效应的材料。

（四）标准与功能

装饰材料的选择还应考虑建筑物的标准与功能要求。例如，根据宾馆和饭店建设的不同标准，要不同程度地显示其内部的豪华、富丽堂皇，甚至于珠光宝气的奢侈气氛，采用的装饰材料也应分别对待。如地面装饰，高级的选用纯毛地毯，中级的选用化纤地毯或高级木地板等。

空调是现代建筑发展的一个重要方面，要求装饰材料有保温绝热功能，故壁饰可采用泡沫型壁纸，玻璃采用绝热或调温玻璃等。在影院、会议室、广播室等室内装饰中，则需要采用吸声装饰材料，如穿孔石膏板、软质纤维板、珍珠岩装饰吸声板等。总之，随着建筑物对声热、防水、防潮、防火等的不同要求，选择的装饰材料都应考虑是否具备相应的功能需要。

（五）民族性

选择装饰材料时，要注意运用先进的材料与装饰技术，表现民族传统和地方特点。如装饰金箔和琉璃制品是我国特有的装饰材料，这些材料一般用于古建筑或纪念性建筑装饰，能够充分表现我国民族和文化的特色。

（六）经济性

从经济角度考虑装饰材料的选择，应有一个总体观念。不但要考虑到一次投资，也应考虑到维修费用，且在关键问题上宁可加大投资，以延长使用年限，保证总体上的经济性。如在浴室装饰中，防水措施极为重要，对此就应适当加大投资，选择高耐水性装饰材料。

总之，室内装饰材料的品种繁多，性能和特点各不相同，用途也不尽相同，在使用时应考虑各方面的因素，合理地选择装饰材料。

第三节　室内装饰材料的种类

室内装饰材料的种类繁多，可从各种角度进行分类，为了使工程技术人员方便选用室内装饰材料，一般按装饰材料的使用部位分类；为方便学习、记忆和掌握装饰材料的基本知识和基本理论，一般按装饰材料的化学成分分类。

一、根据化学性质分类

根据化学性质可分为有机装饰材料（如木材、塑料、有机涂料等）、无机装饰材料（如天然石材、石膏制品、金属等）和有机无机复合装饰材料（如铝塑板、彩色涂层钢板等）三类。其中无机装饰材料又可分为金属（如铝合金、铜合金、不锈钢等）和非金属（如石膏、玻璃、陶瓷、矿棉制品等）两大类。

二、根据材质不同分类

根据不同材质可以将装饰材料分为塑料类、金属类、陶瓷类、玻璃类、木质类、皮革类、涂料类、纤维类、石材类、无机凝胶类等。

三、根据功能不同分类

根据功能不同可分为吸声、隔热、防水、防潮、防火、防霉、耐酸碱、耐污染等种类。

四、根据装饰部位分类

按照装饰部位可分为墙面装饰材料、顶棚装饰材料、地面装饰材料。按装饰部位分类时，其类别与品种见表1-1。

表1-1　室内装饰材料种类

类别	种类	品种举例
内墙装饰材料	墙面涂料	墙面漆、有机涂料、无机涂料、有机无机涂料
	墙纸	纸面纸基壁纸、纺织物壁纸、天然材料壁纸、塑料壁纸
	装饰板	木质人造板、树脂浸渍纸高压装饰层积板、塑料装饰板、金属装饰板、矿物装饰板、陶瓷装饰壁画、穿孔装饰吸声板、植绒装饰吸音板
	墙布	玻璃纤维贴墙布、麻纤无纺墙布、化纤墙布
	石饰面板	天然大理石饰面板、天然花岗石饰面板、人造大理石饰面板、水磨石饰面板
	墙面砖	陶瓷釉面砖、陶瓷墙面砖、陶瓷锦砖、玻璃锦砖
地面装饰材料	地面涂料	地板漆、水性地面涂料、乳液型地面涂料、溶剂型地面涂料
	木、竹地板	实木条状地板、实木拼花地板、实木复合地板、人造板地板、复合强化地板、薄木敷贴地板、立木拼花地板、集成地板、竹质条状地板、竹质拼花地板
	聚合物地坪	聚醋酸乙烯地坪、环氧地坪、聚酯地坪、聚氨酯地坪
	地面砖	水泥花阶砖、水磨石预制地砖、陶瓷地面砖、马赛克地砖、现浇水磨石地面
	塑料地板	印花压花塑料地板、碎粒花纹地板、发泡塑料地板、塑料地面卷材
	地毯	纯毛地毯、混纺地毯、合成纤维地毯、塑料地毯、植物纤维地毯
吊顶装饰材料	塑料吊顶板	钙塑装饰吊顶板、PS装饰板、玻璃钢吊顶板、有机玻璃板
	木质装饰板	木丝板、软质穿孔吸声纤维板、硬质穿孔吸声纤维板
	矿物吸声板	珍珠岩吸声板、矿棉吸声板、玻璃棉吸声板、石膏吸声板、石膏装饰板
	金属吊顶板	铝合金吊顶板、金属微穿孔吸声吊顶板、金属箔贴面吊顶板

第四节　室内装饰材料的发展趋势

科学的进步和生活水平的不断提高，推动了室内装饰材料工业的迅猛发展。除了产品的多品种、多规格、多花色等常规观念的发展外，近些年的装饰材料有如下一些发展趋势。

一、产品向重量轻、强度高的方向发展

由于现代建筑向高层发展，对材料的容重有了新的要求。从装饰材料的用材方面来看，越来越多地应用如铝合金这样的轻质高强材料。从工艺方面看，采取中空、夹层、蜂窝状等形式制造轻质高强的装饰材料。此外，采用高强度纤维或聚合物与普通材料复合，也是提高装饰材料强度而降低其重量的方法。如近些年应用的铝合金型材、镁铝合金覆面纤维板、人造大理石，中空玻化砖等产品即是例子。

二、产品从单一性向多功能性的方向发展

对室内装饰材料来说，首要的功能是装饰。但现代的装饰材料除达到要求的装饰效果之外，还能兼具其他功能，例如：内墙装饰材料兼具绝热、防火、防霉、防水的功能，地面装饰材料兼具隔声、防静电的效果，至于复合的墙体材料，除赋予室内墙面应有的装饰效果之外，常兼有抗大气、耐风化性、保温绝热性、隔声性、防结露性等作用。

近些年发展极快的镀膜玻璃、中空玻璃、夹层玻璃、热反射玻璃，不仅调节了室内光线，也配合了室内的空气调节，节约了能源。各种发泡型、泡沫型吸声板乃至吸声涂料，不仅装饰了室内，还降低了噪声。往常用作吊顶的软质吸声装饰纤维板，已逐渐被矿棉吸声板所代替，原因是后者有极强的耐火性。对于现代高层建筑，防火性已是装饰材料不可少的指标之一。常用的装饰壁纸，现在也有了抗静电、防污染、报火警、防射线、防虫蛀、防臭、隔热等不同功能的多种型号。

三、产品向大规格、高精度方向发展

陶瓷墙地砖，以往的幅面均较小，现国外多采用 300mm×300mm、400mm×400mm，甚至 1000mm×1000mm 的墙地砖。发展趋势是大规格、高精度和薄型。如意大利的面砖，2000mm×2000mm 幅面的长度尺寸精度为±0.2%，直角度为±0.1%。

四、产品向规范化、系列化方向发展

装饰材料种类繁多，涉及专业面十分广，具有跨行业、跨部门、跨地区的特点，在产品的规范化、系列化方面有一定难度。但我国根据国内经验，已从 1975 年开始有计划地向这方面发展，目前已初步形成门类品种较为齐全，标准较为规范的工业体系。

长期以来，装饰工程大多为现场湿作业。例如对墙面和吊顶的粉刷或油漆，地面的水磨石工程都属现场湿作业，劳动强度大，施工时间长，工效较低。近年来由于发展了轻钢龙骨、石膏板、吸声板、壁纸、塑料地板、化纤地毯、铝合金制品等新型建筑装饰装修材料，对墙面、地面、吊顶进行装饰，采用了钉、粘等先进方法施工，湿作业少，劳动强度低，工效高。

为了提高构件的预制化程度，将主体结构、装修和设备三者结合为一整体，由工厂专业化生产的方法也正在发展。如将卫生间的浴缸、坐便器、洗脸盆、地板、墙面、吊顶考虑为一体，做成的整体化卫生间；围护墙体做成装饰混凝土板或复合装饰墙体；开口部位做好五

金配套的门窗，这些构件运到现场，由专业化建筑装修公司施工。

五、产品由天然材料向人造材料的方向发展

自古以来，人们沿用天然的材料，如天然石料、天然漆料、羊毛、皮革、木材等作为建筑装饰材料。历代王宫、寺庙等古建筑，多采用天然材料装饰，如北京故宫、曲阜孔庙、拉萨布达拉宫等，至今雄伟壮观、富丽堂皇，在世界建筑史上留下了光辉的一页。

近半个多世纪以来，以高分子材料为主要原材制取的各种新型建筑材料迅猛发展，成为建筑装饰材料领域中的新秀。人造大理石、高分子涂料、塑料板材、塑料门窗、化纤地毯、人造皮革等，已成功地应用于现代建筑装饰工程中，使建筑装饰材料的面貌发生了很大变化，不但更大程度地满足了建筑师的设计要求，推动建筑技术的发展，也为人们选择不同层次、不同功能的建筑装饰材料提供了物质基础。

六、产品趋向绿色环保化

环境保护是一项庞大的系统工程，也可以统称为"绿色化工程"。它包括了从工业生产、资源开发到人类的衣食住行的各个领域都必须落实环保的各项目标。其中具体到"住"的目标就是要将建筑物分阶段地建成"健康建筑"。由于建筑工程对材料的消耗极大，生产建筑材料会使自然环境遭到严重的破坏，而全球可利用的自然资源和能源又日渐枯竭，为保证工程建筑所需高质量材料的可靠供应，避免生产材料对环境的进一步损害，建筑装饰材料业的发展必须遵循可持续发展的方向，大力提倡发展绿色建筑材料，绿色装饰材料将是未来建材行业发展不变的主题。

绿色环保化建材也可称为生态型建材、环保型建材与健康型建材，是指不用或少用自然资源（利用工业废料或工农业副产品）、采用清洁无污染的生产技术生产的、有利于环保和人体健康的材料所生产出的可再生的建筑材料。

绿色环保建材具有如下特征：

① 能够最大程度地综合利用自然资源，最好以废料、废渣、废弃物为主要原料；

② 采用的生产技术和工艺低能耗、无污染，有利于保护环境和维护生态平衡；

③ 产品应有利于人体的健康；

④ 产品应具有高性能和多功能的特点，有利于建筑物使用与维护中的节能；

⑤ 产品应可循环再利用，建筑物拆除后不会造成二次污染。

本章小结

本章以室内装饰材料的地位为起点，介绍了装饰材料的要求、种类、选择及发展趋势。室内装饰材料可以按照材料的装饰部位、化学成分等角度进行分类；在选择时要遵循满足装饰效果和使用功能的原则、考虑地区特点的原则、确保材料供应的原则、施工可行性原则、满足经济性要求的原则，同时还要将一次性投资和维修费用与当前的要求与今后可能的装饰变化综合考虑；室内装饰材料的发展趋势向高性能、复合化、多功能化、预制化、绿色环保的方向发展。

复习思考题

1. 什么是室内装饰材料？它是怎样分类的？

2. 在选择室内装饰材料时，应考虑哪几个方面的问题？

实训练习

参观考察装饰材料市场，了解装饰材料的品种、规格和所属类别及应用。

室内顶棚装饰材料识别与选购

第一节　常用吊顶材料的识别

一、石膏板材料的识别

（一）石膏顶棚装饰板

石膏顶棚装饰板是以建筑石膏为基料，附加少量增强纤维、胶黏剂、改性剂等，经搅拌、成型、烘干等工艺而制成的新型顶棚装饰材料。石膏顶棚装饰板的品种很多，有各种平板、花纹浮雕板、穿孔吸声板和半穿孔吸声板等。石膏顶棚装饰板具有重量轻、高强、防潮、不变形、防火、阻燃、可调节室内温度等特点。并有施工方便、加工性能好、可锯、可钉、可刨、可黏结等优点，适用于住宅建筑的室内顶棚和墙面装饰。

（二）膨胀珍珠岩装饰吸声板

膨胀珍珠岩装饰吸声板按其所用胶黏剂不同可分为水玻璃珍珠岩吸声板、水泥珍珠岩吸声板、聚合物珍珠岩吸声板、复合吸声板等。适用于居室、餐厅的音质处理及顶棚和内墙的装饰。

膨胀珍珠岩所用原料主要是建筑石膏，其含量为92%，此外有膨胀珍珠岩，它起填料及改善板材声热性能的作用。还有缓凝剂、防水剂、表面处理材料等，因此它具有重量轻、装饰效果好、防水、防潮、防蛀、耐酸、施工方便、可锯割等优点。

（三）纸面石膏装饰吸声板

纸面石膏板是以建筑石膏为主要原料，掺入纤维、外加剂（发泡剂、缓凝剂等）和适量轻质填料，加水拌和成料浆，浇注在纸面上，成型后再覆以上层面纸。料浆经过凝固形成芯板，经切断、烘干，则使芯板与护面纸牢固地结合在一起。由于两面有特制的纸板护面，因而强度高，挠度比石膏顶棚装饰板小。纸面石膏装饰吸声板具有重量轻、防火、隔声、隔热、抗震性能好，可调节室内湿度、施工简便、施工效率高、劳动强度小、加工性能好等优点。纸面石膏装饰吸声极适用于住宅的室内顶棚和墙面装饰。纸面石膏板具有重量轻、保温隔热性能好，防火性能好，可钉、可锯、可刨、施工安装方便。

纸面石膏板主要用于建筑物内隔墙，有普通纸面石膏板、耐水纸面石膏板和耐火纸面石膏板三类。普通纸面石膏板是以重磅纸为护面纸。耐水纸面石膏板采用耐水的护面纸，并在建筑石膏料浆中掺入适量耐水外加剂制成耐水芯材。耐火纸面石膏板的芯材是在建筑石膏料浆中掺入适量无机耐火纤维增强材料后制作而成。耐火纸面石膏板的主要技术要求是在高温明火下燃烧时，能在一定时间内保持不断裂。国家标准 GB 11979—89 规定：耐火纸面石膏板遇火稳定时间，优等品不小于 30min，一等品不小于 25min，合格品不小于 20min。

这三类纸面石膏板，按棱边形状均有矩形、45°倒角形、楔形、半圆形和圆形五种产品。产品规格有：长 1800mm、2100mm、2400mm、2700mm、3000mm、3300mm 和 3600mm 七种规格；宽 900mm 和 1200mm 两种规格；厚 9mm、12mm 和 15mm。此外，纸面石膏板还有厚度为 18mm 的产品，耐火纸面石膏板还有 18mm、21mm 和 25mm 厚的产品。

1. 施工安装方便，节省占地面积

纸面石膏板的可加工性很好，可锯、可刨、可钻、可贴，施工灵活方便。用石膏板作为内隔墙还可便于室内管线敷设及检修。采用石膏板作为墙体材料，可节省墙体占地面积。增加建筑空间利用率。以 120mm 厚的内隔墙为例，相当于增加了 17.5% 的建筑空间。

2. 耐火性能良好

纸面石膏板的芯材由建筑石膏水化而成，所以石膏板中石膏是以 $CaSO_4 \cdot 2H_2O$ 的结晶形态存在。一旦发生火灾，石膏板中的 $CaSO_4 \cdot 2H_2O$ 就会吸收热量进行脱水反应。当石膏芯材所含结晶水并未完全脱出和蒸发完毕之前，纸面石膏板板面温度不会超过 140℃，这一良好的防火特性可以为人口疏散赢得宝贵时间，同时也延长了防火时间。

3. 隔热保温性能

纸面石膏板的热导率只有普通水泥混凝土的 9.5%，是空心黏土砖的 38.5%。如果在生产过程中加入发泡剂，石膏板的密度会进一步降低，其热导率将变得更小，保温隔热性能就会更好。

4. 膨胀收缩性能

纸面石膏板的线膨胀系数很小，加上石膏板又在室温下使用，所以它的线膨胀系数可以忽略不计。但纸面石膏板的干缩湿胀现象相对而言比较大。把纸面石膏板放置于 100℃ 的湿饱和蒸汽中 1h，其长度伸胀率为 0.09%。当然，石膏板很少用于这种环境条件。

5. 舒适的居住功能

由于纸面石膏板是一种存在大量微孔结构的板材，并且孔结构分布适当，所以具有较高的透气性能。放在自然环境中，当室内湿度较高时，可吸湿，而当空气干燥时，又可放出一部分水分，因而对室内湿度起到一定的调节作用，正由于其多孔体的不断吸湿与解潮的变化，即"呼吸"作用，维持着室内湿度的动态平衡。它的质量随环境温湿度的变化而变化，这种"呼吸"功能的最大特点是，能够调节居住及工作环境的湿度，使居住条件更舒适。

二、木龙骨材料的识别

木龙骨俗称为木方，主要是由松木、椴木、杉木等树木加工成截面长方形或正方形的木条。木龙骨是家庭装修中最为常用的骨架材料，被广泛地应用于吊顶、隔墙、实木地板骨架制作中。

虽然现在龙骨的种类很多，但木龙骨目前仍然是家庭装修中最常用的骨架材料，根据使用部位来划分，可以分为吊顶龙骨、竖墙龙骨、铺地龙骨以及悬挂龙骨等。

木龙骨最大的优点就是价格便宜且易施工，但木龙骨自身也有不少缺点，比如易燃，易霉变腐朽。在作为吊顶和隔墙龙骨时，需要在其表面再刷上防火涂料。

三、金属类吊顶板材

铝扣板是金属吊顶中最常见的一种，是 20 世纪 90 年代出现的一种家装吊顶材料，主要用于厨房和卫生间的吊顶工程。由于铝扣板的整个工程使用全金属打造，在使用寿命和环保能力上，更优于 PVC 材料和塑钢材料。目前，铝扣板已经成为家装整个工程中不可缺少的材料之一。人们往往把铝扣板比喻为"厨卫的帽子"，就是因为它对厨房和卫生间具有更好的保护性能和美化装饰作用，目前，铝扣板行业已经在全国各大、中型城市全面普及，并已经成熟化、全面化。

家装铝扣板在国内按照造型分类主要有直角铝扣板和斜角铝扣板；按照表面处理工艺分类主要分为喷涂铝扣板、滚涂铝扣板、覆膜铝扣板三种大类。家装铝扣板中的覆膜铝扣板根据表面膜的来源可以分为国产珠光覆膜铝扣板、进口珠光覆膜铝扣板、LG 珠光覆膜铝扣板、喷涂铝扣板。

因铝扣板板型多，线条流畅，颜色丰富，外观效果良好，更具有防火、防潮、易安装、易清洗等特点，设计师和客户可根据家具的颜色和地板颜色来选购天花吊顶。

由于合金含量的不同从而造成铝合金的力学性能不同，目前国内用于天花材料的铝合金大致分为五个档次。第一档次是铝镁合金，并含有部分锰，该材料最大的优点是抗氧化能力好，同时因为含锰，因此具有一定的强度和刚度，是做天花板最理想的材料；第二档次是铝锰合金，该材料强度与刚度略优于铝镁合金，但抗氧化能力略低于铝镁合金。如两面都进行防护处理，基本上解决其抗氧化能力不如铝镁合金的缺点；第三档次是铝合金，该合金的锰、镁含量较少，所以其强度及刚度均明显低于铝镁合金和铝锰合金。由于其偏软，便于加工，只要达到一定厚度，基本能满足天花板最基本的平面度要求，但其抗氧化能力明显不如铝镁合金和铝锰合金，而且加工运输及安装过程中易变形；第四档次是普通铝合金，此种材料的力学性能不太稳定；第五档次是铝加工厂将铝锭熔化轧成铝板，根本不控制化学成分，由于其化学成分失控，这些材料性能极不稳定，导致产品表面严重不平整，产品变形，且极易氧化。从以上几种对原材料档次的划分中，最好的铝扣板的主要原材料是采用铝镁合金板和铝锰合金板。

常有这样的误区，很多人认为板材越厚就好，通过以上的几种原材料的分析可以知道，如是同等原材料，那么越厚的板材越好，但如果是第五档次的铝扣板，再厚质量也会较差。另外，在表面处理上有的厂家原材料没有达到一定厚度，但是为了追求厚度这一说法，在表面处理时，就多喷一层涂料。普通消费者在购买铝扣板时对原板材质不能够有很好的认识，最简单的方法是用手感觉铝板的强度及硬度。

目前天花板表面处理主要有覆膜、滚涂、喷涂三种，其中覆膜板最好，该膜在用于天花之前，主要用于冰箱、洗衣机等家用电器上。经过多年考验，其性能稳定，能够保证十多年不变色。还有珠光板，表面看起来和覆膜板差不多，可它根本就不是膜，它只是在静电喷涂时，事先在喷涂用的油漆里加上珠光粉末。这种板易出现色差，一般两三年后便会变色，掉漆。因此在选用时需要注意。滚涂板是正面涂底漆和面漆，背面涂漆的复合金属板。

决定铝扣板的内在品质一是铝基材，二是表面处理工艺。在选用时要以这两方面为重点。

四、塑料类吊顶材料的识别

（一）塑料装饰扣板

塑料装饰扣板通常属于PVC板材，可分为两种：PVC扣板及UPVC耐老化扣板。

1. PVC扣板

PVC扣板即塑料扣板，它是以合成树脂（主要是硬质乙烯基材质）为原料，添加助剂，经不同的加工工艺制成的型材。这种塑料扣板重量较轻，韧性好，表面光洁，色彩丰富，花色图案较多，配合各种工艺能体现各种材质（镜面、金属等）的效果；由于价格便宜，式样选择范围大，适合配合在装饰设计的色彩和风格上的各种效果，因此广泛应用于卫浴、厨房等有较高防湿要求的环境。

PVC扣板最常见的是条形扣板，条形扣板常用尺寸有：宽度为60mm，100mm，120mm，150mm，长度以50～2000mm开始往上递增，便于按实际工程尺寸购买，避免材料剩余过多，以节约装饰材料成本开销。它的特点是防水、防潮、防蛀、阻燃、保温、隔声、易清洗，比较适用于潮湿和有防霉防蛀要求的环境。在施工上它类似于铝扣板，组合安装简便，有良好的可加工性，但为保证吊顶的平整度，相对铝扣板方式可调整范围较小，对安装要求较高。另外需特别注意避免将PVC扣板安装在高温的环境下，因为这样易使顶面变形，形成往下的弧面。

挑选这类材料应注意：①扣板的厚度应不小于0.7mm；②外表美观、平整，无裂纹和划痕；③以硬质乙烯基为基材，有抗紫外线和水汽酸碱侵蚀的添加剂，不要选用再生工程塑料为基材的产品；④强度和韧性都有较高标准，板材锯开时，断面不应出现崩口，且断面平齐无毛刺、裂纹等产生；⑤企口、凹楔平整互相咬合顺畅，局部没有起伏和高度差现象；⑥印花扣板覆膜应有一定硬度且附着牢固，普通使用中应不会留下划痕和脱色脱花现象；⑦选择无强烈刺激性气味，安全绿色环保产品的吊顶。

2. UPVC耐老化扣板

UPVC耐老化扣板的特征是高强度、防火、防油、耐高温、抗菌、不变色、可耐老化30年，款式不少于150种，色泽细腻，大多为亚光，色彩以柔和见长。

（二）钙塑泡沫吊顶板材

钙塑泡沫吊顶板材的主要原料为树脂、填料、发泡剂等。钙塑板是原料经塑炼机混炼均匀压出片料，经模压膨化机膨化趋热开模，片料立即膨化成钙塑泡沫板，长度膨胀1.7倍，厚度膨胀2倍，将热模中发泡的板材立即趁热真空成型而得到。钙塑板规格一般为500mm×500mm，厚度为6mm，这种板材轻质、隔声、防潮，主要用于吊顶面材。

（三）聚苯乙烯泡沫塑料装饰吸声板

聚苯乙烯泡沫塑料装饰吸声板简称聚苯乙烯泡沫板，又名EPS板。EPS板是将含有挥发性液体发泡剂的可发性聚苯乙烯珠粒，在模具中加热成型，而制成的具有微细闭孔结构的泡沫塑料板材，该产品具有普通型和阻燃型，具有质轻、保温、隔热、耐低温、有一定的弹性、吸水性较小、容易加工的优点。

聚苯乙烯保温板是一种绿色硬质保温隔热材料，拥有连续均匀的表层及闭孔式蜂窝结构，这些蜂窝结构的互联壁有一致的厚度，完全不会出现空隙，令产品具有优势的保温隔热性能，良好的抗吸水性和高抗压性能。采用连续挤塑工艺制成的挤塑聚苯乙烯保温板具有刚性闭孔结构，并具有诸如低热导率，高抗水渗透性及高抗压强度等独特性能，而且重量轻，容易黏合。挤塑保温板具有极佳的保温隔热性能，其产品热阻值明显优于其他保温材料，导热性低而稳定，不受温度和湿度变化的影响。

聚苯乙烯保温板主要用于建筑墙体、屋面保温，复合板保温，冷库、空调、车辆、船舶的保温隔热，也可用于吊顶。

五、轻钢龙骨的识别

轻钢龙骨是以优质的连续热镀锌板带为原材料，经冷弯工艺轧制而成的建筑用金属骨架。用于以纸面石膏板、装饰石膏板等轻质板材做饰面的非承重墙体和建筑物屋顶的造型装饰。适用于多种建筑物屋顶的造型装饰、建筑物的内外墙体及棚架式吊顶的基础材料。轻钢（烤漆）龙骨吊顶具有重量轻、强度高、适应防水、防震、防尘、隔声、吸声、恒温等功效，同时还具有工期短、施工简便等优点，为此得到用户及设计单位的广泛使用。

轻钢龙骨与烤漆龙骨的区别在于一般的轻钢龙骨不做涂面处理，制作镀层（镀锌），而烤漆龙骨表面做过烤漆，一般分黑色和白色，主要是因为烤漆龙骨大部分用在明龙骨，烤漆是为了保证外露部分不上锈而影响美观。

1. 轻钢（烤漆）龙骨的特点

烤漆龙骨有明架龙骨（平面系列、凹槽系列、立体凹槽系列）和暗架龙骨（平面系列）之分。其特点如下：

（1）防火　烤漆龙骨是由防火的镀锌板制造，经久耐用，防火性能好。

（2）结构合理　采用经济放置式结构，特殊连接方法，组合装卸。方便、节省工时，施工简单。

（3）造型美观　龙骨表面采用的是镀锌钢板，经过烤漆处理。

（4）用途广泛　适用于商场、写字楼、宾馆、酒楼、银行及各大型公共场所。

2. 轻钢（烤漆）龙骨的用途

烤漆龙骨整体平面效果好，线条简洁，美观大方。烤漆龙骨安全、坚固、美观，适合各种矿棉天花板、铝质方块天花板、硅酸钙板等配套施工。具有重量轻、强度高、防水、防火、防震、隔声、吸声等功效，同时还具有工期短、施工简便等优点，是一种新型吊顶装饰材料，广泛应用于商场、医院、银行、宾馆、工厂、候机楼等。

第二节　常用吊顶材料的选购

一、吊顶的环保指标

根据国家环保标准，吊顶材料放射性水平划分为三类（主要适用于非金属、非有机物类吊顶材料，如石膏板等）：

① 天然放射性核素镭-226、钍-232、钾-40 的放射性比活度同时满足 $I_{Ra} \leqslant 1.0$，$I_r \leqslant 1.3$

要求的为 A 类装饰材料。A 类装饰材料产销与使用范围不受限制。

② 不满足 A 类装饰材料要求但同时满足 $IRa \leqslant 1.3$，$Ir \leqslant 1.9$ 要求的为 B 类装饰材料。B 类装饰材料不可用于 I 类民用建筑的内饰面，但可用于 II 类民用建筑的外饰面及其他一切建筑物的内、外饰面。

③ 不满足 A、B 类装饰材料要求但满足 $Ir \leqslant 2.8$ 要求的为 C 类装饰材料。C 类装饰材料只可用于建筑的外饰面及室外其他用途。

I 类民用建筑：如住宅、老年公寓、托儿所、医院和学校等。

II 类民用建筑：如商场、体育场、书店、宾馆、办公楼、图书馆、文化娱乐场所、展览馆和公共交通等候室等。

IRa 为镭当量浓度，装饰材料的放射性比活度主要来自镭-226、钍-232、钾-40，可按其放射性核素含量与室内照射量率的表达式归一化，用镭当量浓度表示。

Ir 为镭浓度。

二、吊顶材料的选购要点

（一）纸面石膏板的选购

目测外观质量不得有波纹、沟槽、污痕和划伤等缺陷，护面纸与石膏芯连接不得有裸露部分；检测石膏尺寸，长度偏差不得超过 5mm，宽度偏差不得超过 4mm，厚度偏差不得超过 0.5mm，楔形棱边深度偏差应在 0.6～2.5mm，棱边宽度应在 40～80mm，含水率 $\leqslant 2.5\%$，9mm 板重量在 9.5kg/m² 左右，断裂荷载纵向 392N（牛顿）、横向 167N（牛顿）；购买时应向经销商索要检测报告进行审验。选择时注意以下几点差别：

1. 护面纸的差别

优质的纸面石膏板用的是进口的原木浆纸，这种纸轻且薄，强度高，表面光滑，无污渍，纤维长，韧性好。劣质的纸面石膏板用的是国产再生纸浆生产出来的纸张，较重较厚，强度较差，表面粗糙，从石膏板表面有时可看见油污斑点，易脆裂。因为纸面石膏板的强度有 70% 以上来自纸面，所以纸张是保证石膏板强度的一个关键因素。目前，市面上的国产品牌纸面石膏板都是选用国产纸，只有外资品牌使用进口纸作为护面纸。此外，纸面的好坏还直接影响到石膏板表面的装饰性能，好的纸面石膏板表面可直接涂刷涂料，差的纸面石膏板表面必须做满批后才能做装饰。

2. 石膏芯选材的差别

优质的纸面石膏板选用高纯度的石膏矿作为芯体材料的原材料，而劣质的纸面石膏板对原材料的纯度缺乏控制。纯度低的石膏矿中含有大量的有害物质，这些有害物质会大大影响石膏板的性能。例如黏土和盐分会影响纸面和石膏芯体的粘接性能等。从外观上可看出，好的纸面石膏板的板芯白，而差的纸面石膏板板芯发黄（含有黏土）、颜色暗淡。

3. 纸面粘接

用裁纸刀在石膏板表面划一个 45°角的"×"，然后在交叉的地方揭开纸面，可以发现，优质的纸面石膏板的纸张依然好好地粘接在石膏芯上，石膏芯体没有裸露；而劣质纸面石膏板的纸张则可以撕下大部分甚至全部纸面，石膏芯完全裸露出来。

4. 单位面积重量

相同厚度的纸面石膏板，优质的板材比劣质的一般都要轻。这是由于生产工艺水平的不同而造成的，劣质的纸面石膏板大都在一些设备陈旧、工艺落后的工厂中生产出来，在这种生产条件下要生产出重量轻的产品势必造成强度的下降，如果要达到规定的强度，就必须保持一定的重量。然而，增加了重量的同时，石膏板对需要维持石膏板重量的强度又有了更高的要求，所以，重量轻但是强度又能够达到标准的产品才是最好的选择。所以纸面石膏板的国家标准中对重量的要求是不超过一定的重量，说明在达到要求的强度的前提下，石膏板的重量越轻越好。

5. 纵向/横向断裂强度

由于纸面石膏板的强度大部分来自于纸面，而纸面是有纤维分布方向的，所以纸面石膏板的横向和纵向断裂强度是不一样的。纸面石膏板的纵向/横向断裂荷载必须达到国家标准GB/T 9775—1999 中的要求。可查看厂家提供的检测报告。

（二）木龙骨的选购

1. 颜色新鲜，纹理清晰

新鲜的木龙骨略带红色，纹理清晰，如果其色彩呈现暗黄色，无光泽，说明是朽木。

2. 规格符合标准

看所选木方横切面的规格是否符合要求，头尾是否光滑均匀，不能大小不一。同时木龙骨必须平直，不平直的木龙骨容易引起结构变形。

3. 注重缺陷

要选木疤节较少、较小的木龙骨，如果木疤节大且多，螺钉、钉子在木疤节处会拧不进去或者钉断木方，容易导致结构不牢固。

4. 从重量判断质量

要选择密度大、深沉的木龙骨，可以用手指甲抠抠看，好的木龙骨不会有明显的痕迹。

（三）金属制品吊顶的选购

金属装饰的板材有铝、铜、不锈钢、铝合金等，选择铜、不锈钢材料的装饰板档次较高，价格也较高，一般的居室装饰，选择铝合金装饰板较合适，符合人们一般的购物心理，物美价廉。规格方面有长方形，方形等，对较大居室装饰，选用长条形板材的整体性强；对小房间的装饰一般可选用 500mm×500mm 的。由于金属板的绝热性能差，为了获得一定的吸声、绝热功能，在选择金属板进行吊顶装饰时，可以利用内加玻璃棉，岩棉等保温吸声的产品达到绝热吸音的功能。尤其是居住在顶层的居民，装饰后可改善室内环境，明显节约空调的能源消耗费用。选用铝扣板时应注意以下三点。

1. 材质

目前市场上的铝材主要有以下几种：按铝材的产地分为普通铝材、广铝、西南铝；按铝材的国际标号分为 1100、3003、5005 等标号；按铝材的合金强度分为 H24、H18 等；按铝材的韧性分为普通铝材、铝镁合金、铝锰合金。现在市场上销售的吊顶材料中大部分都采用普通的铝材，其特点是强度低，平整度一般，韧性强，不变形。没有好的基材，会大大影响铝扣板的使用寿命。

2. 表面处理

目前铝扣板的表面处理主要有以下几种：静电喷涂、烤漆、滚涂、珠光滚涂、覆膜。其中静电喷涂、烤漆板使用寿命短，容易出现色差；滚涂、珠光滚涂板使用寿命居中，没有色差；覆膜板又可分为普通膜与进口膜，普通膜与滚涂板相比使用寿命短，而进口膜的使用寿命基本上能达到 20 年不变色。

3. 工艺

所谓工艺就是板材有表层的黏合，这是消费者比较容易忽略的一块。如果工艺不好对于产品的使用寿命影响非常大，目前市场上的铝扣板厂家处理工艺有很大的区别，很多小厂基本上是采取作坊式，工艺寿命降低。建议进行铝扣板选择时，一定要了解清楚这方面的情况。

（四）PVC扣板的选购

选购PVC吊顶时，一定要向经销商索要质检报告和产品检测合格证。目测外观质量：板面应平整光滑，无裂纹，无磕碰。能装拆自如，表面有光泽，无划痕；用手敲击板面声音清脆，用手弯曲板材有较大的弹性。检查测试报告中，产品的性能指标应满足：热收缩率小于0.3%，氧指数大于35%，软化温度80℃以上，燃点300℃以上，吸水率小于15%，吸湿率小于4%，干状静曲强度大于500MPa。

（五）矿棉吸声板

观察包装箱应完好、无破损、无水渍，打开包装箱观察吸声板，表面要干净、无污点、无磨损。

综上所述，无论选购哪种吊顶材料，都要做好以下几点。

1. 注重实用看质量

实用是吊顶产品最基本的要求，如果不实用，装修也就失去了原来的意义，目前的吊顶产品市场价从每平方米几十元到几百元不等，且有许多低价特价产品的扣板模块是用废旧材料制作，材质轻薄，使用寿命短，消费者在选购产品时要多关注扣板质量，此外还要注意取暖模块、换气模块、照明模块等电器模块是否通过国际质量认证等。

2. 关注健康看环保

居室装修一定要注意装修材料的质量，尤其是像甲醛一类的有毒物质对人的身体健康有很大的危害，许多吊顶品牌开发研制了绿色环保的集成吊顶产品，不管是天花还是集成电器，都采用环保的材料，旨在为广大消费者创造出高雅、环保、健康的精品。另外，节能也是环保的重要组成部分，消费者在选购时除了重视吊顶板材的环保性外，也要关注下电器模块是否节能省电。

3. 放心使用看服务

挑选吊顶要关注售前、售中、售后服务。三分材料七分安装，正确的安装才能保证产品日后的正常使用。消费者在购买时要关注该品牌的安装质量。许多吊顶产品的保修期短，很多经销商便以次充好，换成劣质、薄型材料，严重损害消费者的利益。因而消费者应该选择那些销售服务好、品牌口碑佳、保修期长的吊顶产品。

4. 选择品牌看细节

俗话说："品味来自细节，细节铸就完美"。除质量、环保、服务等要素之外，细节方面也不容忽视。例如有些消费者在选择吊顶时，往往在商家的误导下只关注主板部分而忽略内部的安装框架，这部分辅材相当于大楼的地基与梁柱，偷工减料极易锈蚀变形，造成吊顶下沉甚至塌落。因此大到板材、小到龙骨吊件，在选购时一定要细心察看，一个都不能马虎。

三、厨卫吊顶的选材要点

厨房卫生间的吊顶，一直是家居装饰装修的难点。因为其湿气比较大，又有油烟与异味，同时，生活的忙碌又使人对厨房卫生间的杂物没能及时清理。因此，在装修施工中能使用适当的材料，合理的施工方法，将为今后的生活减少很多的麻烦。

在实际的施工进程当中，防水涂料，PVC板材和铝塑板是在厨房卫生间吊顶中常使用的材料。防水涂料在施工中，有施工方便，造价比较低、色彩多样的特点，但在长期使用之后，有局部脱落与褪色的现象发生，性能也较不稳定，在较为考究的家居装饰中很少使用。PVC板材在现在的家居装饰中使用较多，施工方便快捷，色彩也很丰实，最主要的特点是防水性能好，易清洗，长期使用也不用更换，但在较为考究的室内，因为PVC吊顶是一种挤压成型材料，工业化的机械生产痕迹较为明显，缺乏个性化，变化较少，与室内环境有时有不太协调的感觉，档次较低，在吊顶型材中属于过渡性产品。

近年来渐渐走俏的材料是铝塑板材等类材料，用轻质铝板一次冲压成型，外层再用特种工艺喷涂塑料面层，色彩艳丽丰富，长期使用也不褪色，防水性能极佳，施工简洁不变形，一般用于较高级的公寓、别墅及宾馆饭店等高档场所。与大理石、花岗岩等天然石材铺设的墙面结合，不但能衬托出各自的装饰特色又能和谐统一，相得益彰。对于厨房卫生间的吊顶施工来说，选择适当的材料只是第一步，施工过程中更为重要的还有排风排湿系统的设置，使室内的潮湿空气得到及时的排放，一方面能保护好吊顶材料及其结构，另一方面也能有效保护厨房及卫生间内日益增加的电器设备，更为清洁工作提供了更多的方便。

面对鱼龙混杂的厨卫吊顶市场，消费者常会觉得无从下手，怎样才能选购到货真价实的厨卫吊顶呢？只要把好以下三道关，就能轻而易举地选好厨卫吊顶了。

（一）品质关

市场上的厨卫吊顶主要包括照明电器、取暖电器、通风电器、天花及辅料等。

浴室厨房的使用环境空间相对狭小潮湿，其对使用效果及安全性能的要求更高。特别提醒消费者更要关注厨卫吊顶中电器的性能及安全性，因为电器依然是厨卫吊顶的核心，就如同电视机的核心是显像管，而不是塑料外壳。

想选择到好的厨卫吊顶，切记不要听信商家的一面之词。唯一的办法就是自己充分了解不同品牌产品的差异性，眼见为实，货比三家。

（二）品牌关

厨卫吊顶生产厂家主要由浴霸生产企业转型而来，一部分是由传统天花企业以贴牌电器模块方式介入，其余则由一些橱柜、甚至晾衣架企业贴牌进入。这其中不乏原来浴霸市场中常见的傍名牌、假名牌、低质假冒、无证生产企业。

由于部分企业在质量控制、核心技术上的缺失，市场上鱼龙混杂，质量良莠不齐。因此消费者选购时应优先考虑专业知名企业生产的产品，这些产品在安全性、质量、服务上更有保障。

（三）服务关

严格来说，厨卫功能吊顶并非是一个产品，而是一种销售服务模式，这其中包括售前、售中、售后全程服务的概念，因此在选用时要注重售后服务。

小知识

如何计算吊顶和贴墙面积

装修时有两种计算吊顶面积的方法。第一种是按所用板计算面积，即用了多少板就算多少板的面积，但是中间的切割损耗算消费者的。第二种是按房间的长宽算面积，即长乘以宽得出来的面积，中间的损耗算商家的。

以铝扣板为例，一般按如下方法计算吊顶材料。

1. 条板

规格分别为板宽：150cm、100cm、200cm、300cm，也可根据房间的尺寸定做，家装常用的多为150cm、100cm、125cm＋15cm三种，其中150cm和100cm非常普遍。

板长：3m、4m、6m、定尺加工。家装最初用3m、4m、6m，现在已发展成为定尺加工，定尺加工即根据客户家的吊顶图纸来计算及生产板。定尺的长度相对以前的3m、4m、6m来说，大大减少了损耗，节约了成本。

材料计算：定尺的概念并不是材料完全量身定做，没有一点损耗。正常的损耗为：

（1）板面　如房间长1.65m，宽2m，如果选择板长1.65m，那么就用2m除以板宽，如15cm的板宽，用2m÷15cm＝13.333片，因为一片板面是15cm规格的，就需要买14片铝扣板，那么第14片板就会损耗一半。

（2）板长　因为建筑物的墙面是有1～3cm误差的，那么铝扣板可以以长补短，但不能以短补长，所以测量人员会预留出3cm的板，那么也就是说铝扣板的长度会比实际墙长出一些。

（3）龙骨　现在铝扣板一般来讲是配送轻钢龙骨的，比例为$1m^2$板配1m龙骨，如是超出配送的比例，就要单独购买龙骨了，注意龙骨是3m一支的，如果需要2m的龙骨，那也需要买一支。

（4）边角　这一项在购买过程中是容易忽视的，作为附料，边角也是材料款中一项不小的开支，同龙骨一样，也是3m一支，如果需要2m的边角，那也需要买一支。还有，就是可以选择接着用，如2m长的地方，可以用其他地方余下来的两支1m长的边角接着用，只是略有些明显，可能会影响到安装的效果。

2．方板

规格分别为300cm×300cm、600cm×600cm及一些工程用板等。其中家装多用300cm×300cm。如果我们需要的恰好有一片是100cm×200cm，那也需要买一片300cm×300cm，裁成需要的尺寸。相对来说，损耗会大一些。

本章小结

常见的吊顶装饰材料有如下种类：石膏板、木龙骨、金属吊顶材料、塑料吊顶等。在实际的施工过程中，PVC板材和铝塑板、铝合金扣板是在厨房、卫生间吊顶中经常使用的材料。PVC板材在现在的家居装饰中使用较多，这种材料价格低，施工方便快捷，色彩也很丰富。铝合金材料是目前最为理想的厨房、卫生间吊顶材料。不同材料各有各的优缺点，可根据实际需要进行选用。

复习思考题

1．吊顶可分为哪几类？

2．石膏的主要性能特点是什么？常用石膏板有哪些品种？

3．常用金属类吊顶有哪些品种，在选购时应注意什么问题？

4．常用的塑料吊顶可分为几类，装修中如何根据实际情况进行选用？

实训练习

1. 参观考察完整的吊顶。

2. 在样本室或装饰材料市场辨认吊顶样本，根据其构造特点选择合适的产品。

3. 学生分组，根据老师提供的室内或室外装饰设计的环境及功能要求，提出不同部位的吊顶品种的选择方案，各组讨论各自提出选择方案的理由，并比较各方案的合理性和适宜性。

第二章

室内墙面装饰材料识别与选购

第一节 涂料的识别与选购

建筑物的装饰和保护虽然有很多途径，但采用涂料却是最简便、最经济而且维修更方便的方法。建筑涂料不仅可以使建筑物的内外饰面整齐美观，而且具有保护被涂覆的基底材料，延长其使用寿命和改善室内外使用条件的功能。建筑涂料的色彩丰富、质感逼真、自重小、施工效率高，在国内外建筑装饰工程中应用十分广泛。

涂料，传统上称为油漆，是指涂布于物体表面能与基体材料很好黏结，并形成完整而坚韧保护膜的液体或固体材料。涂料在物体表面干结成膜，这层膜称为涂膜，又叫涂层。它主要有保护、装饰和掩饰产品的缺陷，提升产品的价值的作用。

一、涂料的组成

涂料是由多种不同物质经溶解、分散、混合而组成的，各组成材料在涂料中具有的功能作用也各异。按涂料中各组分在涂料生产、施工和使用中所起的作用不同，可将其分为主要成膜物质、次要成膜物质和辅助成膜物质三大类型。各组分具有不同的功能，互相组合在一起，使组成的涂料具有最佳的功能。

（一）主要成膜物质（基料）

主要成膜物质是组成涂料的基础物质，它具有独立成膜的能力，并可黏结次要成膜物质共同成膜。因此主要成膜物质也称为基料或黏结剂，它决定着涂料使用和所形成涂膜的主要性质。

建筑涂料中常用的主要成膜物质大体上可分为三大类：一类是油脂，包括各种干性油（如桐油、亚麻油）和半干性油（如豆油、向日葵油）；另外两类是树脂，分别是天然树脂（如生漆、虫胶、松香脂漆等）和合成树脂（醇酸树脂、丙烯酸树脂、环氧树脂、过氧乙烯树脂、氯磺化聚乙烯、聚乙烯醇等）。

为满足涂料的多种性能要求，可以在一种涂料中采用多种树脂配合，或与油料配合，共同作为主要成膜物质。

（二）次要成膜物质

次要成膜物质是涂料中所用的各种颜料。颜料是一种不溶于水、溶剂或涂料基料的微细粉末状物质，但它能扩散于介质中形成均匀的悬浮体。颜料本身不具备成膜能力，它依靠主要成膜物质的黏结而成为涂膜的组成部分，起着使涂膜着色、增加涂膜质感、改善涂膜性质、增加涂料品种、降低涂料成本等作用。

涂料中颜料的品种很多。按它们的化学组成，可分为有机颜料和无机颜料两类；按它们的来源，可分为天然颜料和人造颜料两类；按照不同种类的颜料在涂料中起的作用不同，可将颜料划分为着色颜料、防锈颜料和体质颜料。

1. 着色颜料

着色颜料在涂料中除赋予涂膜色彩外，还起到使涂膜具有一定的遮盖力及提高涂膜机械强度、减少膜层收缩、提高涂膜抗老化性等作用。

建筑涂料中的着色颜料主要用无机矿物颜料，按它们在涂料使用时所显示的色彩，可分为红、黄、蓝、白、黑五种基本色，并通过这五种基本色调配出种种颜色。通常使用的着色颜料如下：

白色——钛白（TiO_2）、锌白（ZnO）、锌钡白（$ZnS\text{-}BaSO_4$）、锑白（Sb_2O_3）等；黑色——炭黑、松烟炱、石墨、铁黑、苯胺黑、硫化苯胺黑等；黄色——铬黄（$PbCrO_4$）、铅铬黄（$PbCrO_4+PbSO_4$）、镉黄（CdS）、锶黄（$SrCrO_4$）、耐光黄等；蓝色——铁蓝、华蓝、普鲁士蓝、群青、酞菁蓝、孔雀蓝等；红色——朱砂（HgO）、银朱（HgS）、铁红、猩红、大红粉、对位红等；金色——金粉、铜粉等；银白色——银粉、铅粉、铝粉等。

2. 防锈颜料

根据颜料的防锈作用机理可以将其分为物理防锈颜料和化学防锈颜料两类。物理防锈颜料的化学性质较稳定，它是借助其细微颗粒的充填，提高涂膜的致密度，从而降低涂膜的可渗透性，阻止阳光和水的透入，起到防锈作用。物理防锈颜料有氧化铁红、云母氧化铁、石墨、氧化锌、铝粉等。化学防锈颜料则是借助于电化学的作用，或是形成阻蚀性络合物以达到防锈的目的。化学防锈颜料如红丹、锌铬黄、偏硼酸钡、铬酸锶、铬酸钙、磷酸锌、锌粉、铅粉等。

3. 体质颜料

体质颜料又称填充颜料，是基本上没有遮盖力和着色力的白色或无色粉末。因体质颜料折射率与基料接近，故在涂膜内难以阻止光线透过，也不能添加美丽的色彩。但它们能增加涂膜的厚度和体质，提高涂料的物理化学性能。加强漆膜耐磨性。常用作体质颜料的是碱土金属盐、硅酸盐等，如重晶石粉（天然硫酸钡）、石膏、碳酸钙、碳酸镁、石英粉（二氧化硅）、瓷土粉（高岭土）、石粉（天然石灰石粉）等。

（三）辅助成膜物质

辅助成膜物质是指涂料中的溶剂和各种助剂，它们一般不能构成涂膜或不是构成涂膜的主体，但对涂料的生产、涂布施工和涂膜的形成过程有着重要的影响，还可以改善涂膜的某些性能。涂料中的辅助成膜物质分为两类：分散介质和助剂。

1. 分散介质

分散介质也称稀释剂、溶剂。在涂料中使用分散介质的目的是降低成膜物质的黏稠度，便于施工，从而得到均匀而连续的涂膜。分散介质最后并不留在干结的涂膜中，而是全部挥发掉，所以又称挥发组分。

溶剂是能挥发的液体，具有溶解成膜物质的能力，可降低涂料的黏度达到施工要求。在涂料组成中溶剂常占有很大比重。溶剂在涂膜形成过程中，逐渐挥发并不存在于涂膜中，但它能影响涂膜的形成质量和涂料的成本。

溶剂的种类主要有石油溶剂、煤焦油溶剂、萜烃溶剂。目前建筑涂料中常用的是二甲苯、醋酸丁酯等。

用有机溶剂作为分散介质的涂料称为溶剂型涂料。此外，水可以作为多种涂料的分散介质，这种涂料称为水性涂料。稀释水性涂料时可以采用矿物杂质含量较少的饮用自来水。

2. 助剂（辅助材料）

为改善涂料的性能、提高涂膜的质量而加入的材料称为辅助材料。它们的加入量很少，但种类很多，对改善涂料性能的作用显著。涂料中常用的辅助材料主要有以下几种：

（1）催干剂 催干剂又称干燥剂，它是以油料为主要成膜物质的涂料，起着加速涂料的氧化、聚合、干燥成膜过程的作用，并在一定程度上改善涂膜的质量。常用的催干剂大多为过渡金属元素铅、钴、锰、锌等的氧化物、盐以及它们与油酸、亚油酸、环烷酸等反应制成的金属皂类。

（2）增塑剂 增塑剂用于以合成树脂为主要成膜物质的涂料，它通常为相对分子质量较小的酯类化合物，能够插入合成树脂的高分子链之间，削弱高分子之间结合力，从而增加涂膜的塑性和柔韧性。常用的增塑剂有邻苯二甲酸酯类、脂肪酸酯类等。

（3）分散剂、增稠剂、消泡剂、防冻剂 在乳液中加入这些辅助剂，可以起到提高成膜物质在溶剂中的分散程度、增加乳液黏度、保持乳液体系的稳定性、改善涂料的流平性、消除气泡、改善乳液的防冻性、降低成膜温度等作用。

（4）紫外线吸收剂、抗氧化剂、防老化剂 这类辅助剂可以吸收阳光中的紫外线，抑制、延缓有机高分子化合物的降解、氧化破坏过程，提高涂膜的保光性、保色性和抗老化性能，延长涂膜的使用年限。

（5）固化剂 固化剂是能与涂料中主要成膜物质发生反应而使之固化成膜的物质。涂料的主要成膜物质不同，所需的固化剂也不相同。如水玻璃涂料用缩合磷酸铝为固化剂，室温固化剂环氧树脂多选用二乙烯三胺、三乙烯四胺等多胺类固化剂。

此外，还有一些其他的辅助剂，如润湿剂、悬浮剂、防霉剂、防腐剂、阻燃剂、流变剂等，它们可以满足某些有特殊功能要求的建筑涂料的需要。

二、涂料的类别与命名

（一）涂料的分类

涂料的种类很多，分类方法也多样。按国家标准《涂料产品分类和命名》（GB/T 32705—2003）规定，涂料是以其主要成膜物质为基础进行分类的。若一种涂料中主要成膜物质有多种，则按在涂料中起主要作用的一种主要成膜物质为基础进行分类。其具体分类见表 2-1。

表 2-1　成膜物质分类

序号	类别	主要成膜物质
1	油脂	天然植物油、合成油
2	天然树脂	松香及其衍生物、虫胶、乳酪素、大漆及其衍生物
3	酚醛树脂	改性酚醛树脂
4	沥青树脂	天然沥青、石油沥青、煤焦油沥青等
5	醇酸树脂	甘油醇树脂、改性醇酸树脂
6	氨基树脂	脲醛树脂
7	硝基	硝基纤维素、改性硝基纤维素
8	纤维素	乙基纤维、苄基纤维、醋酸纤维、羟基纤维等
9	过氯乙烯树脂	过氯乙烯、改性过氯乙烯
10	烯烃类树脂	氯乙烯共聚物、聚苯乙烯及其共聚物、聚苯乙烯树脂、氯化聚丙烯树脂等
11	丙烯酸树脂	丙烯酸树脂及其共聚物改性树脂
12	聚酯树脂	饱和聚酯树脂、不饱和聚酯树脂
13	环氧树脂	环氧树脂、改性环氧树脂
14	聚氨酯树脂	饱和聚氨酯树脂、不饱和聚氨酯树脂
15	元素有机聚合物	有机硅、有机钛、有机铝等
16	橡胶	天然橡胶及其衍生物
17	其他	以上未包括的其他成膜物质,如无机高分子材料等

　　虽然涂料已经制定了统一的分类方法标准，但由于建筑涂料的种类繁多，近年来的发展异常迅速，现标准很难将其准确全面地涵盖，因此人们通常更习惯按其他方法对建筑涂料进行分类，常用的分类方法有以下 5 种。

　　1．按使用的部位分类

　　可分为外墙涂料、内墙涂料、地面涂料、顶棚涂料和屋面涂料。

　　2．按涂层结构分类

　　可分为薄涂料、厚涂料、复层涂料。薄涂料的涂层厚度一般小于 1mm，厚涂料的涂层厚度一般为 2～5mm，常由封底涂层、主涂层和罩面涂层组成。

　　3．按主要成膜物质的性质分类

　　可分为有机涂料（如丙烯酸酯外墙涂料）、无机高分子涂料（硅溶胶外墙涂料）、有机无机复合涂料（如硅溶胶-苯丙外墙涂料）。

　　4．按涂料所用稀释剂分类

　　可分为溶剂型涂料（如氯化橡胶外墙涂料）和水性涂料。溶剂型涂料必须以各种有机溶剂作为稀释剂，水性涂料则可用水稀释。

　　5．按涂料使用功能分类

　　可分为防火涂料、防霉涂料、防水涂料等。

　　实际上，上述分类方法只是从某一角度出发来讨论的，而实际应用则往往是多因素的，所以各种分类方法常交织在一块，如薄涂料包括合成树脂乳液涂料、水溶性薄涂料、溶剂型薄涂料、无机薄涂料等；复层涂料包括水泥系复层涂料、合成树脂乳液系复层涂料、硅溶胶系复层涂料和反应固化型合成树脂乳液系复层涂料。

（二）涂料的命名

根据国家标准《涂料产品分类和命名》（GB/T 2705—2003）对涂料命名做如下规定：

① 涂料的全名称由三部分组成，即颜色或颜料名称、主要成膜物质和基本名称。例如锌黄醇酸调合漆、铁红环氧防锈漆等。对于不含颜料的清漆，则其全名为成膜物质名称、基本名称。例如醇酸清漆。

② 涂料颜色应位于涂料名称最前面。颜色名称通常有红、黄、蓝、白、黑、绿、紫、棕、灰等，有时再加上深、中、浅（淡）等词构成，如浅黄。如果颜料对漆膜性能起显著作用，则可用颜料的名称代替颜色的名称，如铁红、锌黄、红丹等。

③ 对涂料名称中的主要成膜物质名称应做适当简化，如聚氨基甲酸酯简化为聚氨酯。如果当中含有多种成膜物质时，可选取起主要作用的那一种成膜物质命名，主要成膜物质名称在前，次要成膜物质名称在后。

④ 基本名称表示涂料的基本品种特性和专业用途。一般均采用我国已经广泛使用的名称，例如清漆、磁漆、调合漆、木器漆、红醇酸磁漆、铁红酚醛防锈漆等。

红	醇酸	磁漆
↓	↓	↓
颜色	主要成膜物质	基本名称

部分涂料的基本名称见表2-2。

表 2-2　部分涂料的基本名称

编号	基本名称	编号	基本名称	编号	基本名称
00	清油	14	透明漆	61	耐热漆
01	清漆	15	斑纹漆、裂纹漆、橘纹漆	62	示温漆
02	厚漆	19	闪光漆	66	光固化漆
03	调合漆	24	家电用漆	77	内墙涂料
04	磁漆	26	自行车漆	78	外墙涂料
05	粉末涂料	33	罐头漆	79	屋面防水涂料
06	底漆	50	耐酸漆、耐碱漆	80	地板漆、地坪漆
07	腻子	52	防腐漆	86	标志漆、路标漆、马路划线漆
09	大漆	53	防锈漆	98	胶液
11	电泳漆	54	耐油漆	99	其他
12	乳胶漆	55	耐水漆		
13	水溶性漆	60	耐火漆		

⑤ 在成膜物质名称和基本名称之间，必要时可插入适当的词语来标明专业用途、特性等，如丙烯酸树脂冰箱漆、醇酸导电磁漆等。

⑥ 凡是需烘烤干燥的漆，在成膜物质名称和基本名称之间要标明"烘干"字样。如氨基烘干磁漆。如果名称中没有"烘干"字样，则表示自然干燥而非烘烤干燥。

⑦ 凡是双组分或多组分的涂料，在名称后应增加"（双组分）"或"（三组分）"等字样，如聚氨酯木器漆（双组分）。除稀释剂外，混合后产生化学反应或不产生化学反应的独立包

装的产品都可以认为是涂料的组分之一。

三、涂料的毒性

① 涂料中使用的颜料含有铅、镉、铬等重金属。在施工中，挥发物通过口腔进入体内，其含量较低时，会逐渐随新陈代谢排出体外，对人体影响不大，但如果超过一定限度，就会影响人体一些正常生理功能，造成急性中毒。

② 涂料会产生一些有机挥发物，主要通过呼吸系统进入人体，此外还有与人体接触，通过皮肤吸收影响人体健康。如果空气中的有机挥发物超过一定含量，就会使人产生胸闷、流泪等一些不适应症状。

③ 涂料中的有机物或杀菌类物质如果超过一定限度，也会对人体产生危害，出现红肿等症状。

四、涂料的环保标准与质量要求

一些建筑内墙涂料中的有害成分对人体健康的影响早就引起了国家有关部门的重视。GB 18582—2001《室内装饰装修材料　内墙涂料中有害物质限量》中具体规定了内墙涂料中有害物质限量，并作为强制性标准在全国实施。

① 材料适用于室内装饰装修用水性墙面涂料，不适用于以有机物作为溶剂的内墙涂料。

② 内墙涂料产品应符合一定的技术要求（见表2-3）。

表 2-3　内墙涂料技术限量要求

项　目		限量值
挥发性有机化合物（VOC）		≤200g/L
游离甲醛		≤0.1g/kg
重金属	可溶性铅	≤90mg/kg
	可溶性镉	≤75mg/kg
	可溶性铬	≤60mg/kg
	可溶性汞	≤60mg/kg

五、优质内墙涂料的技术性能

内墙涂料也可作为顶棚涂料，它的主要功能是装饰及保护室内墙面及顶棚，使其美观整洁，让人们处于舒适的居住环境中。为了获得良好的装饰效果，优质的内墙涂料应具有以下特点：

（一）色彩丰富、细腻、柔和

内墙涂料的色彩一般应浅淡、明亮，同时兼顾居住者的喜好，要求色彩品种丰富。内墙与人的目视距离最近，因此要求内墙的建筑涂料应质地平滑、细腻、色调柔和。

（二）耐碱性、耐水性、耐洗刷性良好

由于墙面多带碱性，并且为了保持内墙洁净，需经常擦洗墙面，为此内墙涂料必须有一定的耐碱性、耐水性、耐洗刷性，避免脱落造成的烦恼。

（三）良好的透气性、吸湿排湿性

若内墙涂料没有好的透气性、吸湿排湿性，墙体会因空气湿度的变化而结露或挂水，使人产生不适感。

（四）无毒、环保

内墙涂料是构成室内空间环境质量的重要组成部分。据统计，人们平均每天至少80%

的时间生活在室内环境中。因此，内墙涂料的无毒、无污染，对人体健康极为重要。我国颁布的室内装饰装修材料十项强制性标准中，就包括针对内墙涂料中有害物质的限量规定，即《室内装饰装修材料　内墙涂料中有害物质限量》（GB 18582—2001）。

建筑装饰内墙涂料的品种很多，常用的类型有溶剂型涂料、合成树脂乳液涂料、水溶性涂料、多彩内墙涂料、幻彩立体涂料等。内墙涂料的主要技术性能见表 2-4。

表 2-4　内墙涂料的主要技术性能

项　目	技术指标	检测方法
容器中的状态	经搅拌无结块、沉淀和絮凝	观察
黏度（涂-4 杯黏度计）/s	40～80	按 GB 1723—1979 规定执行
细度	≤80	按 GB 1724—1979 规定执行
遮盖力/(g/m²)	≤300	按 GB 1726—1979 规定执行
涂料颜色与外观	复合标准样板及其色差范围，涂膜平整	按 GB 1729—1979 规定执行
附着力/%	100	按 GB 1720—1979 规定执行
耐水性	不起泡、不脱粉	按 GB 1733—1979 规定执行（23±2）℃，浸 24h
耐碱性	不起泡、不脱粉	参照耐水性测定，将试件浸入氢氧化钠溶液中（23±2）℃，浸 24h
耐洗刷性（0.5% 皂液）/次	≥100 或 500	用洗刷仪测试
耐擦性/级	≥1	用往复式洗涤耐磨试验机测试

六、绿色涂料的界定

所谓"绿色涂料"是指节能、低污染的水性涂料、粉末涂料、高固体含量涂料（或称无溶剂涂料）和辐射固化涂料等。20 世纪 70 年代以前，几乎所有涂料都是溶剂型的，70 年代以后，由于溶剂的昂贵价格和降低 VOC 排放量的要求日益严格，越来越多的低有机溶剂含量和不含有机溶剂的涂料得到了大力发展。

绿色涂料的界定主要有以下三个层次：

第一个层次是涂料总有机挥发量（VOC），有机挥发物对人们生存的环境和人类自身构成了直接的危害，它是现代社会中的第二大污染源。因此，涂料的污染问题越来越受到重视。美国洛杉矶地区在 1967 年实施了限制涂料溶剂容量的法规，自此以后，国外对涂料中溶剂的用量限定也愈来愈严格。开始只对一些可发生光化学反应的溶剂实施限制，但后来发现几乎所有的溶剂都能发生光化学反应（除了水、丙酮等以外），应该尽量减少这些溶剂的用量。

第二个层次是溶剂的毒性，亦即那些和人体接触或吸入后可导致疾病的溶剂。大家熟知的苯、甲醇便是有毒的溶剂。乙二醇的醚类曾是一类水性涂料常用的溶剂，在 20 世纪 70 年代，它作为无毒溶剂而被大量使用；但在 20 世纪 80 年代初发现乙二醇醚是一类剧毒的溶剂，那时，实验室的此类溶剂都被没收，严禁使用。

第三个层次是对用户安全问题，一般来说，涂料干燥以后，它的溶剂基本上可以挥发掉，但这需要一个过程，特别是室温固化的涂料，有的溶剂挥发得很慢，这些溶剂的量虽然不大，但由于用户长时间接触，溶剂若有毒，也会造成对人体健康的伤害，因此在制备时一定要限制有毒溶剂的使用。

常用的绿色涂料主要有以下几种：

（一）固含量溶剂型涂料

高固含量溶剂型是为了适应日益严格的环境保护要求从普通溶剂型涂料基础上发展起来的。其主要特点是在可利用原有的生产方法、涂料工艺的前提下，降低有机溶剂用量，从而提高固体组分。通常的低固含量溶剂型涂料固体含量为 30%～50%，而高固含量溶剂型（HSSC）要求固体达到 65%～85%，从而满足日益严格的 VOC 限制。在配方过程中，利用一些不在 VOC 之列的溶剂作为稀释剂是一种对严格的 VOC 限制的变通，如丙酮等。很少量的丙酮即能显著地降低黏度，但由于丙酮挥发太快，会造成潜在的火灾和爆炸危险，需要加以严格控制。

（二）水基涂料

水有别于绝大多数有机溶剂的特点在于其无毒无臭和不燃，将水引进涂料中，不仅可以降低涂料的成本和施工中由于有机溶剂存在而导致的火灾，也大大降低了 VOC。因此水基涂料从其开始出现起就得到了长足的进步和发展。中国环境标志认证委员会颁布了《水性涂料环境标志产品技术要求》，其中规定：产品中的挥发性有机物含量应小于 250g/L；产品生产过程中，不得人为添加含有重金属的化合物，重金属总含量应小于 500mg/kg（以铅计）；产品生产过程中不得人为添加甲醛和聚合物，含量应小于 500mg/kg。事实上，现在水基涂料使用量已占所有涂料的一半左右。水基涂料主要有水溶性、水分散性和乳胶性三种类型。

（三）粉尘涂料

粉尘涂料是国内比较先进的涂料。粉尘涂料理论上是绝对的零 VOC 涂料，具有其独特的优点，将来完全摒弃 VOC 后，粉尘涂料是涂料发展的最主要方向之一。但其在应用上的限制需更为广泛而深入的研究，例如其制造工艺相对复杂一些，涂料制造成本高，粉尘涂料的烘烤温度较一般涂料高很多，难以得到薄的涂层。涂料配色性差，不规则物体的均匀涂布性差等，这些都需要进一步改善。

（四）液体无溶剂涂料

不含有机溶剂的液体无溶剂涂料有双液型、能量固化型等。液体无溶剂涂料的最新发展动向是开发单液型，且可用普通刷漆、喷漆工艺施工的液体无溶剂涂料。

涂料的研究和发展方向越来越明确，就是寻求 VOC 不断降低、直至为零的涂料，而且其使用范围要尽可能宽、使用性能优越、设备投资适当等。因而水基涂料、粉末涂料、无溶剂涂料等可能成为将来涂料发展的主要方向。

七、环保涂料的品牌与性能

涂料及各种有机溶剂里都含有苯。苯是一种无色具有特殊芳香气味的液体，所以环保专家把它称为"芳香杀手"。

现在苯化合物已经被世界卫生组织确定为强烈致癌物质。人在短时间内吸收高浓度的甲苯、二甲苯时，会出现中枢神经系统麻醉的症状，轻者头晕、头痛、恶心、胸闷、乏力、意识模糊，严重的会出现昏迷，以致呼吸、循环衰竭而死亡。苯主要对皮肤、眼睛和上呼吸道有刺激作用，经常接触苯，皮肤可因脱脂而变干燥，脱屑，有的出现过敏性湿疹。

美国专家进行的流行病学调查显示，在接触涂料的工人中，患老年性痴呆病率显著升高。而且近些年来很多劳动卫生学资料表明：长期接触苯系混合物的工人中，再生障碍性贫血患病率较高。

　　室内用涂料主要分为水性涂料和溶剂性涂料两种，产生污染的主要是溶剂性涂料，而使用环保的水性涂料便可以完全免除对涂料污染的担忧。中国涂料工业协会专家认为，任何溶剂性涂料都会含有 50％或以上的有机溶剂。现在市场上的墙面漆大多数都采用了水性乳胶漆，但用于家具的木器漆仍大量使用溶剂性涂料。

　　目前，环保标志成为涂料市场上最有力的通行证，但有关部门在市场检查，发现 80％以上的环保标志全部都是仿制或自制的。假环保涂料的盛行，给消费者辨别带来较大难度。在这种情况下，最简单的方法就是选用水性涂料。

　　（一）环保涂料的品牌

　　我国环保涂料主要有多乐士 Dulux（英国 ICI 集团世界品牌，中国一线品牌，涂料十大品牌），立邦漆 Nippon（中国驰名商标，日本品牌，涂料油漆十大品牌），华润 Huarun（中国驰名商标，中国名牌，一线牌子，十大油漆品牌）、嘉宝莉 Carpoly（中国驰名商标，中国名牌，一线牌子，油漆十大品牌），三棵树 Skshu（中国驰名商标，中国名牌，十大油漆品牌），紫荆花 Bauhinia（始于 1982 年的香港，中国名牌，十大品牌油漆涂料），汇通养生漆，雅德高健康漆（中国十大涂料品牌，广东名牌，外资进出口企业，香港名牌），美涂士 Maydos（十大品牌油漆，广东省著名商标，中国环境标志产品），大宝漆 Taiho（十大品牌油漆涂料，广东名牌，广东省著名商标），巴德士 BADESE（十大健康品牌油漆涂料，广东名牌，广东省著名商标）。

　　（二）环保涂料的性能

　　1. 无毒性

　　不污染环境且不会危害人体健康，因为绿色环保涂料是一种无机涂料，而无机涂料基料的材料往往直接取于自然界，相对于一些有机涂料基料来说，无机涂料基料的生产及使用过程中对环境的污染小，产品多数是以水为分散介质，无环境和健康方面的不良影响。

　　2. 功能性

　　涂料的功能性与其合成助剂有关，目前助剂市场正朝着功能化、复合化、多元化的方向发展，因为纳米技术的引进，更为绿色环保涂料的功能性发展开拓了更广阔的领域。与此同时，合成涂料的原材料也正逐步向低毒甚至无毒安全化发展，这也给绿色环保涂料披上一套华丽的衣裳。

　　3. 天然性

　　绿色环保涂料大多具备了溶剂性涂料的特性，其涂膜光亮丰满，附着力强，抗冲击性、柔韧性、防水性优异，装饰效果极佳。同时它无毒无害、无气味，不含苯类、重金属、甲醛、氨、甲苯二异氰酸酯等有害物，VOC 值低于标准限量值，各项指标均符合国家标准，因而绿色环保涂料具有优秀的抗老化性能，它既可用于室内亦可用于室外。

　　八、环保乳胶漆的鉴别与选购

　　作为消费者，大部分人都对涂料了解不深。要买到真正绿色环保的涂料，就要在涂料购买的过程中按所提倡的"环保涂料选择法"进行。

　　（一）全程环保——购买前对涂料品牌多了解

　　购买涂料之前，最好心里有个底，即到底想买什么样的涂料，是着重于色彩美观，还是强调绿色环保涂料，抑或涂料的技术含金量。

　　为获得涂料品牌与产品的背景信息，了解其他人使用的感受，既可以从传统渠道获得，比如油漆工、装修公司、亲戚朋友、同事等，也可以从网络渠道获得经验，比如上百度、谷歌等搜索引擎搜索，到家居装修、装饰类论坛上去看帖子、问一些问题，也可以到涂料门户网站的相关频道查看涂料、装修方面的资料。

（二）符合品味与感觉——涂料也是一种身份识别

涂料代表一种家居生活的品味，是日常生活中的一种体现。选什么样的涂料作为我们栖居之地的装饰，一定程度上表达了我们的个性、感觉和情趣。

（三）绿色环保涂料需要慧眼识珠

① 环保型涂料由于选用先进原料配制，亮光漆色泽水白、晶莹透明；亚光漆呈半透明轻微浑浊状，无发红、泛黑和沉淀现象。

② 一般情况下，环保型涂料气味温和、淡雅，芳香味纯正；劣质涂料一打开涂料罐，就散发出一股强烈的刺鼻气味或其他不明异味。目前部分劣质涂料也有香味，但就如劣质香水一样，中闻不中用。绿色环保涂料一般为水性或水乳性物质，无异味、不燃烧，施工及运输不需特别要求；而溶剂型或油性涂料则具有强烈的刺鼻气味，且易燃、易爆，施工及运输过程中一旦操作不慎，后果不堪设想。

③ 购买时应仔细询问涂料的价格、环保安全性、质量承诺、服务承诺等，并查阅相应的质量检测证书、新国标检验报告、无苯证书、ISO 9001 证书与环保认证证书等。

④ 绿色环保涂料具有多功能性，如防霉、防辐射、防紫外线、阻燃等特点，而传统涂料比较单一。

⑤ 绿色环保涂料的各项性能指标更趋合理，如光泽度、渗透性、防潮透气性能、耐热、抗冻性能、附着力等都较传统涂料有所提高。

小知识

涂料专家教你挑和选

鉴于涂料市场良莠不齐，鱼龙混杂的现状，在选择涂料时，不但要到规模大、品牌专一的涂料专卖店去购买，还要从以下几个方面鉴别涂料的品质。

（一）从包装上看质量

首先，要对外包装进行鉴别。选择合格的产品就要看外包装上是否有明确的厂址、生产日期、防伪标识。一般选购的产品应是省级以上的著名品牌，知名品牌企业重视产品质量管理，配备有先进的产品质量检测设备，有良好的售后服务体系，用着放心。其次，看是否达到国家有关 VOC 控制的法规规定，即强制性国标 GB 18582—2001《室内装饰装修材料　内墙涂料中有害物质限量》的各项有害物质限量指标，该标准规定 VOC≤200g/L。再次，看是否有更高要求的环境标志认证，该认证标准要求总有机挥发物含量 TVOC≤100g/L。从表面看，TVOC 是 VOC 的一半，但实际这两个关于 VOC 的限量标准差异很大，经计算得，当 TVOC 限量为 100g/L 时，所对应的 VOC 大约是 39～44g/L。因此，环标中 TVOC 的限量标准远远比国标中 VOC 限量标准严格，通过环境标志认证的产品是消费者的首选。最后，让经销商出示产品检测报告，最好是省级以上检测部门出示的近期国家抽检的检测报告。

消费者千万别只图便宜，不但要选择正规品牌，还要关注健康、环保，并要与涂料的发展方向合上拍。

（二）望、闻、问、切

1. 望

选购涂料时，首先要从涂料标签、说明书、检测报告中看清两个指标，一个是耐刷洗次数，另一个是 VOC 和甲醛含量。前者是涂料耐受性能的综合指标，它不仅代表着涂料的易清洁性，更代表着涂料的耐水、耐碱和漆膜的坚韧状况。后者是涂料环保健康指标。涂料最低应有 200 次以上的耐刷洗次数，VOC 不超过 200g/L。高档内墙涂料应有万次以上的耐刷洗次数，VOC 应不超过 30g/L。耐刷洗次数越高、VOC 越低越好。

2. 闻

闻一下要买的涂料，味道越小越好。如有刺鼻气味或浓重的香味都是可疑的。好的涂料，VOC 较低，因此味道很小。

3. 问

有的涂料可能对其指标没有标注，必须让销售人员对其指标进行负责任的解答。

4. 切

如果可能的话，最好自己动手试一下涂料。

打开涂料桶盖，用木棍搅动涂料，看内部是否有结块，如果有结块，则说明该涂料已坏。

用木棍挑出一点涂料，观察其下流状态，如果该涂料成丝状连续下流，而不是断成一块一块，说明该涂料流动性好，装饰效果好。

用手捻一捻涂料，可以感觉出它的细腻度，越细越好。如果有刮板器，可以用它刮一下看细度，越细越好。

可用刮板器在黑白纸上刮一下膜，可以比较其对白色和黑色的遮盖情况，对黑色遮盖越好，说明其遮盖力越好。

（三）根据房间功能选用涂料

乳胶漆品种繁多，各生产厂家配方不一样，生产工艺不同，性能、价格及装饰效果有很大差异。在选购时，要根据房间功能选用乳胶漆，卧室和客厅的墙面宜用具备附着力强、质感细腻、耐粉化性等性能的乳胶漆。厨房宜用具备防水、防霉、易洗刷等性能的乳胶漆。劣质乳胶漆不仅影响施工质量，其中所含的不合格化学原料还会危害人体健康，所以应尽量到专卖店或特约经销点购买。

乳胶漆只有符合 GB 18582—2001《室内装饰装修材料 内墙涂料中有害物质限量》标准，才能上市销售，建议选购还通过 ISO 9001 国际质量认证和 ISO 14001 环境管理体系认证的正规企业生产的乳胶漆。提醒大家在挑选乳胶漆时，不要迷信厂家的宣传，价格过低（例如每千克在四五元以下）的乳胶漆，多半是假冒伪劣产品。一定要购买正规生产厂家生产的，有生产日期和保质期的，注明无铅、无汞标志的乳胶漆。不要买超过国家规定的乳胶漆保质期（6 个月）的乳胶漆，因为保质期直接关系到它的各项物理性能指标，如耐刷洗次数、遮盖力等。

（四）细辨优劣程度

辨别乳胶漆的优劣程度可以从两个方面着手：

1. 性能指标

（1）耐刷洗性 优质的乳胶漆产品洗刷次数应该能达到 2000 次以上。

(2) 遮盖力　乳胶漆应能遮盖底材上的颜色及色彩差异。

(3) 附着力　具有强附着力的乳胶漆将很少出现墙面起皮、剥落的现象。

2. 环保特征

并不是所有的乳胶漆都是百分之百的无毒无害，乳胶漆中可能含有的有害物质包括：

(1) 甲醛　甲醛可刺激眼睛、喉部及造成皮肤过敏，甚至引发哮喘。

(2) 其他有机溶剂　包括二氯甲烷、氯仿、苯、甲苯等，都会对人体产生危害。

(3) 重金属　包括铅、镉、铬、汞等，对神经系统、心血管及遗传有害。

因此，在选购乳胶漆的时候，尽可能地选择环保型的乳胶漆。

(五) 配色

要营造室内气氛，色彩的定位有着重要的作用。空间环境颜色搭配的好坏直接影响人的情绪和工作效率。所谓配色，简单来说就是将颜色摆在适当的位置，做一个最好的安排。色彩是通过人的印象或者联想来产生习理上的影响，而配色的作用就是通过改变空间的舒适程度和环境气氛来满足消费者的各方面的要求。配色主要有两种方式，一是直接通过色彩的三个属性（色相、明度、纯度）的对比来进行配色，称为视觉型的配角；二是间接性的心理感觉，称为心理型的配色，也就是把所希望的感觉说出来，设计师再根据要求进行了解分析，做出不同的配色。

在家居装饰中，涂料的色彩具有重要的影响力。无论是冷与暖，欢乐与惆怅，还是稳重与活泼，品位与时尚，都可以通过色彩的巧妙运用，真实地演绎出来，设计居室时，首先确认色彩计划是十分必要的。色彩搭配的主要方法有相近的组合，对比色或互补色的组合，单一或多种色彩的明度或纯度的渐变组合等。但无论是哪一种方式，皆应协调和平衡。浅色调柔和和浪漫，适合青年人；灰色调营造的氛围适合成年人；深色调则给人传统的感觉。每个人都有自己喜欢的颜色，白色和浅色令人感觉整洁、时尚和休闲；深灰的色彩让人觉得庄重。一般来说，大面积的天棚、墙面适合采用白色或浅色调，而地面则可采用较深色彩，小空间适合用浅色调。家居设计中多以单一色彩为主，其他色彩为辅或点缀。色彩不同表现出的气氛及效果也不相同。另外，灯光对色调的影响极大。

比选择颜色更重要的是如何将两种或更多种颜色组合在一起，即是形成强烈的对比还是柔和的协调状态。对比色的色彩设计明朗、浓烈、充满力度，引人注目。协调色的色彩设计则易于搭配，给人雅致、素净的感觉。

总之，只要您注意购买渠道和产品特点，一定能购买到放心、安全、货真价实的涂料。

小知识

好涂料还需配上好腻子

腻子是建筑涂装过程中重要的配套材料，腻子可以为涂装涂料提供符合要求的平基层。有关调研结果表明近 60% 的涂装失败是由腻子质量引起的，而不是涂料的原因。在整个涂装过程中，腻子的重要作用在于能够消除涂装基层的表面缺陷，提高基层的平整度；在基层与涂膜之间起着黏合过渡作用，作为涂刷过程的三个层面：墙体、腻子层和涂料的涂膜，在环境温度变化时由于变形系数不同，发生变形的尺寸也大不一样，这就必然引起应力集中，这时涂刷的三个层面中的腻子层就应该凭借它本身所具有的弹性承担起消除应力集中的任务，从而可以抵抗基层开裂，有效防止墙面起皮、脱落。

涂料档次的提高促使对腻子的要求不断提高，尤其是外墙腻子，现场配制的腻子质量难以控制，商品腻子的用量越来越大，现在越来越注重环保问题，107胶已被限制或禁止使用，一些特殊用途的腻子会获得越来越多的使用，如用于外保温系统抹面砂浆的腻子。

目前市场上内墙常用原材料有：107胶、羟甲基纤维素和老粉（重钙粉）。

商品腻子主要有：膏状腻子（如聚乙烯醇膏状腻子）、粉状腻子（如以水泥、灰钙粉和纤维素为主的内墙腻子以及掺有可再分散聚合物胶粉的外墙腻子）、双组分腻子〔如乳胶（聚醋酸乙烯、苯丙、VAE和氯丁橡胶）腻子〕。

腻子存在的常见问题有：产品质量参差不齐，相对于涂料的品种而言腻子的品种较少，产品在性能上无法满足要求，如批刮性差，打磨时宜掉粉，耐水性和抗裂性差，仅将腻子看作配套材料，得不到足够的重视。

腻子使用不当时存在的问题：脱落、起皮，腻子的防水性能不好；起泡、起皮，腻子的防水性能不好；涂层脱落，内墙腻子用于外墙，强度过低开裂，腻子的抗裂性能差；脱落，使用了不合要求的内墙腻子，耐水性差；色差，由于面层的碱度过高使涂料褪色。

性能良好的腻子应该具备以下性能：

① 配制过程中不易出现人为误差；

② 良好的拌和性和易批刮性；

③ 硬化后易打磨，但不掉粉；

④ 优异的黏结性能，良好的双亲和性，不仅与基层黏结牢固，而且保证涂料易于附着，牢固黏结；

⑤ 优异的抗裂性能，具有一定的柔韧性，可以对墙体的微小裂缝起到缓冲作用，使涂层表面难以开裂；

⑥ 良好的耐水性和抗渗性，不仅在水或水蒸气透过涂膜时可以保护容易因干湿循环而产生变形的基面，而且适用于潮湿环境；

⑦ 良好的耐候性，在日晒、冻融条件下保持性能稳定；

⑧ 能够抑制基层泛碱，隔离碱性抹灰基层和表面涂料，避免漆膜产生变色甚至破坏；

⑨ 具有良好的抗流挂性能，使涂料着色容易，色泽分布均匀；

⑩ 对环境友好，使用安全；

⑪ 包装和运输方便，易于储存。

涂装系统施工对新鲜基层的要求：

通常新抹的基层在通风状况良好的情况下，夏季应干10天、冬季20天以上；表面坚实、均一、平整，对裂缝做相应处理；表面无起砂、起壳、疏松、空鼓等缺陷；表面无油脂及其他松脱物；表面无霉菌生长；墙体含水率$<10\%$，干透；墙面$pH<10$，无泛碱发花；遵循相应的施工规范（JGJ 73—91），未经检验合格的基层不得进行施工。

> 一个好的水泥基腻子可以满足国家标准中的大部分要求，但最重要的两项指标是：动态抗开裂性（在目前典型的 1‰～2‰ 的聚合物掺量下，腻子的动态抗开裂性远低于 0.1mm，典型的远低于 0.05mm），吸水率（在目前典型的 1‰～2‰ 的聚合物掺量下，如果使用标准的可再分散胶粉，腻子在 10min 后的吸水率通常高于 2g）。

第二节　壁纸、壁布材料的识别与选购

壁纸，用于装饰墙壁的特种纸。它的发源地在欧洲，现今在北欧发达国家最为普及，环保及品质也最好，其次是东南亚国家，在日本、韩国壁纸的普及率也近 90%。无论从生产技术、工艺，还是使用上来说，与其他建材相比，壁纸是毒害性最小的。因为现代新型壁纸的主要原料都是选用树皮、化工合成的纸浆，非常天然，这样产品使用时就不会散发有害人体健康的成分。从市场调查来看，环保型、健康型的壁纸以进口品牌居多，比如英国、德国、意大利、西班牙、日本、韩国的产品在北京的市场占有率是 70% 左右；一些中外合资企业的产品质量也达到了世界卫生组织规定的标准。

壁纸通常用漂白化学木浆生产原纸，再经不同工序进行加工处理，如涂布、印刷、压纹或表面覆塑，最后经裁切、包装后出厂，所以它具有一定的强度，美观的外表和良好的抗水性能，并且表面易于清洗，也不含有害物质。经常用于住宅、办公室、宾馆的室内装修等。

壁布是壁纸的另一种形式，是以纺织物和编织物为基料制成的墙面装饰物。壁布和壁纸一样有着变幻多彩的图案、瑰丽无比的色泽，在质感上则比壁纸更胜一筹。由于壁布表层材料的基材多为天然物质，无论是提花壁布、纱线壁布，还是无纺布壁布、浮雕壁布，经过特殊处理的表面，其质地都比较柔软舒适，而且纹理更加自然，色彩也更显柔和，极具艺术效果，给人一种温馨的感觉。壁布不仅与壁纸一样具有环保的特性，而且更新也很简便，并具有更强的吸声、隔声性能，还可防火、防霉防蛀，同时也非常耐擦洗。壁布本身还具有柔韧性、无毒、无味等特点，使其既适合铺装在人多热闹的客厅或餐厅，也更适合铺装在有儿童或老人的居室里。

壁纸、壁布作为能够美化环境的装饰材料，在很多场所都适用。

① 家庭用纸：客厅、卧室、餐厅、儿童房、书房、娱乐室等。

② 商业空间：宾馆酒店、餐厅、百货大楼、商场、展示场等。

③ 行政空间：办公楼、政府机构、学校、医院等。

④ 娱乐空间：餐厅、歌舞厅、酒吧、KTV、夜总会、茶馆、咖啡馆等。

壁纸之所以应用如此广泛，主要原因是因为壁纸有如下特性优势：

① 壁纸品种齐全，花色繁多，具有很强的装饰作用。

a. 装饰效果强烈：壁纸的花色、图案种类繁多，选择余地大，装饰后效果富丽多彩，能使家居更加温馨、和谐。经过改良颜料配方，现在的壁纸已经解决了褪色问题。

b. 应用范围较广：基层材料为水泥、木材，粉墙时都可使用，易于与室内装饰的色彩、风格保持和谐。

c. 维护保养方便：品质高的壁纸，具有防静电功能、不吸尘等优点，局部不小心或人为弄脏，可用清水加少量洗涤剂清洗，易于清洁，并有较好的更新性能。

d. 使用安全：壁纸具有一定的吸声、隔热、防霉、防菌功能，有较好的抗老化、防虫

功能，无毒、无污染。

e. 壁纸具有很强的装饰效果，不同款式的壁纸搭配往往可以营造出不同感觉的个性空间。无论是简约风格还是乡村风格、田园风格，还是中式、西式、古典、现代，壁纸都能勾勒出全新的感觉，这是乳胶漆或其他墙面材料做不到的。

② 壁纸的铺装时间短，可以大大缩短工期。

③ 壁纸具有相对不错的耐磨性、抗污染性，便于保洁等特点。

④ 壁纸具有防裂功能。在保温板上做乳胶漆，不管是加了的确良布还是绷带，交工之后没有多长时间，有的裂缝便显露出来，而壁纸能很好地起到规避这一缺陷的作用。只要铺装到位，细小的裂缝就不会再出现，当然如果是楼盘质量问题较大的保温墙，无论是什么装饰都能裂得一塌糊涂。

⑤ 墙纸有别于其他室内装饰材料的一个优点是：墙纸的日常使用和保养非常方便，可洗可擦，没有其他的特殊要求。保养方面应注意的是保持室内环境的干爽。

一、壁纸、壁布的识别

壁纸（壁布）按其基材的不同分为手工壁纸、PVC 塑料壁纸、布基 PVC 壁纸、全纸壁纸、和纸壁纸、无纺纸壁纸、硅藻土壁纸、发光壁纸、木纤维壁纸、玻璃纤维壁纸、天然材料壁纸、金属壁纸、丝面、织物类壁纸等。

（一）手工壁纸

手工壁纸采用纯进口无纺纸为基纸，使用全水性油墨，经过纯手工工艺制作而成。手工壁纸具有更环保、透气性极强、吸声、透气、散潮湿、不变形等特点；给人自然、舒适、亲切、古朴、粗犷的大自然之美，富有浓厚的田园气息、清雅脱俗之感。

（二）PVC 塑料壁纸

PVC 塑料壁纸（图 2-1）是目前市面上常见的壁纸，所用塑料绝大部分为聚氯乙烯（或聚乙烯）。塑料壁纸通常分为：普通壁纸、发泡壁纸等。每一类又分若干品种，每一品种再分为各式各样的花色。

1. 普通壁纸

普通壁纸用 $80g/m^2$ 的纸作为基材，涂 $100g/m^2$ 左右的 PVC 糊状树脂，再经印花、压花而成。这种壁纸常分为平光印花、有光印花、单色压花、印花压花几种类型。

图 2-1　PVC 塑料壁纸

图 2-2　布基 PVC 壁纸

2. 发泡壁纸

用 $100g/m^2$ 的纸作为基材，涂 $300\sim400g/m^2$ 掺有发泡剂的 PVC 糊状树脂，印花后再发泡而成。这类壁纸比普通壁纸显得厚实、松软，其中高发泡壁纸表面呈富有弹性的凹凸状；低发泡壁纸在发泡平面上印有花纹图案，形如浮雕、木纹、瓷砖等效果。

（三）布基 PVC 壁纸

布基 PVC 壁纸（图 2-2）是用高强度的 PVC 材料作为主材表层，基层用不同的网底布、无纺布、丝布构成其底层。在生产时，在网面上加入 PVC 进行高压调匀，再利用花辊调色平压制成不同图案与各种表面。与其他墙纸不同的是它用纯棉布做底，非常结实耐用，具有防火、耐磨、可用皂水洗刷等特点。而且施工简便、粘贴方便，易于更换。但由于其不具备透气性，在家用空间一直不能大面积推广应用。目前，欧美布基纸较为全面，广泛适用于星级酒店、走廊、写字楼、高档公寓及其他客流量大的公用空间等场合。

（四）全纸壁纸

全纸壁纸主要由草、树皮及现代高档新型天然加强木浆（含 10％的木纤维丝）等加工而成，以纸为基材，经印花后压花而成。全纸壁纸自然、舒适、亲切，不易翘边、起泡，无异味，环保性能高，透气性能强，是欧洲儿童房间指定专用型壁纸。现代新型加强木浆壁纸更有耐擦洗、防静电、不吸尘等特点。

（五）和纸壁纸

和纸壁纸是用天然的葛、藤、绢、丝、麻丝、稻草根部、椰丝等复合天然色彩的宣纸与纸基混合而生成，因此其价格不菲。它给人以古朴自然、清雅脱俗之感，在日本经久不衰，深受各方有识之士的青睐。和纸壁纸比一般的纸耐用，结实且无蛀虫，产品稳定，同时它还具有防污性、防水性、防火性且色调统一无斑点。在使用方面应当注意它伸缩性强，不能在粘贴时让胶溢出接缝处。

（六）无纺纸壁纸

无纺纸壁纸以纯无纺纸为基材，表面采用水性油墨印刷后涂上特殊材料，经特殊加工而成，具有吸声、透气、散潮湿、不变形等优点。这种墙纸，具有自然、古朴、粗犷的大自然之美，富有浓厚的田园气息，给人以置身于自然原野之中的感受。这种直接印刷无纺纸产品，不含 PVC，透气性好，无助于霉菌生长，易于张贴，易于剥离，没有缝隙，天然品质，别具一格，基纸和表面涂层有像羽毛一样的网状机构，具有防水及高度的呼吸力，亲切自然、休闲、舒适，绿色环保。

（七）硅藻土壁纸

硅藻土壁纸（图 2-3）用硅藻土作为原料。硅藻土是由生长在海、湖中的植物遗骸堆积，经过数百万年变迁而形成的。

特点：硅藻土表面有无数细孔，可吸附、分解空气中的异味，具有调湿、除臭、隔热、防止细菌生长等功能。其单体的吸湿量可达到 $78g/m^2$。由于硅藻土的物理吸附作用和添加剂的氧化分解作用，可以有效去除空气中的游离甲醛、苯、氨、VOC 等有害物质，以及宠物、吸烟、生活垃圾所产生的异味等，所以家里贴上了硅藻土壁纸在使用过程中不仅不会对环境造成污染，它还会使居住的环境条件得以改善，可以广泛地应用在居室、书房、客厅、办公地点及衣柜等场所。

维护保养：可擦拭，在清除表面污染时采用吸尘器与毛巾等干处理。

图 2-3　硅藻土壁纸　　　　　　　　　　　　图 2-4　发光壁纸

（八）发光壁纸

发光壁纸（图 2-4）是在壁纸的表面上加以特殊的发光材料，或使用吸光印墨，白天吸收光能，在夜间发光，使其在紫外线照射下产生相当的光源，使它鲜艳夺目、五彩缤纷、如景如画，不同寻常的图案得以呈现，令人有梦幻般的感觉，让人陶醉，它发光的时间在通常光源照射下 5min 后关灯可持续 15～20min，在紫外线照射下能长期发光。它可以用于家庭背景、博物馆、水族馆、各种娱乐场所、宴会厅等。

（九）木纤维壁纸

木纤维壁纸是用纯天然材料木屑制成的绿色环保产品，此种壁纸性能优越，是经典、实用型高档壁纸，由北欧特殊树种中提取的木质精纤维丝面或聚酯合成，采用亚光型色料（鲜花、亚麻提取），柔和自然，易与家具搭配，花色品种繁多；对人体没有任何化学侵害，透气性能良好，墙面的湿气、潮气都可透过壁纸；长期使用，不会有憋气的感觉，也就是常说的"会呼吸的壁纸"，是健康家居的首选；经久耐用，可用水擦洗，更可以用刷子清洗；抗拉扯效果优于普通壁纸 8～10 倍；防霉、防潮、防蛀，使用寿命是普通壁纸的 2～3 倍。

（十）玻璃纤维壁纸

玻璃纤维壁纸是在玻璃纤维布上涂以合成树脂糊，经加热塑化、印刷、复卷等工序加工而成。这种壁纸在使用时要与涂料搭配，即在壁纸的表面刷高档丝光面漆，颜色可随涂料色彩任意搭配。壁纸的肌理效果给人粗犷、质朴的感觉，但因表面的丝光面漆，又透出几分细腻。

玻璃纤维壁纸上的涂料可重复覆盖涂刷，每 3～5 年便可更新一次，是典型的壁纸与乳胶漆共同使用的做法，可用于卫生间和厨房及一些公共场所。

（十一）天然材料壁纸（草编、软木、藤麻壁纸、石头粉末、金刚砂、贝壳、羽毛、丝绸）

天然材料壁纸是用草、麻、竹、藤、木材、树皮、树叶等天然材料干燥后制成面层压粘于纸基上。

特点：无毒无味，吸声防潮，保暖通气，具有浓郁的乡土气息，自然古朴，素雅大方，给人以返璞归真的感受。

（十二）金属壁纸

金属壁纸（图2-5）是将金、银、铜、锡、铝等金属，经特殊处理后，制成薄片贴饰于壁纸表面。金银箔壁纸主要采用纯正的金、银、丝等高级面料制成表层，手工工艺精湛，贴金工艺考究，价值较高。这种壁纸目前的生产技术也仅在日本较为成熟，还分手做金、银纸与机器生产的两种系列。其特点是防火、防水、华丽、高贵、价值感。

金属箔的厚度为0.006～0.025mm，其性能稳定、不变色、不氧化、不腐蚀、可擦洗。最显著的优点是给人金碧辉煌、庄重大方的感觉，适合气氛浓烈的场合，整片地用于墙面可能会流于俗气，但适当地加以点缀就能不露痕迹地带出一种炫目和前卫。保养时擦拭即可。

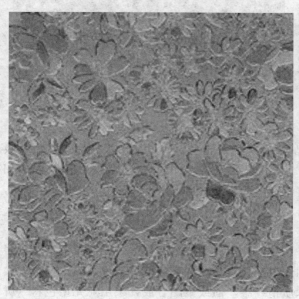
图2-5　金属壁纸

图2-6　丝面、织物类壁纸

（十三）丝面、织物类壁纸

丝面、织物类壁纸（图2-6）是壁纸家族中较高级的品种，主要是用丝、毛、棉、麻、纤维为原料织成的高级织物布面壁纸（壁布），其具有色泽高雅、质感细腻的特性，艺术表现力强，在家居中使用可以营造出自然、写意、幽雅、温馨舒适的空间氛围，且具有较好的隔声效果。

这类壁纸的主材料有向无纺布发展的趋势，无纺墙布是用木、棉、麻等天然纤维或涤纶合成纤维，经过无纺成型，上树脂，印制彩色花纹而成的一种新型高级的饰面材料。它具有挺括、不易折断、富有弹性、表面光洁而富有羊绒毛感的特性，而且色泽鲜艳、图案雅致、不易褪色，具有一定的透气性，可以擦洗。

锦缎墙布是更为高级的一种，要求在三种色彩以上的缎纹底上，再织出绚丽多彩、古雅精致的花纹。锦缎墙布柔软、易变形，价格较贵，适用于室内高级饰面装饰。

（十四）纯纸系列壁纸

这类壁纸属于中档系列，主要用植绒、无纺布、刺绣、砂粒制作而成，能营造很好的淡雅氛围，这类壁纸目前在各地都有出售，也是大多数人经济实惠的选择。

（十五）软木系列壁纸

以天然树皮——栓皮为原料制成的新型环保壁纸，具有吸声、保温、无毒无味、自然古朴、阻燃等特点。

二、壁纸、壁布材料的选购

壁纸、壁布就像是家居墙面的礼服，让整个家都充满生动活泼的表情。尤其是个性化和高品质的装修，新型壁纸在质感、装饰效果和实用性上，都有着内墙涂料难以达到的效果。据国外的专家预测，今后 20～50 年内，壁纸仍将是室内装饰的主要材料。在选择壁纸时应本着以下几点进行选择。

（一）功能选择

1. 起居室

一般起居室是主人主要活动空间，应选用明快大方的色彩，材质应选用高档壁纸。首先，考虑环保透气性好的壁纸；其次选择抗拉扯、耐擦洗性能强的壁纸。

2. 卧室

一般是选择暖色调或带小花或图案的壁纸，制造一种温馨、舒适的感觉。

3. 次卧

如果是老人居住就应选择一些较能使人安静和沉稳的色彩的壁纸，也可根据老人的喜好选择带些素花的壁纸。

4. 儿童房壁纸

一般选择色彩明快的壁纸，饰以卡通腰线点缀，或上下搭配使用上部带卡通图案，下部素条或素色的壁纸，营造出快乐整洁的效果。

（二）色彩搭配

1. 整体色彩搭配

选择同色的壁纸，不同类的花型张贴在不同居室内。

2. 功能区分搭配

根据不同的区位，选择不同的色彩搭配。

3. 搭配时色系应统一

壁纸在进行搭配时要注意做到色系的统一协调，不宜在居住环境中应用反差大或冷、暖色同时使用的壁纸。相容的色调，能传达整体的美感，而鲜艳对比的搭配，会让空间活泼有变化。自然和谐、浑然一体才是壁纸装饰的最高境界，在应用壁纸时注意不要让壁纸"喧宾夺主"，因为壁纸包含了色彩、图案、质地等鲜活的特征，不能太过突出，毕竟它只是背景，如果壁纸太过张扬，正说明了壁纸与环境不和谐、不相融。因此，整体统一设计显得尤为重要。在决定壁纸的风格时，应考虑到地面材料、家具、饰品和灯光的同步设计。除尺寸等特殊效果外，一般来说壁纸颜色越纯正、花型越素雅、铺贴效果越持久，同时也越经典，不致产生视觉疲劳。

（三）图案选择

1. 竖条纹状图案增加居室高度

长条状的花纹壁纸具有恒久性、古典性、现代性与传统性等各种特性，是最成功的选择之一。长条状的设计可以把颜色用最有效的方式散布在整个墙面上，而且简单高雅，非常容易与其他图案相互搭配。这一类图纹的设计很多，长宽大小兼有，因此必须选适合自己房间尺寸的图案，这一点是相当重要的。稍宽型的长条花纹适合用在流畅的大空间中，而较窄的图纹用在小房间里比较妥当。

由于长条状的花纹设计有将视线向上引导的效果，因此会对房间的高度产生错觉，非常适合用在较矮的房间。如果你的房间原本就显得高挑，那么选择宽度较大的长条图案会很不错，因为它可以将视线向左右延伸。

2. 大花朵图案降低居室拘束感

在壁纸展示厅中，鲜艳炫目的图案与花朵最抢眼，有些花朵图案逼真、色彩浓烈，远观有呼之欲出的感觉，据介绍，这种壁纸可以降低房间的拘束感，适合格局较为平淡无奇的房间。由于这种图案大多较为夸张，所以一般应搭配欧式古典家具。喜欢现代简洁家具的人们最好不要选用这种壁纸。

3. 细小规律的图案增添居室秩序感

有规律的小图案壁纸可以为居室提供一个既不夸张又不会太平淡的背景，你喜爱的家具会在这个背景前充分显露其特色。如果你是第一次挑选壁纸，选择这种壁纸最为安全。

选择壁纸要考虑居室的面积、空间尺度、房间的朝向等方面的问题。从原则上讲，壁纸适用于任何房间的张贴，从客厅到卧室到厨房，都可以找到适合的壁纸。壁纸的优点是用不同的壁纸装饰房间，会很容易地分辨出哪间是卧室，哪间是儿童房。

多数家庭的居住面积并不宽敞，所以根据人们希望环境舒适一些的心理，最好不要选纹理、图案过于醒目的壁纸，图案的尺度也要适当，如果图形花样过大就会在视觉上造成"近逼"感。从色彩上说，朝北背阳房间不宜用偏蓝、紫等冷色，而应用偏黄、红或棕色的暖色壁纸，以免冬季色彩感觉过于偏冷。而朝阳的房间，可选用偏冷的灰色调墙纸，但不宜用天蓝、湖蓝这类冬天看着不舒服的颜色。

起居室宜选用清新淡雅颜色的墙纸；餐厅应采用橙黄色的墙纸；卧室则可以依据个人喜好，随意发挥；红色调壁纸可以创造兴奋的气氛，而蓝、青等冷色调壁纸有利于放松精神，黄色调壁纸是营造温馨浪漫的最佳选择。

（四）质量鉴别

一般要从以下几个方面来鉴别。

① 首先判别材质：天然材质或合成（PVC）材质，简单的方法可用火烧来判别。一般天然材质燃烧时无异味和黑烟，燃烧后的灰尘为粉末白灰，合成（PVC）材质燃烧时有异味及黑烟，燃烧后的灰为黑球状。

② 水擦洗：色牢度好的壁纸可用湿布擦洗保养。

③ 绿色无害。选购时，不妨贴近产品闻是否有异味，有味产品可能含有过量甲苯、乙苯等有害物质，则有致癌的影响。

④ 色泽长驻。墙纸表面涂层材料及印刷颜料都需经优选并严格把关，保证墙纸经长期光照后（特别是浅色、白色墙纸）不发黄。

⑤ 看图纹风格是否独特，制作工艺是否精良。

小知识

壁纸壁布保养的注意事项

① 在施工时，应选择空气相对湿度在85％以下，温度不应有剧烈变化之季节，要避免在潮湿的季节和潮湿的墙面上施工。

② 施工时，白天应打开门窗，保持通风；晚上要关闭门窗，防止潮气进入。刚贴上墙面的墙纸，禁止大风猛吹，会影响其粘接牢度及其表面工程。

③ 粘贴壁纸壁布时溢流出的胶黏剂液，应随时用干净的毛巾擦干净，尤其是接缝处的胶痕，要处理干净，施工人员或监督人员一定要仔细和认真地查看。施工人员的手和工具要保持高度的清洁，如沾有污迹，应及时用肥皂水或清洁剂清洗干净。

④ 发泡壁纸壁布容易积灰，影响美观和整洁，每隔3～6个月清扫一次。用吸尘器或毛刷蘸清水擦洗，注意不要将水渗进接缝处。

⑤ 粘贴好的壁纸不要用硬物或尖利的东西刮碰。若干时间后，如有的地方接缝开裂，要及时予以补贴，不能任其发展。

⑥ 卫生间的壁纸在墙面挂水珠和水蒸气时要及时开窗和开排气扇，或先用干毛巾擦拭干净水珠，因为长期如此，会使墙纸质量受损，出现白点或起泡。

⑦ 太干燥的房间，要及时开窗，避免阳光直射时间过长，否则对深色的壁纸色彩有较大负面影响。

小知识

贴壁纸常见问题及解决办法

粉墙：即墙面有不牢固的粉末存在，应砂磨除去，整平、刷上清漆或环保性能更高的墙纸基膜，待干透后即可粘贴墙纸。

光墙：即墙面非常光滑，不易吸收胶水，不易干燥，接着力会下降，需砂磨才能粘贴墙纸。

补缝腻子：腻子中加入较多的白胶浆使接着牢固，不会裂开。

刮平腻子：腻子中加入少量的白胶浆，以便砂磨。

石膏粉加白胶浆取代批平腻子，可以加快干燥，缩短施工时间。

受潮墙面的处理：居室的墙面发潮，甚至发霉。这时可先在墙面上涂上抗渗液，使墙面形成无色透明的防水膜层，即可防止外来水分的浸入，保持墙面干燥，随后就可以装修墙面了。如果墙面已受潮，可先让受潮的墙面有1～2个月的干燥过程，再在墙体上刷一层拌水泥的避水浆，起防潮作用。然后用石膏腻子填平墙面凹坑，干燥后用砂纸将墙面磨平，接下来可在干燥清洁的墙面上将底层涂料用涂料筒滚涂两遍，也可喷涂。

第三节　墙面装饰板材的识别与选购

一、细木工板材的识别与选购

细木工板，又称大芯板、木芯板，是建筑装饰用人造板材的主要品种之一，也是常用的墙面装饰板材。细木工板是以天然木条黏合成芯板，两个表面胶贴木质单板，经热压黏制成的人造板材。

（一）细木工板的识别

细木工板根据材质的优劣及面材的质地可分为三个等级，即优等品、一等品和合格品。细木工板内芯的材质一般有杨木、桦木、松木、泡桐等。面材是在板芯两侧分别贴合一层或两层单板，可分为三层细木工板和五层细木工板等。细木工板的生产过程中会存在甲醛释放量超标、横向静曲强度不合格、产品含水率不合格、胶合强度低等方面的问题。

细木工板具有重量轻、易加工、握钉力强、不变形等优点，是室内装修和高档家具制作的理想材料（图2-7）。

图2-7　细木工板

1. 细木工板的构造

细木工板最外层的单板叫表板，内层单板称中板，板芯层称木芯板，组成木芯板的小木条称为芯条，规定芯条的木纹方向为板材的纵向（图2-8）。

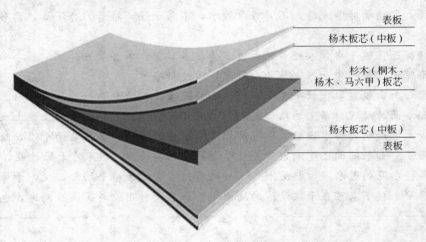

图2-8　细木工板的结构

木芯板的主要作用是为板材提供一定的厚度和强度，木芯板占细木工板体积的60%以上，与细木工板的质量有很大关系。制造木芯板的树种最好采用材质较软、木材结构均匀、变形小、干缩率小，而且木材弦向和径向干缩率差异较小的树种，易加工，芯条的尺寸、形状较精确，则成品板面平整性好，板材不易变形，重量较轻，便于使用。

中板的主要作用是使板材具有足够的横向强度，同时缓冲因木芯板的不平整给板面带来的不良影响。

表板除了使板面美观以外，还可以提高板材的纵向强度。

2. 细木工板的特点和应用

因为细木工板是特殊的胶合板，所以在生产工艺中也要同时遵循对称原则，以避免板材翘曲变形，作为一种厚板材，细木工板具有普通厚胶合板的美丽外观和相近的强度，且细木工板比厚胶合板质地轻，耗胶少，投资省。

与实木拼板比较，细木工板的尺寸稳定，不易变形，有效地克服木材的各向异性，具有较高的横向强度，由于严格遵守对称组坯原则，有效地避免了板材的翘曲变形。细木工板板面美观，幅面宽大，使用方便。

一般芯条含水率8%～12%，北方空气干燥可为6%～12%，南方地区空气湿度大，但不得超过15%。

细木工板的材种有许多种，如杨木、桦木、松木、泡桐等。其中以杨木、桦木为最好，质地密实，木质不软不硬，握钉力强，不易变形。泡桐的质地很轻、较软、吸收水分大，握钉力差，不易烘干，制成的板材在使用过程中，当水分蒸发后，板材易干裂变形。硬木质地坚硬，不易压制，拼接结构不好，握钉力差，变形系数大。细木工板握钉力好，强度高，具有质坚、吸声、绝热等特点，而且含水率不高，在10%～13%，加工简便，用途最为广泛。

细木工板比实木板材稳定性强，但怕潮湿，施工中应注意避免用在厨房、卫生间。

细木工板的加工工艺分为机拼与手拼两种。手工拼制是用人工将木条镶入夹板中，木条受到的挤压力较小，拼接不均匀，缝隙大，握钉力差，不能锯切加工，只适宜做部分装修的子项目，如做实木地板的垫层毛板等。而机拼的板材受到的挤压力较大，缝隙极小，拼接平整，承重力均匀，长期使用，结构紧凑不易变形。

细木工板一般用来做家具、门窗、隔断、假墙、暖气罩、窗帘盒等。

（二）细木工板的选购

环保、质量、服务，是消费者选择人造板材时的标准。环保问题更是关系到老百姓生活质量的重中之重。在选择细木工板材时要遵从以下三个原则。

第一要认准品牌，要选择行业里面有影响力的大品牌。品牌是品质和实力的载体，只有大品牌才有足够的实力和能力生产双 E_0 产品。所以，大品牌代表了诚信、实力和小风险。

第二看清标志。在选购时，一定要看细木工板的包装、宣传单页上面有无 E_0 标志。由于市场的不规范，很多小品牌往往会伪造一些假的检验报告来欺骗消费者，把产品夸得天花乱坠，承诺得好上加好，所以消费者在购买时要向经销商查看检验报告的原件。

第三看价格辨真伪。在装修的时候，都会或多或少地用到细木工板，它的质量直接关系到室内甲醛的含量，所以在细木工板上绝不能因为省钱而影响其质量。E_0 级细木工板无论其生产设备、生产工艺和胶黏剂的质量都要求很高。仅胶黏剂一项改进，就增加了25%左右的成本。目前市场上 E_0 级产品的价格在120～280元。

在选择细木工板材时，还要看其外观质量和内部质量。

1. 外观质量

① 细木工板表面应平整，无翘曲、变形，无起泡、凹陷，标识要齐全。细木工板的一面必须是一整张木板，另一面只允许有一道拼缝。质量上乘的细木工板表板应干燥、光滑，无缺陷，如无死结、挖补、漏胶等。

② 中板厚度均匀，无重叠、离缝现象，芯板的芯条排列均匀整齐，缝隙小，芯条无腐朽、断裂、虫孔、节疤。尤其是细木工板两端不能有干裂现象。有的细木工板偷工减料，实木条的缝隙大，如果在缝隙处打钉，则基本没有握钉力。竖立放置，边角应平直，对角线误差不应超过6mm。整包的细木工板每张板之间应完全贴合。另外，用手摸一下细木工板表面，优质的细木工板应手感干燥，平整光滑。

2. 内在质量

① 消费者选择时可以对着亮光看，如透白说明木条拼接不够紧密；拎起时听声音，有咯吱声说明胶合强度不好；抬起一张细木工板的一端，掂一下，优质的细木工板应有一种整体感、厚重感。当然这种厚重感应在手感干燥的情况下才是好板，否则就是干燥度不够。

② 用尖嘴器具敲击板材表面，听一下声音是否有很大差异，如果声音有变化，说明板材内部存在空洞。这会使板材整体承重力减弱，长期的受力不均会使板材结构发生扭曲、变形，影响外观及使用效果。

③ 若细木工板制作用的是环保胶，则生产现场只有干燥后的木板味儿，闻不到刺鼻的甲醛味道。如果细木工板散发出刺鼻气味，说明甲醛释放量较高，最好不要购买。

④ 检查里面的质量还要锯开一角来看，质量较好的细木工板，其中的小木条之间，都有锯齿形的榫口相衔接，其缝隙不能超过 5mm。

3. 注意事项

① 在选购细木工板材时，许多消费者认为切边整齐光滑的板材一定是质量好的细木工板，这种想法是错误的，越是这样的板材消费者越要小心。切边是机器锯开时产生的，好的板材一般并不需要再加工，往往有不少毛茬儿。但质量有问题的板材因其内部都是空心、黑心，所以加工者会在加工时重点点缀它，在切边处再贴上一道好看的木料，并且打磨光滑齐整，以迷惑消费者，所以一定不能只以此为标准来衡量谁好谁坏。

② 细木工板材不是越重越好。板材不像实木家具，越重越结实，内行人买板材一看烘干度，二看拼接。干燥度好的板材相对很轻，而且不会出现裂纹，很平整。对于外行的消费者来说，最保险的方法就是到可靠的建材市场，购买一些知名品牌的板材。

二、胶合板材的识别与选购

胶合板（夹板）是将原木经蒸煮软化沿年轮切成大张薄片或由木方刨切成薄木，再用胶黏剂按奇数层数，以各层纤维互相垂直的方向，经加压、干燥、锯边、表面修整而成的板材。装修中最常用的胶合板规格是 1200mm×2400mm。

（一）胶合板的识别

胶合板（图 2-9）通常是奇数层单板，并使相邻层单板的纤维方向互相垂直胶合而成。由于在胶合过程中已把材质、纹理相互垂直交错，所以强度大、不易变形、纵横方向的物理性质、机械性质差异较小。以木材为主要原料生产的胶合板，由于其结构的合理性和生产过程中的精细加工，可大体上克服木材的缺陷，大大改善和提高木材的物理力学性能，胶合板生产是充分合理地利用木材、改善木材性能的一个重要方法。

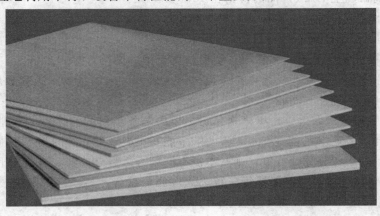

图 2-9 胶合板

胶合板根据分层的多少可分为三层、五层、九层、十一层、十三层等多个品种，装修中最常用的是三层和五层，也就是大家通常所说的三合板和五合板。夹板的层次越多，厚度越大，强度越高，承重力越强，越不易弯曲。夹板多用于高档装饰基层结构中，适宜安装、固定负重较大的装饰部件。

当然，胶合板也有自身的不足，主要是造价较高；如果材料没有充分干燥或生产工艺存在问题，导致板材变形时，外力很难调整；另外，胶合板不如密度板面层光洁，用胶合板做基层，表面上再黏合防火板、铝塑板等饰面板材时，不如用中密度板做基层牢固。

1. 胶合板的分类

根据国家标准《胶合板》（GB/T 9846—2004）规定，胶合板面板的树种即为该胶合板的树种。胶合板按树种分为阔叶树胶合板和针叶树胶合板；按用途分为普通胶合板、特种胶合板；按耐久性分为干燥条件下使用的胶合板、潮湿条件下使用的胶合板、室外条件下使用的胶合板；按表面加工状况分为未砂光板、砂光板、预饰面板、贴面板。

2. 普通胶合板

普通胶合板也称单板胶合板。普通胶合板是将蒸煮软化的原木旋切成大张薄片，然后将各张薄片按木纤维方向互相垂直放置，用耐水性好的合成树脂胶黏结，再经加压、干燥、锯边、表面修整而成的板材。用来制作胶合板的树种有椴木、桦木、水曲柳、榉木、色木、柳桉木等。

生产胶合板是合理利用、充分节约木材的有效方法。胶合板变形小，收缩率小，没有木结、裂纹等缺陷，而且表面平整，有美丽花纹，极富装饰性。

普通胶合板按成品板上可见的材质缺陷和加工缺陷的数量和范围分为三个等级，即优等品、一等品和合格品。普通胶合板按使用环境条件可分为Ⅰ、Ⅱ、Ⅲ、Ⅳ类胶合板。

Ⅰ类胶合板为耐气候、耐沸水胶合板，供室外条件下使用，能通过煮沸试验。

Ⅱ类胶合板为耐水胶合板，供潮湿条件下使用，能通过（63±3）℃热水浸渍试验。

Ⅲ类胶合板为耐潮胶合板，能在冷水中短时间浸渍，适于室内常温下使用。用于家具和一般建筑用途。

Ⅳ类胶合板为不耐潮胶合板，在室内常态下使用，主要用于干燥条件及一般用途使用。能通过干燥试验。

室内胶合板的甲醛释放限量应符合表 2-5 的规定

表 2-5　胶合板的甲醛释放限量（GB/T 9846.3—2004）　　　　单位：mg/L

级别标志	限量值	备　注
E_0	≤0.5	可直接用于室内
E_1	≤1.5	可直接用于室内
E_2	≤5.0	必须饰面处理后可允许用于室内

3. 装饰单板贴面胶合板

① 装饰单板贴面胶合板是用天然木质装饰单板贴在胶合板上制成的人造板。装饰单板是用优质木材经刨切或旋切加工方法制成的薄木片。

② 装饰单板贴面胶合板的特点　装饰单板贴面胶合板是室内装修最常使用的材料之一。由于该产品表层的装饰单板是用优质木材经刨切或旋切加工方法制成的，所以比普通胶合板具有更好的装饰性能。该产品天然质朴、自然而高贵，可以营造出与人有最佳亲和高雅的居

室环境。

③ 装饰单板贴面胶合板的种类 装饰单板贴面胶合板按装饰面可分为单面装饰单板贴面胶合板和双面装饰单板贴面胶合板；按耐水性能可分为Ⅰ类装饰单板贴面胶合板、Ⅱ类装饰单板贴面胶合板和Ⅲ类装饰单板贴面胶合板；按装饰单板的纹理可分为径向装饰单板贴面胶合板和弦向装饰单板贴面胶合板。常见的是单面装饰单板贴面胶合板。装饰单板常用的材种有桦木、水曲柳、柞木、水青冈、榆木、槭木、核桃木等。

④ 装饰单板贴面胶合板的等级 我国装饰单板贴面胶合板标准规定装饰单板贴面胶合板分为优等品、一等品和合格品三个等级。

⑤ 装饰单板贴面胶合板的性能要求 我国现行的推荐标准是 GB/T 15104—94《装饰单板贴面人造板》，目前绝大部分企业的生产执行此标准。该标准对装饰单板贴面胶合板在外观质量、加工精度、物理力学性能三个方面规定了指标。其物理力学性能指标有：含水率、表面胶合强度、浸渍剥离。GB 18580—2001《室内装饰装修材料 人造板及其制品中甲醛释放限量》还规定了该产品的甲醛释放限量指标。

a. 国家标准规定装饰单板贴面胶合板的含水率指标为 6%～14%。

b. 表面胶合强度反映的是装饰单板层与胶合板基材间的胶合强度。国家标准规定该项指标应≥50MPa，且达标试件数≥80%。若该项指标不合格，说明装饰单板与基材胶合板的胶合质量较差，在使用中可能造成装饰单板层开胶鼓起。

c. 浸渍剥离反映的是装饰单板贴面胶合板各胶合层的胶合性能。该项指标不合格说明板材的胶合质量较差，在使用中可能造成开胶。

d. 甲醛释放限量。该项指标是我国于 2002 年 1 月 1 日起实施的强制性国家标准，从 2002 年 1 月 1 日起达不到这项标准要求的产品不准生产；这也是相关产品的市场准入证，从 2002 年 7 月 1 日起达不到这项标准要求的产品不准进入市场流通领域。甲醛限量超标将影响消费者的身体健康，标准规定装饰单板贴面胶合板甲醛释放量应达到：E_1 级≤1.5mg/L，E_2 级≤5.0mg/L。

（二）胶合板的选购

1. 普通胶合板的选购

① 夹板有正反两面的区别。胶合板要木纹清晰，正面光洁平滑，不毛糙，要平整无滞手感。

② 要注意整板外观如何。质量好的夹板整板无翘曲、变形、开裂现象，也不应有破损、碰伤、硬伤、疤节等疵点。边线顺直，壁厚充实，尺寸规范。表面色泽一致，无疤痕、接拼、杂斑、虫孔、撞伤、污痕、缺损以及修补现象。

③ 要注意内夹层材质如何。一般夹板内层多为杂木，最好选用柳桉等优质材料，并注意截面是否光滑，板层之间是否开胶、鼓泡，芯板是否有较大缝隙，好的胶合板要无脱胶现象。

④ 有的胶合板是将两个不同纹路的单板贴在一起制成的，所以在选择上要注意夹板拼缝处应严密，有无高低不平现象。

⑤ 要挑选不散胶的胶合板。如果手敲胶合板各部位时，声音发脆，则证明质量良好，若声音发闷，则表示夹板已出现散胶现象。

⑥ 挑选胶合饰面板时，还要注意颜色统一，纹理一致。

⑦ 要注意等级如何。目前市场上进口的柳桉木三夹板主要是 BB、CC 级，AA 级很少

见。要警惕有些经营者以质量稍好的合资板冒充进口板，或以低等级的冒充高等级的。其实只要留心看一下外包装就可以识别。一般进口胶合板成件外包装上印有进口标志，标有英文进口产地，如 Indonesia（印度尼西亚）、Malaysia（马来西亚）等。

2. 装饰单板贴面胶合板的选择

近年来，在胶合板生产中，派生出不少新的花色品种，其中最主要的一种是在原来胶合板的板面上贴上一薄层装饰单板薄木，称为装饰单板贴面胶合板，市场上简称装饰板或饰面板。

值得注意的是常见的饰面板分为天然木质单板饰面板和人造薄木饰面板。天然木质单板是用珍贵的天然木材，经刨切或旋切加工方法制成的单板薄木。人造薄木是使用价格比较低廉的原木旋切制成单板，经一定工艺胶压制成木方，再经刨切制成具优美花纹的装饰薄木。

通常天然木质单板饰面板所贴饰面单板往往是花纹好，身价高的树种，比如柏木、橡木、花梨木、水曲柳等。但是应该看清其商品名称，如柏木贴面胶合板、水曲柳切片胶合板、樱桃木饰板等。几种说法中的贴面、切片、饰板都反映了饰板的基本特征。但是在选择时不能选择柏木三合板、水曲柳三合板等，因为这些简称泛指胶合板的面板、底板都由柏木或水曲柳制成。

3. 设计选用要点

① 根据工程性质、使用部位、环境条件等因素选用不同种类、等级、材质、装饰和幅面的胶合板。

② 装修应选用珍贵木材刨切薄木贴面的胶合板。

③ 建筑内部装修用胶合板，应符合 GB 50222—95《建筑内部装修设计防火规范》的规定。

④ 可能受潮的隐蔽部分和防水要求较高的场合应考虑选用Ⅰ类或Ⅱ类的胶合板，室外使用的胶合板应选用Ⅰ类胶合板。

⑤ 面板装饰需用透明清漆（亦称清油），保留木材表面天然色泽和纹理，应着重面板材质、花纹和颜色的选择；若不需考虑面板的花纹和颜色，也应根据环境和造价合理选用胶合板等级、类别。

三、密度板材（纤维板）的识别与选购

（一）密度板的识别

密度板［high density board（wood）］也称纤维板（图 2-10），是将木材、树枝等物体放在水中浸泡后经热磨、铺装、热压而成。它是以木质纤维或其他植物纤维为原料，施加脲醛树脂或其他适用的胶黏剂制成的人造板材。由于其质软耐冲击，强度较高，压制好后密度均匀，也容易再加工，在国外是制作家具的一种良好材料，但缺点是防水性较差。中、高密度板，是将小口径木材打磨碎加胶在高温高压下压制而成，为现在所通用，而我国关于密度板的标准比国际的标准低数倍，所以，密度板在我国的使用质量还有待提高。

按密度的不同，可分为高密度板、中密度板、低

图 2-10　密度板

密度板（中密度板密度为 550～880kg/m³，高密度板密度≥880kg/m³，低密度板密度为＜550kg/m³）。常用规格有 1220mm×2440mm 和 1525mm×2440mm 两种，厚度2.0～25mm。

1. 密度板的特点

板表面光滑平整、材质细密、性能稳定、边缘牢固，而且板材表面的装饰性好。但密度板耐潮性较差，相比之下，密度板的握钉力较刨花板差，螺钉旋紧后如果发生松动，由于密度板的强度不高，很难再固定。总结起来密度板的特点主要有以下几点。

① 密度板变形小，翘曲小。

② 密度板有较高的抗弯强度和冲击强度。

③ 密度板很容易进行涂饰加工。各种涂料、涂料类均可均匀地涂在密度板上，是做涂料效果的首选基材。密度板是一种美观的装饰板材。

④ 密度板各种木皮、胶纸薄膜、饰面板、轻金属薄板等材料均可胶贴在密度板表面上。

⑤ 硬质密度板经冲制，钻孔，还可制成吸声板，应用于建筑的装饰工程中。

⑥ 物理性能极好，材质均匀，不存在脱水问题。中密度板的性能接近于天然木材，但无天然木材的缺陷。

⑦ 密度板的握钉力较差。

⑧ 重量较大，刨切较难。

⑨ 密度板的最大的缺点就是不防潮，见水就发胀。在用密度踢脚板，门套板，窗台板时应该注意六面都刷漆，这样才不会变形。

虽然密度板的耐潮性握钉力较差，螺钉旋紧后如果发生松动，不易再固定，但是密度板表面光滑平整、材质细密、性能稳定、边缘牢固、容易造型，避免了腐朽、虫蛀等问题，在抗弯曲强度和冲击强度方面，均优于刨花板，而且板材表面的装饰性极好，比实木家具外观更胜一筹。

2. 密度板的主要用途

密度板主要用于强化木地板、门板、隔墙、家具等，密度板在家装中主要用于混油工艺的表面处理；一般现在做家具用的都是中密度板，因为高密度板密度太高，很容易开裂，所以没有办法做家具。一般高密度板都是用来做室内外装潢、办公和民用家具、音响、车辆内部装饰，还可用作计算机房抗静电地板、护墙板、防盗门、墙板、隔板等的制作材料。它还是包装的良好材料。近年来更是作为基材用于制作强化木地板等。

3. 使用密度板的注意事项

① 经常保持密度板的干爽和清洁，不要用大量的水冲洗，注意避免密度板局部长期浸水。如果密度板有了油渍和污渍，要注意及时清除，可以用家用柔和中性清洁剂加温水进行处理，最好采用与密度板配套的专用密度板清洁保护液来清洗。不要用碱水、肥皂水等腐蚀性液体接触密度板表层，更不要用汽油等易燃物品和其他高温液体来擦拭密度板。

② 建议在门口处放置蹭蹭垫，以防带进尘粒，损伤密度板；超重物品应平稳搁放；搬运家具时请勿拖拽，以抬动为宜。

③ 密度板表面的污渍及油渍请用家庭清洁剂进行清洁，切勿使用大量的水来清洗密度板。密度板表面遇有污渍，一般用不滴水的潮拖把擦干即可。若沾上巧克力、油脂、果汁、饮料等，只需用温水及中性清洁剂擦拭即可。若被口红、蜡笔、墨水等污染，可用甲醇或丙酮轻轻擦拭。

④ 在冬季应注意增加密度板表面的湿度，用潮湿的拖把拖地，适当增大地表湿度，能够有效地解决密度板产生缝隙和开裂的问题。如个别位置产生开裂，请及时通知销售单位，对局部进行填补处理。在填补后，适当增加地表湿度，以利于密度板复原。

⑤ 密度板要尽量避免强烈阳光的直接照射以及高温人工光源的长时间炙烤，以免密度板表面提前干裂和老化。雨季要关好窗户，以免飘雨浸湿密度板。同时要注意室内的通风，散发室内的湿气，保持正常的室内温度也有利于密度板寿命的延长。

（二）密度板的选购

密度板的选购主要检测甲醛释放量和结构强度。

1. 环保质量

密度板按甲醛释放量分 E_1 级和 E_2 级，甲醛的释放量超过 30mg/100g 即为不合格产品。一般来讲，规模较大的生产厂家的密度板大部分都合格。市场上的密度板大部分是 E_2 级的，E_1 级的少。

根据国家标准，密度板按照其游离甲醛含量的多少可分为 E_0 级、E_1 级、E_2 级。E_2 级甲醛释放量为 $\leq 5mg/L$；E_1 级甲醛释放量为 $\leq 1.5mg/L$，可直接用于室内装修；E_0 级甲醛释放量为 $\leq 0.5mg/L$。消费者在选购密度板时，应尽量购买甲醛释放量低的商品，以保证装修的安全。

2. 结构质量

（1）表面清洁度　表面清洁度好的密度板表面应无明显的颗粒。颗粒是压制过程中带入杂质造成的，不仅影响美观，而且使漆膜容易剥落。

（2）表面光滑度　用手抚摸表面时应有光滑感觉，如感觉较涩则说明加工不到位。

（3）表面平整度　密度板表面应光亮平整，如从侧面看去表面不平整，则说明材料或涂料工艺有问题。

（4）整体弹性　较硬的板子一定是劣质产品。

四、刨花板材的识别与选购

（一）刨花板的识别

刨花板（也叫实木颗粒板、微粒板，见图 2-11）是将木材加工中的碎料（刨花、碎木片、锯屑）或木材削片粉碎后，经过干燥，拌以胶黏剂、硬化剂、防水剂，在一定的温度下

图 2-11　刨花板

压制而成的一种人造板材。

因为刨花板结构比较均匀，加工性能好，可以根据需要加工成大幅面的板材，所以它是制作不同规格、样式的家具较好的原材料。制成品刨花板不需要再次干燥，可以直接使用，吸声和隔声性能也很好。但它也有其固有的缺点，因为边缘粗糙，容易吸湿，所以用刨花板制作的家具封边工艺就显得特别重要。另外由于刨花板容积较大，用它制作的家具，相对于其他板材来说比较重。

1. 刨花板的分类

（1）根据用途分　分为A类刨花板、B类刨花板。

（2）根据刨花板结构分　单层结构刨花板；三层结构刨花板；渐变结构刨花板；定向刨花板；华夫刨花板；模压刨花板。

（3）根据制造方法分　平压刨花板；挤压刨花板。

（4）按所使用的原料分　木材刨花板；甘蔗渣刨花板；亚麻屑刨花板；棉秆刨花板；竹材刨花板；水泥刨花板；石膏刨花板等。

（5）根据表面状况分

① 未饰面刨花板　砂光刨花板；未砂光刨花板。

② 饰面刨花板　浸渍纸饰面刨花板；装饰层压板饰面刨花板；单板饰面刨花板；表面涂饰刨花板；PVC饰面刨花板等。

2. 刨花板的原料

制作刨花板的原料包括木材或木质纤维材料，胶黏剂和添加剂两类，前者占板材干重的90%以上。木材原料多取自林区间伐材、小径材（直径通常在8cm以下）、采伐剩余物和木材加工剩余物等。加工成片状、条状、针状、粒状的木片、刨花、木丝、锯屑等，称碎料。此外，非木质材料如植物茎秆、种子壳皮也可制成板材，其定名往往冠以所用材料名，如麻秆（刨花）板，蔗渣（刨花）板等。胶黏剂多用脲醛树脂胶和酚醛树脂胶。前者色淡，固化温度低，对各种植物原料如麦秆、稻壳等的刨花板都有良好胶合效果，热压温度为195～210℃，在生产中广为应用，但有释放游离甲醛污染环境的缺点。

刨花形态是刨花板质量的决定性因素，因此首先要制造出合格的刨花。木材加工中剩余物的刨花经再加工可用作刨花板的芯层。表层刨花主要用采伐或加工中的高级剩余物（木材截头、板边等）专门加工制取。刨花的长、厚、宽的尺寸规格因生产方法及用于制作芯层或表层等而异。制备刨花的加工设备有削片机、再碎机、打磨机及纤维分离机，切削方式有切削、切断及破碎。为获得优质刨花，要经过初碎、打磨、再碎及筛分等过程。

经加工制成的刨花，其初含水率大致为40%～60%，符合工艺要求的含水率芯层为2%～4%，表层为5%～9%。因此，要用干燥机对初含水率不等的刨花进行干燥，使之达到均匀的终含水率。然后将经过干燥的刨花与液体胶和添加剂混合。通常在刨花的每平方米表面积上，施胶8～12g。胶料由喷嘴喷出后成为直径8～35μm的粒子，在刨花表面上形成一个极薄而均匀的连续胶层。再将施胶后的刨花铺成板坯，其厚度一般为成品厚度的10～20倍。即可进行预压和热压处理。预压压力为0.2～2MPa，用平板压机或滚筒压机进行。

3. 刨花板的特点

① 有良好的吸声和隔声性能；刨花板绝热。

② 各部方向的性能基本相同，结构比较均匀，内部为交叉错落结构的颗粒状，各部方向的性能基本相同，横向承重力好。

③ 刨花板表面平整，纹理逼真，容重均匀，厚度误差小，耐污染，耐老化，美观，可进行涂料和各种贴面。

④ 刨花板在生产过程中，用胶量较小，环保系数相对较高。

⑤ 密度较大，因而用其加工制作的家具重量较大。

⑥ 刨花板边缘粗糙，容易吸湿，作为家具边缘暴露部位要采取相应的封边措施处理，以防止变形；在裁板时容易造成暴齿的现象，所以部分工艺对加工设备要求较高；不宜现场制作。

⑦ 握钉力低于木材，不同产品间质量差异大，不易辨别，抗弯性和抗拉性较差。

（二）刨花板的选购

选择刨花板时要先看它的横断面，里面颗粒越大越好，因为颗粒大的刨花板着钉比较牢固，还有就是环保指数，中国现在实行欧洲标准，分为 E_0、E_1、E_2 级，E_0 级的刨花板是最好的，由此可见，这两个方面就是不同刨花板价格差别大的原因。我国国内一般用的刨花板都是 18mm 或者 25mm 的板材，做工方面，还要注意看刨花板的封边质量和板之间的缝隙。

本章小结

本章主要介绍了墙面装饰材料中涂料、壁纸（壁布）、板材的种类、特点和应用，要求学生重点掌握这些材料的基本知识和这些材料中有害物质及其限量要求，同时在市场调研的基础上配合工程案例分析掌握涂料、壁纸（壁布）、板材的选购要点。

复习思考题

1. 涂料是由哪几部分组成的？各组分的主要作用是什么？

2. 涂料中含有哪些有害物质？其限量标准是多少，在选购涂料时如何避免这些有害物质带来的危害？

3. 简述墙布的分类。

4. 常用于墙面装饰的板材主要有哪几类，各有何优缺点，在选购时应从哪些方面入手以保证选用合格的产品。

实训练习

1. 到装饰材料市场进行调查，了解各种涂料、壁纸（壁布）、墙面板材的销售情况，掌握本地区墙面装饰材料的应用情况。

2. 在样本室或装饰材料市场认知辨认涂料、壁纸（壁布）、墙面板材样本，认识这些材料的类别、品种。

3. 学生分组根据老师提供的室内或室外装饰设计的环境及功能要求，提出选择合适的墙面材料的方案，各组讨论各自提出选择方案的理由，并比较各方案的合理性。

室内地面装饰材料识别与选购

✳ **学习目标**

　　1. 了解地板、地面石材、地毯、地面砖的种类，掌握实木地板和人造地板、地毯、地面砖、石材的主要特点及国家标准对它们的主要技术要求。

　　2. 掌握地板、地面石材、地毯、地面砖选用时的原则及使用的注意事项。

✳ **学习建议**

　　利用课余时间，组织学生参观已竣工的建筑装饰工程、在建的装饰工程及建材市场，使学生对常用室内地面材料有直观的认识。

第一节　地板的识别与选购

一、实木地板的识别与选购

（一）实木地板的识别

　　实木地板是天然木材经烘干、加工后形成的地面装饰材料。它呈现出的天然原木纹理和色彩图案，给人以自然、柔和、富有亲和力的质感，同时由于它冬暖夏凉、触感好的特性，使其成为卧室、客厅、书房等地面装修的理想材料。实木的装饰风格返璞归真，质感自然，在森林覆盖率下降，大力提倡环保的今天，实木地板则更显珍贵。

　　1. 等级

　　国家标准《实木地板》（GB/T 15036—2009）。该标准自 2009 年 12 月 1 日起实施，新国标对老国标做了重要的修改和补充。主要是修改了一些尺寸和缺陷的内容，补充了适用树种的规范名称和对漆板的要求。同时取消了对木材冲击韧性硬度和耐磨性方面的要求。

　　国家标准根据实木地板的外观质量、物理学性能，将其分为三个等级，分别是优等品、一等品、合格品，优等品的质量最高。

　　国家标准对实木地板在外观质量、加工精度和物理力学性能三个方面规定了指标。其物理力学性能指标有含水率、漆板表面耐磨、漆膜附着力和漆膜硬度。

　　含水率指标是指实木地板在销售地区未拆封或刚除去包装状态下的含水率。该项指标不合格将造成在使用中地板变形、翘曲、起拱或离缝等现象，影响美观和使用性能。国家标准规定实木地板的含水率指标为 7% 至销售地点的平衡含水率。

　　漆板表面耐磨反映的是实木地板油漆面的耐磨程度，该项指标不合格说明地板的油漆质量较差，将影响地板的使用寿命。国家标准规定优等品实木地板漆板表面耐磨指标≤0.08g/100r；一等品≤0.10g/100r；合格品≤0.15g/100r。

漆膜附着力反映的是油漆对实木地板的附着强度，该项指标不合格也说明地板的油漆质量较差，在使用中可能造成油漆开裂甚至剥落，同样影响地板的使用寿命。国家标准规定优等品实木地板漆膜附着力指标为0～1级；一等品≤2级；合格品≤3级。

2. 实木地板的种类

实木地板按表面加工的深度分为两类。一类是淋漆板，即地板的表面已经涂刷了地板漆，可以直接安装后使用；另一类是素板，即木地板表面没有进行淋漆处理，在铺装后必须经过涂刷地板漆后才能使用。由于素板在安装后，经打磨、刷地板漆处理后的表面平整，漆膜是一个整体，因此，无论是装修效果还是质量都优于漆板，只是安装比较费时。

实木地板按加工工艺可分为平口实木地板、企口实木地板、指接地板、集成地板、拼花实木地板、竖木地板（图3-1）。

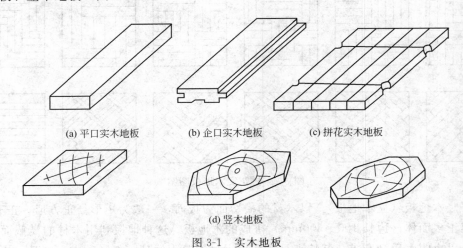

(a) 平口实木地板   (b) 企口实木地板   (c) 拼花实木地板

(d) 竖木地板

图3-1　实木地板

（1）平口实木地板　平口实木地板是六面均为平直的六面体或工艺形多面体的木地板。一般以纵剖面为耐磨面，生产工艺简单，可根据个人爱好和技艺，铺设成普通或各种图案。但加工精度较高，整个板面观感尺寸较碎，图案显得零散。平口实木地板用途广泛，除作为地板外，也可作为拼花板、墙裙装饰以及天花板吊顶等室内装饰。

（2）企口实木地板（也称榫接地板或龙凤地板）　企口实木地板的板面呈长方形，其中一侧为榫，另一侧有槽，榫槽一般都小于或等于板厚的1/3，槽略大于榫。绝大多数背面都开有抗变形槽。由于铺设时榫和槽必须结合紧密，因而生产技术要求较高，木质也要求好，不易变形的。目前市场上多数企口实木地板是经过涂装（油漆）的成品地板，一般称"漆板"。漆板在工厂内加工、油漆、烘干，质量较高，现场油漆一般不容易达到要求。漆板安装后不必再进行表面刨平、打磨、油漆。

（3）指接地板　指接地板是由宽度相等、长度不等的板条通过榫槽结合、胶黏而成的木地板。指接地板不易变形并开有榫和槽，接成以后的结构与企口地板相同。

（4）集成地板（拼接地板）　集成地板是由宽度相等的小板条指接起来，再将多片指接材横向拼接而成的木地板，在生产过程中，各种木材的缺陷都要通过横截圆锯精心剔除，因而这种地板幅面大、尺寸稳定性好，不易变形，给人一种天然的美感。

(5) 拼方、拼花实木地板　拼方、拼花实木地板是由多块条状小木板以一定的艺术性和规律性的图案拼接成方形的木地板。拼方、拼花实木地板是利用木材的天然色差，拼接成工艺美术性很强的各种地板图案，故生产工艺复杂，精密度也较高。拼方、拼花实木地板有平口接缝地板和企口拼接地板两种，适用于高级楼宇、宾馆、别墅、会议室、展览室、体育馆及住宅等的地面装饰。可根据装修等级的要求，选择合适档次的地板材料。拼花地板的图案如图 3-2 所示。

图 3-2　拼花实木地板图案

(6) 竖木地板（立木地板）　以木材的横切面为板面，一般为矩形、正方形，正五、六、八边形等正多面体（边长 100～300mm）拼成的木地板。这种地板利用木材的横截面作为装饰面，所以也叫木质马赛克。其特点是：利用木材的断面纹理，新颖大方，别具一格；力学结构合理，断面耐磨而抗压；组合图案极其丰富，装饰性强；利用小径木材加工，成本低。

立木地板有单块和拼花板两种型式。单块由车圆的木棒经横切成木片并经干燥处理后，再用成型机加工成正六边形、四边形、三角形等，施工中进行各种图案的拼花。拼花立木地板是由立木单块通过手工或拼板机胶拼成不同几何形状的板块，再经精加工而成。立木拼花地板块有六边形、正方形、菱形等多种外形和图案，一般边长在 100～300mm。

3. 实木地板的主要适用树种

用于实木地板的木材树种要求纹理美观，材质软硬适度，尺寸稳定性和加工性都较好。常用的实木地板树种在国家标准 GB/T 15036—2009 中规定有白桦、西南桦、平果铁苏木、水曲柳、大甘巴豆、马来甘巴豆、水青冈、小叶青、白栎、红栎、苦栎、柞木、榉树、柚木、苦楝、木荚豆、香二翅豆、香脂木豆等。

水曲柳、西南桦有较好的木纹，能获得良好的贴近自然的效果。柳桉木、胡桃木色泽较理想，地面整体感很强。而康巴斯、木荚豆、红梅嘎等则色泽偏深、硬度高、密度大、组织较致密，可做成仿红木的地板。更高档的实木地板则有柚木、檀木、枫木、橡木、山毛榉、花梨木等，花纹、颜色、硬度都较理想，当然价格也较贵。

不少树种质地、外观近似，但价格相差较大。除了上面所说的仿红木外，另外例如我国西南部产的柞木和美国橡木、国产青岗木和进口山毛榉等都很相似，选择慎重，再加上高明的施工，花低价就能获得高雅华贵的地面效果。

柚木主要产于东南亚的缅甸和泰国，木材黄褐色至深褐色，弦面常有深黑色条纹，表面触之有油性感觉，木材具有光泽，新切面带有皮革气味，是名贵的地板用材。

柞木主要产于我国的长白山及东北地区，木材呈浅黄色，纹理较直，弦面具有银光花纹，木质细密硬重，干缩性小，较适宜工薪阶层选用。

水曲柳主要产于我国的长白山区，材料性能较佳，颜色呈黄白色至灰褐色，木质结构从中至粗，纹理较直，弦面有漂亮的山水图案花纹，光泽强，略具蜡质感。

4. 实木地板的技术要求

根据国家标准《实木地板》（GB/T 15036—2009），实木地板的技术要求有分等、外观质量、加工精度、物理力学性能，其中物理力学性能指标有：含水率（7%≤含水率≤我国各地区的平均含水率）、漆板表面耐磨、漆膜附着力和漆膜硬度等。

① 实木地板的尺寸应符合表 3-1 的要求。

表 3-1　实木地板的尺寸（GB/T 15036—2009）　　单位：mm

长度	宽度	厚度	榫舌宽度
≥250	≥40	≥8	≥3.0

② 实木地板尺寸偏差应符合表 3-2 的要求。

表 3-2　实木地板尺寸偏差（GB/T 15036—2009）　　单位：mm

名　称	偏　差
长度	长度与每个测量值之差绝对值≤1
宽度	长度与每个测量值之差绝对值≤0.30，宽度最大值与最小值之差≤0.30
厚度	公称长度与每个测量值之差绝对值≤0.30，宽度最大值与最小值之差≤0.40
槽最大高度和榫最大厚度之差	0.1～0.4

③ 实木地板的形状位置偏差应符合表 3-3 的要求。

表 3-3　实木地板的形状位置偏差（GB/T 15036—2009）　　单位：mm

名　称	偏　差
翘曲度	宽度方向凸翘曲度≤0.20%，宽度方凹翘曲度≤0.15%
	长度方向凸翘曲度≤1.00%，长度方凹翘曲度≤0.50%
拼装离缝	最大值≤0.4mm
拼装高度差	最大值≤0.3mm

④ 实木地板的外观质量应符合表 3-4 的要求。

⑤ 实木地板的物理力学性能指标见表 3-5。

5. 含水率

木材中所含的水分有三种形式。第一种是存在于细胞腔与细胞间隙中的水，也就是存在于毛细管中的水，称为自由水。第二种是被细胞壁所吸收的水，称为吸附水。第三种是构成细胞组织的水，称为化学水。

当潮湿的木材水分蒸发时，首先失去的是自由水，当自由水蒸发完而吸附水尚处于饱和

表 3-4　实木地板的外观质量要求（GB/T 15036—2009）　　　　　单位：mm

名称	表面			背面
	优等品	一等品	合格品	
活节	直径≤10mm，长度≤500mm，≤5个 长度＞500mm，≤10个	10mm＜直径≤25mm，长度≤500mm，≤5个 长度＞500mm，≤10个	直径≤25mm，个数不限	尺寸与个数不限
死节	不许有	直径≤3mm 长度≤500mm，≤3个 长度＞500mm，≤5个	直径≤5mm，个数不限	直径≤20mm，个数不限
蛀孔	不许有	直径≤0.5mm，≤5个	直径≤2mm，≤5个	不限
树脂囊	不许有		长度≤5mm，宽度≤1mm，≤2条	不限
髓斑	不许有	不限		不限
腐朽	不许有			初腐且面积≤20%，不剥落，也不能捻成粉末
缺棱	不许有			长度≤地板长度的30%，宽度≤地板宽度的20%
裂纹	不许有	宽度≤0.15mm，长度≤地板长度的2%		不限
加工波纹	不许有	不明显		不限
榫舌残缺	不许有	残榫长度≤地板长度的15%，且残榫宽度≥榫舌宽度的2/3		
漆膜划痕	不许有	不明显		—
漆膜鼓泡	不许有			—
漏漆	不许有			—
漆膜上针孔	不许有	直径≤0.5mm，≤3个		—
漆膜皱皮	不许有			—
漆膜粒子	地板长度≤500mm，≤2个 地板长度＞500mm，≤4个 倒角上的漆膜粒子不计	地板长度≤500mm，≤4个 地板长度＞500mm，≤6个		—

注 1. 不明显——正常活节、死节、蛀孔、加工波纹不要求。

　 2. 榫舌残榫长度是指榫舌累计残榫长度。

表 3-5　实木地板的物理力学性能指标（GB/T 15036—2009）　　　　　单位：mm

名称	单位	优等	一等	合格
含水率	%	7.0≤含水率≤我国各使用地区的木材平衡含水率		
漆膜表面耐磨	g/100r	≤0.08	≤0.10	≤0.15
		且漆膜未磨透		
漆膜附着力	级	≤1	≤2	≤3
漆膜硬度	—	≥2H	≥H	

状态时的含水率，称为纤维饱和点含水率。

　　纤维饱和点是木材性能的转折点，在纤维饱和点之上，木材的强度为恒量，不随含水率的变化而变化。同时木材也没有胀缩这种体积上的变化。当含水率降至纤维饱和点之下，也就是细胞壁中的吸附水开始蒸发时，强度随含水率下降而增加，而湿胀干缩的现象也明显呈现出来。不同的木材纤维饱和点含水率约在 22%～33%。

自然界中各地区的湿度和温度在不同的季节都有相对的稳定。木材长时间地处在这种相对温湿度环境中，其含水率会达到一个相对的恒定。这时的含水率就称为平衡含水率，例如上海地区的年平衡含水率为 4.6%。

木材的平衡含水率随它们所处环境的温度和湿度的变化而变化，当平衡含水率和环境湿度有差值时，会趋向于接近环境。这就产生了木材的湿胀与干缩现象，这是木材特有的物理现象。

木材是一种各向异性体。实际使用中的木材，其含水率都在纤维饱和点以下，所以水分的得失主要是细胞壁的吸附水。木材的细胞绝大多数是纵向生长的，它的胀缩都是与细胞壁方向垂直的。作为一块地板，可以发现其纵向一般都没有什么胀缩，而宽度方向的胀缩率一般为 3%～6%（系指木材含水率在纤维饱和点含水率以下的变化）。

由此可见，控制好地板的含水率是十分重要的。不但生产中必须重视，在铺设中更应重视，不让地板受潮产生变形。

（二）实木地板的选购

实木地板按表面加工的深度分为两类。一类是漆板，即木地板的表面已经涂了油漆，可以直接安装后使用；另一种是素板，即木地板的表面没有进行淋漆处理，在铺设后必须经过打磨、刷漆后才能使用。

实木地板有优等品、一等品、合格品之分。优等品质量最高，色差最小。检验实木地板时，目测无死节、虫眼、油眼、树心等质量缺陷，活节应少于 3 个，裂纹的深度及长度不得大于厚度和长度的 1/5，斜纹斜率小于 10%，无腐蚀点，图形纹理顺正。

实木地板还应进一步检测其加工质量：表面加工光滑，无翘曲变形，口榫加工统一、完整、规矩，无毛边、残损现象的为合格品。其中，要特别检测木材的含水率，含水率高的地板，安装后必然变形。

在选购实木地板时，应以符合设计风格的要求来确定所选实木地板的木种，如颜色的深与浅、木纹的疏与密；再仔细地察看木地板的角尺标准和槽口拼接标准：将两块实木地板槽口相拼滑动，检查滑动是否流畅，板与板之间接合是否平整。

消费者在购买木地板时，首先想到的是实木地板。因为它是最传统、最普及、最深入人心的地板，目前市场出现的地板种类有企口地板、平口地板。尺寸较长较宽的有集成地板、指接地板。特别呈显时代感、个性化的有拼花拼方地板、竖木地板，就目前来讲，绝大多数消费者比较偏爱企口地板。确定了地板种类后，请按下列步骤选购。

1. 检查标志、包装和质检报告

标志应有生产厂名、厂址、电话、木材名称（树种）、等级、规格、数量、检验合格证、执行标准等；包装应完好无破损；要查验质检报告是否有效。

2. 选择实木地板的树种

做实木地板的树种非常多，有进口材、国产材，有珍贵的如花梨木、柚木，也有常用的槭木、柞木、水曲柳、甘巴豆，价廉的有杉木、松木等，由于这些地板材种不同，所以价格差异非常大。市场上引起消费者误导的树种名很多，需要按中国林产工业协会地板委员会颁发的常用木地板规范化商用名来核对，或挑选自己喜欢的树种、纹理、颜色，尽可能来挑选本色板，不要选染色板，尽量挑选材性稳定的树种，避免在木地板长期使用过程中出现瓢、扭、弯、裂、拱、响等现象。选择进口木材时，可按我国已颁布的国家标准《中国主要进口木材名称》及《中国主要木材名称》等有关标准进行对照。

3. 规格尺寸

目前市场上供应的实木地板，规格尺寸均偏长偏宽，如 900mm×900mm×180mm，其实木地板宜短不宜长，宜窄不宜宽，应选用小于 600mm×75mm×18mm 的地板，尺寸越小，抗变形能力越强。欲长可选用指接地板，可达 400mm，欲宽可选集成地板，可达 220mm，宽地板背面应有抗变形槽，槽深应是地板厚度的 1/3 以上。如果用于地面采暖地板，宜薄不宜厚，一般是厚 8～12mm。

4. 含水率

木地板含水率至关重要。所购地板的含水率务必与当地平衡含水率一致。买地板务必测定含水率，如果没有含水率测定仪，就不要买。平衡含水率测定的方法很简单，在展厅首先测定所购品种含水率，然后开箱检测所购品种木地板含水率，若两者含水率仅差 1%～2%，则属于合格产品。

5. 加工精度

用 8～12 块地板在平地上拼装，用手摸、眼看其加工质量精度，是否平整、光滑，榫槽配合、安装缝隙、抗变形槽等拼装是否严丝合缝。

6. 板面质量

板面质量是地板分等的主要依据之一。用眼观察地板是否为同一材种，检查地板等级，板面是否有虫眼、开裂、腐朽、蓝变、死节等木板缺陷，对于小活节、色差不能过于苛求，这是木材的天然属性，至于木材的自然纹理，绝大多数是弦切面，少部分是径切面，如果均要同一切面，在实木地板中较难达到，除非是刨切单板贴面。实木地板是天然的材料，哪怕是一棵树上的木材，它的向阳面与背阴面也是有色差的。色差是天然材料的必然因素，它并不影响地板的质量，也不影响美观。

7. 油漆质量

淋漆、辊漆的地板称为漆板，不论是亮光或是亚光漆地板，挑选时都应看其漆表面的漆膜是否均匀、丰满、光洁，无漏漆、鼓泡、孔眼，其中重点关注的是耐磨度，建议选购 UV 光固化涂料，其耐磨、耐烫灼等性能都优于其他涂饰工艺。用烟头烫灼 20s 不会留下痕迹。挑选时要注意三要、三无。三要是：漆面要均匀、光洁、平整；三无是：无漏漆、无气泡、无龟裂。

8. 关键是铺设

铺设地板一定要按科学工序施工，买谁家地板就请谁家铺，尽可能亲临现场监理，免得地板质量和铺设质量相互推诿责任，给消费者造成经济损失和精神负担。如果消费者要自己请人铺设，务必在铺设前，验收地板的数量和质量，一经铺设，就与地板质量无关，而且概不保修。

选购地板的数量应比实际铺设的面积略有增加，一般 20m² 的房间需增料 1m²，作为消耗备用。

二、强化木地板（浸渍纸层压木质地板）的识别与选购

强化木地板的标准术语为浸渍纸层压木地板。不论是"复合木地板"还是"复合地板"均是不专业的称谓，因为这两个称谓可以涵盖很多地板品类，例如强化木地板、实木复合地板等。由于一些企业出于一些不同的目的，往往会自行命名，例如超强木地板、钻石型木地板等，其实不管其名称多么复杂、多么不同，绝大部分地板产品都是能够归类到实木地板、强化木地板、实木复合地板、竹地板和软木地板 5 大类中。强化木地板起源于欧洲，是一种以人造板为基材的新型地板，一般可分为以中、高密度纤维板为基材的强化木地板和以刨花为基材的强化木地板两大类，广泛应用于家庭居室、公共场所的会议厅、舞厅、宾馆等场所的地面铺设。

（一）强化木地板的识别

强化木地板是使用中密度板或者高密度板，经过模压、覆膜、裁板膜、人造板、去甲醛剂、聚氨酯油漆等工序，加工而成的一种地面铺设材料。它是以一层或多层专用纸浸渍热固性氨基树脂，铺装在刨花板、中密度纤维板、高密度纤维板等人造板基材表层，背面加平衡层，正面加耐磨层，经热压而成。它有仿制得极为逼真的原木纹理，又具有耐磨、耐冲击、耐火烫、防潮、防霉、防虫蛀、不变色、不变形、易清洁、施工简便等超越原木地板的优点，不足之处是脚感较硬，缺乏弹性，损坏之后不能修复。

强化木地板强化了原木的物理结构，克服了原木稳定性差的弱点。强化木地板的强度高、规格统一、耐磨系数高、防腐、防蛀、安全、环保，而且装饰效果好，克服了原木表面的疤节、虫眼、色差问题。

强化木地板无需上漆打蜡，使用范围广，易打理，是最适合现代家庭生活节奏的地面材料。另外强化木地板的木材使用率高，是很好的环保材料。

1. 强化木地板的结构

强化木地板一般是由四层材料复合而成，即耐磨层、装饰层、基材层和底层。

① 底层即防潮层，一般采用聚酯材料制成，可以阻隔来自地面的潮气和水分，从而保护地板不受地面潮湿的影响，且起到与上面几层的平衡作用。

② 基材层是强化木地板的主体部分，多数强化木地板都是采用密度板作为基材的，因为密度板具有许多原木材所不具有的优点，如密度板结构细密均一、颗粒分布平均等。密度板的重量主要以其密度值进行区别。

③ 装饰层也就是花纹层，在基材层之上。这一层采用一种经过特殊加工的纸为材料，由于经过了三聚氰胺溶液的加热反应，化学性质稳定，成为一种美观耐用的表层纸。

④ 耐磨层是有强化地板的表层上均匀压制的一层耐磨剂（一般用三氧化二铝），它具有惊人的耐磨性。耐磨系数与耐磨度并不完全成正比。耐磨系数主要是由 Al_2O_3（三氧化二铝）的密度决定，地板表面的 Al_2O_3 分布过密，地板会发脆，使柔韧性减弱，不仅影响地板的使用寿命，还影响地板表面的透明度和光泽度。Al_2O_3 的含量和薄膜的厚度决定了耐磨的转数。Al_2O_3 为 $30g/m^2$ 左右的耐磨层转数约为 4000r，Al_2O_3 含量为 $38g/m^2$ 的耐磨转数约为 5000r，Al_2O_3 含量为 $44g/m^2$ 的耐磨转数应在 9000r 左右，含量和膜度越大，转数越高，也就越耐磨。一般家用强化复合木地板的耐磨系数在 6000r 以上就已经足够了。

2. 强化木地板的技术要求

① 等级。根据产品的外观质量、理化性能，强化木地板分为优等品、一等品及合格品三个等级。

② 外观质量要求见表 3-6。

③ 理化性能指标见表 3-7。

3. 强化木地板的主要特点

（1）优点　耐磨：约为普通漆饰地板的 10～30 倍以上。

表 3-6　浸渍纸层压木质地板各等级外观质量要求（GB/T 18102—2000）

缺陷名称	正　面			背　面
	优等品	一等品	合格品	
干湿花	不允许		总面积≤板面的3%	允许
表面划痕	不允许			不允许露出基材
表面压痕	不允许			
透底	不允许			
光泽不均	不允许		总面积≤板面的3%	允许
污斑	不允许	≤3mm²，允许1个/块	≤10mm²，允许1个/块	允许
鼓包	不允许			≤10mm²，允许1个/块
纸张撕裂	不允许			≤100mm，允许1个/块
局部缺纸	不允许			≤20mm²，允许1个/块
崩边	不允许			允许
表面龟裂	不允许			不允许
分层	不允许			不允许

表 3-7　浸渍纸层压木质地板理化性能指标（GB/T 18102—2000）

检验项目	单位	优等品	一等品	合格品
静曲强度	MPa	≥40.0		≥30.0
内结合强度	MPa	≥1.0		
含水率	%	3.0～10.0		
密度	kg/m³	≥800		
吸水厚度膨胀率	%	≤2.5	≤4.5	≤10.0
表面胶合强度	MPa	≥1.0		
表面耐冷热循环	—	无龟裂、无鼓泡		
表面耐划痕	—	≥3.5N 表面无整圈划痕	≥3.0N 表面无整圈划痕	≥2.0N 表面无整圈划痕
尺寸稳定性	mm	≤0.5		
表面耐磨	r	家庭用耐磨转数≥6000，公共场所用耐磨转数≥9000		
表面耐香烟灼烧	—	无黑斑、裂纹和鼓泡		
表面耐干热	—	无龟裂、无鼓泡		
表面耐污染腐蚀	—	无污染、无腐蚀		
表面耐龟裂	—	0 级		1 级
表面耐水蒸气	—	无突起、变色和龟裂		
抗冲击	mm	A 类，≤9		
甲醛释放量	mg/100g	B 类，>9～40		

　　美观：可用电脑仿真出各种木纹和图案、颜色。

　　稳定：彻底打散了原来木材的组织，破坏了各向异性及湿胀干缩的特性，尺寸极稳定，尤其适用于地暖系统的房间。

　　此外，还有抗冲击、抗静电、耐污染、耐光照、耐香烟灼烧、安装方便、保养简单等。

（2）缺点　水泡损坏后不可修复，脚感较差。铺设大面积时，会有整体起拱变形的现象。由于其为复合而成，板与板之间的边角容易折断或磨损。

（二）强化木地板的选购

在选购之前，首先要根据自己住宅的层次、朝向、面积，最好画个平面图以便总体规划，具体分配各个房间的使用功能，然后因地制宜地选择地板；一般来说年轻人由于工作学习比较忙碌，因而与老人、孩子的要求不可能完全一致，最好全家讨论达成共识，再确定地板的选购方向；还要考虑地板的使用性能，是暂时还是长久，在铺设施工中会不会对周围建筑造成破坏；最后还要考虑自己的经济能力，预算装修费用。

1. 耐磨转数

这是衡量复合地板质量的一项重要指标。客观来讲，耐磨转数越高，地板使用的时间应该越长，但耐磨值的高低并不是衡量地板使用年限的唯一标准。一般情况下，家用强化木地板的耐磨转数应≥6000r，公共场所应≥10000r，否则，在使用1～3年后就可能出现不同程度的破损。

2. 吸水后膨胀率

此项指标在3%以内可视为合格，否则，地板在遇到潮湿，或在湿度相对较高、周边密封不严的情况下，就会出现变形现象，影响正常使用。

3. 甲醛含量

这是一项关系到我们选择的产品是否对身体有害的关键性指标，但却很容易被消费者所忽略。按照欧洲标准，每100g地板的甲醛含量不得超过9mg，如果超过9mg属不合格产品。

4. 地板厚度

目前市场上地板的厚度一般在6～12mm，选择时应以厚度厚些为好。厚度越厚，使用寿命也就相对越长，但同时要考虑家庭的实际需要。

5. 拼装效果

可拿两块地板的样板拼装一下，看拼装后是否整齐、严密。

6. 地板重量

地板重量主要取决于其基材的密度。基材决定着地板的稳定性以及抗冲击性等诸项指标，因此基材越好，密度越高，地板也就越重。

7. 正规证书和检验报告

消费者在选择地板时，一定要弄清商家有无相关证书和质量检验报告。相关证书一般包括地板原产地证书、欧洲复合地板协会（EPLF）证书、ISO 9001国际质量认证证书、ISO 14001国际环保认证证书以及其他一些相关质量证书。

8. 环保性能

环保性能是指强化木地板甲醛释放量。甲醛是强化木地板生产过程中黏合用的不可或缺物，也是最主要的污染物。现在强化木地板甲醛释放，国内标准是每100g释放20mg，国际标准是100g释放8mg。甲醛含量越少污染就越小；由于强化木地板生产过程中含有大量高强度PVC骨料和高强度粘接剂，所以其抗压抗拉强度一般都能达到使用要求。强化木地板耐水性指标是以水厚度膨胀率考核，水厚度膨胀率的值越低防潮耐水性越好。

强化木地板甲醛释放量中国国标规定，不大于1.5mg/L均符合国家标准。消费者普遍关心的问题就是地板的环保性能。选择地板时首先考虑的应是产品的环保性，其次才是产品的其他性能以及价格。可以通过验看有无相关的绿色环保证书来确认地板是否为环保产品。

9. 售后服务

强化复合地板一般需要专业安装人员使用专门工具进行安装，因此消费者一定要问清商家是否有专业安装队伍，以及能否提供正规保修证明书和保修卡。

面对市场上出现的诸多品牌的强化木地板产品，其实消费者也不必眼花缭乱，只要从品质、花色、环保性能以及售后服务等几个方面入手，就能选到符合自己需要的地板。

三、实木复合地板的识别与选购

（一）实木复合地板的识别

实木复合地板是以实木板或单板为面层、实木条为芯层、单板为底层制成的企口地板，或以单板为面层、胶合板为基材制成的企口地板。执行标准为《实木复合地板》（GB/T 18103—2000）。实木复合地板是利用优质阔叶材或其他装饰性很强的合适材料作为表层，以材质软的速生材或人造材作为基材，经高温高压制成的多层结构。

实木复合地板是由不同树种的板材交错层压而成，克服了实木地板单向同性的缺点，干缩湿胀率小，具有较好的尺寸稳定性，并保留了实木地板的自然木纹和舒适的脚感。实木复合地板兼具强化地板的稳定性与实木地板的美观性，而且具有环保优势。

实木复合地板有不同的分类方法，按面层材料分为以实木拼接作为面层的实木复合地板、以单板作为面层的实木复合地板；按结构可分为三层结构实木复合地板、以胶合板为基材的多层实木复合地板；按表面有无涂饰分为涂饰实木复合地板、未涂饰实木复合地板；按地板漆面工艺分为表层原木皮实木复合地板、印花实木复合地板。

三层结构实木复合地板是由三层实木单板交错层压而成，其表层为优质阔叶材规格板条镶拼板，材种多用柞木、山毛榉、桦木和水曲柳等；芯层由普通软杂规格木板条组成，树种多用松木、杨木等；底层为旋切单板，树种多用杨木、桦木和松木。三层结构板材用胶层压而成，多层实木复合地板以多层胶合板为基材，以规格硬木薄片镶拼板或单板为面板，层压而成。

实木地板有如下性能特点：

1. 环境调节作用

实木复合地板能部分调节室内的温度、湿度。

2. 自然视觉感强

实木复合地板面层有美观的天然纹理，结构细腻，富于变化，色泽美观大方。

3. 脚感舒适

实木复合地板有适当的弹性，摩擦系数适中，便于使用。

4. 材质好、易加工、可循环利用

木材是一种可以再生的天然材料，是当今世界四大材料（钢材、木材、塑料、水泥）中最具可持续利用优势的绿色材料。其中三层实木复合地板用旧后，可经过刨削、除漆后再次油漆翻新使用。

5. 良好的地热适应性能

多层实木复合地板可应用在地热采暖环境，解决了实木地板在地热采暖环境中应用的难题。

6. 稳定性强

由于实木复合地板优异的结构特点，从技术上保证了地板的稳定性。

7. 施工安装更加简便

实木复合地板通常幅面尺寸较大，且可以不加龙骨而直接采用悬浮式方法安装，从而使安装更加快捷，大大降低了安装成本，缩短了安装时间，也避免了因使用龙骨不良而引起的产品质量事故。

8. 优异的环保性能

由于实木复合地板采用的实体木材和环保胶黏剂通过先进的生产工艺加工制成，因此环保性能较好，符合国家环保强制性标准要求。

9. 营造舒适环境

有良好的保温、隔热、隔声、吸声、绝缘性能等。

10. 更加丰富的装饰性能

实木复合地板面层多采用珍贵天然木材，具有独特的色泽、花纹，再加上表面结构的设计、染色技术的引入，使实木复合地板的装饰性能更加丰富多彩。

11. 木材的综合利用率大幅度提高

三层实木复合地板面层只有 2～4mm，采用的是优质木材，基材 11～13mm，75％以上是速生材，25％以下是优质木材；多层实木复合地板，面层通常为 0.3～2.0mm，优质木材所占比例不到 10％，90％以上是速生材。因此大大提高了木材综合利用率，特别是节约了大量优质木材，符合国家和行业的产业政策，有利于国家的可持续发展。

实木复合地板表层为优质珍贵木材，不但保留了实木地板木纹优美、自然的特性，而且大大节约了优质珍贵木材资源。其表面大多涂五遍以上的优质 UV 涂料，不仅有较理想的硬度、耐磨性、抗刮性，而且阻燃、光滑，便于清洁。芯层大多采用可以轮番砍伐的速生材料，也可用廉价的小径材料，各种硬、软杂材等来源较广的材料，而且不必考虑避免木材的各种缺陷，出材率高，成本则大为降低。其弹性、保温性等也完全不输于实木地板。正因为它具有实木地板的各种优点，摒弃了强化木地板的不足，又节约了大量自然资源，所以有人预测，今后高档地板的发展趋势必然是实木复合地板。

（二）实木复合地板的选购

1. 种类

市场上实木复合地板种类主要有三层实木复合地板和多层实木复合地板。消费者应根据自己的需要进行选择。

2. 树种名称

实木复合地板的树种名称以面板的树种名称命名，面板树种品种众多，有珍贵木材也有普通木材，有进口材也有国产材，而且颜色、花纹各不相同，价格也差别悬殊。国家对树种的命名有明确的规定，消费者可对照《中国主要进口木材名称》和《中国主要木材名称》等国家标准确认名称。同时，选择材性比较稳定的树种，并根据自己的喜好和经济情况进行选择。

3. 规格尺寸

在满足审美条件的前提下，根据居室面积的大小选择合适的实木复合地板规格尺寸。

4. 含水率

实木复合地板含水率是直接影响地板尺寸稳定性的最重要因素，所购地板的含水率应符合国家标准要求。购买时应问清所购地板的含水率是否符合要求。

5. 加工精度

消费者可用简便的方法鉴别加工精度，通常可将 10 块地板在平地上模拟铺装，用手摸和目测的方法观察其拼缝是否平整、光滑，榫槽咬合是否合适。国家标准要求：拼装离缝平均值≤0.15mm，拼装离缝最大值≤0.20mm，拼装高度差平均值≤0.10mm，拼装高度差最大值≤0.15mm。

6. 板面质量

板面质量是地板分等的主要依据之一。观察地板是否为同一树种，板面是否有开裂、腐朽、夹皮、死节、虫眼等材质缺陷，通常对色差、活节、纹理等不必过于苛求，这是木材天然属性。

7. 油漆质量

板面经过油漆加工后均称其为漆板，挑选时要注意：漆面要均匀、光洁、平整。无漏漆、无气泡、无龟裂。同时还要满足以下要求：一是地板漆膜附着力是否合格，应选择达到国家标准的产品；二是地板表面耐磨性能要好，应选择磨耗值在0.15g/100r以内的产品。

8. 选择地板颜色

地板颜色的确定应根据家庭装饰面积的大小、家具颜色、整体装饰格调等而定。

① 面积大或采光好的房间，用深色实木复合地板会使房间显得紧凑；面积小的房间，用浅色实木复合地板给人以开阔感，使房间显得明亮。

② 根据装饰场所功用的不同，选择不同色泽的地板。例如客厅宜用浅色、柔和的色彩，可营造明朗的氛围；卧室应用暖色调地板。

③ 家具颜色深时可用中色地板进行调合；家具颜色浅时可选一些暖色地板。

9. 环保

使用脲醛树脂制作的实木复合地板，都存在一定的甲醛释放量，环保实木复合地板的甲醛释放量必须符合国家标准GB 18580—2001要求，即≤1.5mg/L。

10. 胶合性能

实木复合地板的胶合性能是该产品的重要质量指标，该指标的优劣直接影响使用功能和寿命。

消费者可用简易的方法检验该项性能，即将实木复合地板的小样品放在70℃的热水中浸泡2h，观察胶层是否开胶，如开胶则不宜购买。

11. 检查标识、包装

购买的地板包装上的标识应印有生产厂名、厂址、联系电话、树种名称、等级、规格、数量、执行标准等，包装箱内应有检验合格证，包装应完好无破损。

12. 查看质检报告

索取质检报告，并查看质检报告是否真实，最好是近期的检验报告。

13. 施工单位与售后服务

在选购地板的同时，为防止日后发生不必要的麻烦，消费者需要考虑一系列问题。例如：地板怎样铺？谁来铺？何时铺？怎么铺？谁负责保修等。应坚持谁销售地板谁负责施工和售后服务的原则。

四、软木地板的识别与选购

（一）软木地板的识别

软木俗称橡树皮，学名栓皮栎。软木资源主要分布在地中海沿岸以及我国陕西境内的秦巴山区。

软木细胞分子呈十四面体棱状结构，细胞内部90%充满空气，好似一个个密闭的气囊，细胞之间相互紧扣形成网状体。在高倍显微镜下观察，$1m^3$ 软木中含有细胞分子四千万个以上。

软木细胞分子的独特结构造就了软木一系列优良的特性。例如柔韧性好，遇到外力挤压容易恢复，不吸水，防噪声等。

软木与其他木头相比不含有木纤维素，木纤维素是虫子、病菌赖以生存的养分，因此，软木不会生虫，更不会腐蚀。

软木地板在国内的使用历史可以追溯到 1932 年，当时荷兰人在北京的图书馆铺设了软木地板，使用寿命长达 70 年之久。

2010 年举世瞩目的上海世博会开馆，葡萄牙馆以软木为主体建筑构材惊艳亮相。近年来，国内软木地板制造企业（如耐适佳、康佰纳、森豪仕、静林等）先后走上品牌化战略，推动了软木地板市场的普及，国内软木地板消费趋势呈急剧增长态势。

由于软木资源稀缺，品质高贵，软木地板制作工艺复杂，因此，售价相比实木地板、复合地板略高，市场一般售价在 $200\sim800$ 元$/m^2$。

1. 软木地板种类

第一类：软木地板表面无任何覆盖层，此产品是最早期的。

第二类：在软木地板表面做涂装。即在胶结软木的表面涂装 UV 清漆或色漆或光敏清漆 PVA。根据漆种不同，又可分为三种，即高光、亚光和平光。这是 20 世纪 90 年代的技术，此类产品对软木地板表面要求比较高，所用的软木料较纯净。

近年来，出现采用 PU 漆的产品，PU 漆相对柔软，可渗透进地板，不容易开裂变形。

第三类：PVC 贴面，即在软木地板表面覆盖 PVC 贴面，其结构通常为四层。

表层采用 PVC 贴面，其厚度为 0.45mm；第二层为天然软木装饰层，其厚度为 0.8mm；第三层为胶结软木层，其厚度为 1.8mm；最底层为应力平衡兼防水 PVC 层，此层很重要，若无此层，在制作时，当材料热固后，PVC 表层冷却收缩，将使整片地板发生翘曲。

当前这一类地板深受京沪两地消费者青睐。

第四类：聚氯乙烯贴面，厚度为 0.45mm；第二层为天然薄木，其厚度为 0.45mm；第三层为胶结软木，其厚度为 2mm 左右；底层为 PVC 板，与第三类一样防水性好，同时又使板面应力平衡，其厚度为 0.2mm 左右。

第五类：塑料软木地板、树脂胶结软木地板、橡胶软木地板。

第六类：多层复合软木地板，第一层为漆面耐磨层，第二层为软木实木层，第三层为实木多层板或 HDF 高密度板层，第四层为软木平衡静音层。

2. 软木地板的特点

软木地板被称为地板的金字塔尖消费。软木地板原材料取自天然橡树皮，经过数十道传统手工工艺加上现代工业制造技术完美成型。

软木地板除了具备软木本身拥有的一些优点（如耐磨，防潮，防噪声，不腐蚀，不生菌等）外，还具有健康无污染、色彩古朴天然、清洁维护简单的特点。软木本身属于稀有资源，文化气息浓厚，地板工艺流程考究，品味高雅，近年来成为装修领域一个新的消费趋势。

但软木地板也有缺点，其安装步骤烦琐，对地面的平整度要求比较高，一般需要地面在铺装前做自流平水泥。近年来软木地板厂商先后研制开发的锁扣式软木地板很好地解决了这一难题，让软木地板安装更加简易。

3. 软木地板的功能

（1）环保 软木地板取材于较稀有的橡树树皮，采剥后可长出新皮供下次采剥，该树皮可再生，如地中海沿岸工业化种植的栓皮栎橡树一般 7～9 年可采摘一次树皮，并且从原料的采集开始直到生产出成品的全过程，软木地板的甲醛释放量在 0.5mg/L 以内。

（2）静音 软木地板是公认的静音地板，不需要打龙骨，被称为天然的减震消声器。

（3）耐热 软木地板极其适用于地热铺装，有利于导热。软木地板能有效释放内应力：软木地板是颗粒状的，受热之后，热量会被四散分解，互相抵消；抗变形能力强：软木地板可以承受从 -60℃ 至 80℃ 的温差变化；热传导快：软木地板只有 4mm，传导性好，能够节省资源。

（4）防潮 具有较强的防潮性，这可以从百年老窖中软木酒桶和软木塞的表现得到答案，可以铺装在卫生间、地下室等潮湿环境。

（5）耐磨 1932 年荷兰人在北京的图书馆铺的软木地板用了 70 年仅磨损了 0.5mm，耐磨性非常强。

（6）舒适 蜂窝状的细胞内充满了空气，使软木具有质软、伸缩性强的特性，柔韧抗压的效果。

（7）阻燃 软木具有良好的阻燃性，在离开火源后会自然熄灭。

（8）防虫 虫子对软木的味道不感兴趣，因此即使在阴冷潮湿的酒窖里，葡萄酒瓶都是倒置存放的，也没有软木塞被虫蛀，酒液流出来的现象。

（9）其他 防滑系数达到 6 级（最高 7 级）；受环境温差影响小，保温效果好；地板出现不可修复的破损时，把破损的地板直接去掉，换块新的粘贴上去就行了。

4. 软木地板主要适用装修场合

（1）卫生间 实木地板不适合用于卫生间，于是瓷砖一时间成为了卫生间的垄断性铺装材料。但是，瓷砖冷冰冰的，遇到水又非常滑，既不舒适又不安全，因此软木地板是用于卫生间的最好选择，它非常温暖，又防滑，可谓既舒适又安全。

（2）老人房 中国已进入老龄化社会，独居老人的数量在与日俱增，尊老、敬老是摆在人们面前刻不容缓的社会问题。如何孝敬父母，软木地板不失为一种贴心长期的关怀。

（3）儿童房 软木地板的弹性和温暖是其他任何地面铺装材料所不能比的。铺在儿童房，小天使的脚丫踩在上面会感到很舒服。对于小孩子随手摔的东西也不会有太大损坏。此外，小孩子不小心摔倒，柔韧的软木地板的减震功能会减轻小孩子的疼痛。

（4）厨房 无论是谁做饭，都要保护好背部和腿部，软木地板的弹性可以减少做饭者因为长期站立产生的压力，所以适合厨房。

（5）书房、卧室、音响室 这些地方是家中最需要安静的地方。软木地板可以使噪声减小到最小，为学习、休息提供安静、舒适的环境。热爱音乐的发烧友，可以毫无顾忌地放大音量，只要您家中铺有软木墙板和地板，它可以将声音保持在自己的房内，不会打扰到邻居，还可以享受到高保真的音质效果。

（二）软木地板的选购

① 先看地板砂光表面是不是很光滑，有没有鼓凸的颗粒，软木的颗粒是否纯净，这是挑选软木地板的第一步，也是很关键的一步。

② 看软木地板的边长是否直，其方法是：取 4 块相同地板，铺在玻璃上或较平整的地面上，拼装起来后看其是否合缝。

③ 检验板面的弯曲强度，其方法是将地板两对角线合拢，看其弯曲表面是否出现裂痕，没有裂痕则为优质品。

④ 对胶合强度的检验。将小块方样放入开水泡，发现其砂光的光滑表面变成癞蛤蟆皮一样，凹凸不平表面，则此产品即为不合格品，优质品遇开水表面应无明显变化。

五、竹材地板的识别与选购

竹材地板是一种新型建筑装饰材料，它以天然优质竹子为原料，经过二十几道工序，脱去竹子原浆汁，经高温高压拼压，再经过3层油漆，最后经红外线烘干而成。竹材地板以其天然赋予的优势和成型之后的诸多优良性能给建材市场带来一股绿色清新之风。竹材地板有竹子的天然纹理，清新文雅，给人一种回归自然、高雅脱俗的感觉。它具有很多特点，首先竹材地板以竹代木，具有木材的原有特色，而且竹在加工过程中，采用符合国家标准的优质胶种，可避免甲醛等物质对人体的危害，还有竹材地板利用先进的设备和技术，通过对原竹进行26道工序的加工，兼具有原木地板的自然美感和陶瓷地砖的坚固耐用。竹材地板六面用优质进口耐磨漆密封，具有阻燃，耐磨，防霉变的特点。竹材地板表面光洁柔和，几何尺寸好，品质稳定，因此，竹材地板是住宅、宾馆和写字间等的高级装潢材料。

（一）竹材地板的识别

见图 3-3。

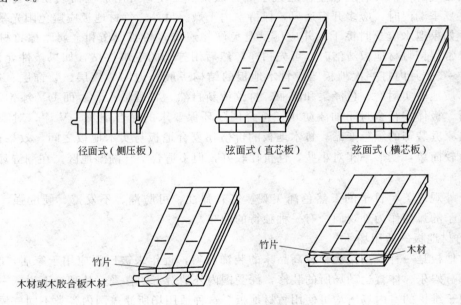

径面式（侧压板）　　　弦面式（直芯板）　　　弦面式（横芯板）

竹木复合板

图 3-3　竹材地板的结构

竹材地板的加工工艺与传统意义上的竹材制品不同，它是采用中上等竹材，经严格选材、制材、漂白、硫化、脱水、防虫、防腐等工序加工处理之后，再经高温、高压热固胶合而成的。相对实木地板。它有一定的优势，竹木地板耐磨、耐压、防潮、防火，它的物理性能优于实木地板，抗拉强度高于实木地板，而收缩率低于实木地板，因此铺设后不开裂、不扭曲、不变形起拱。但竹木地板强度高，硬度强，脚感不如实木地板舒适，外观也没有实木地板丰富多样。它的外观是自然竹子纹理，色泽美观，顺应人们回归自然的心态，这一点又要优于复合木地板。因此价格也介乎实木地板和复合木地板之间。

1. 竹材地板的优点

（1）冬暖夏凉　竹材地板的突出优点是冬暖夏凉。竹子因为热导率低，自身不生凉放热，特别适合于铺装在客厅、卧室、健身房、书房、演播厅、酒店宾馆等作为地面及墙壁装饰。

（2）色差较小　这是竹材地板的一大特点。按照色彩划分，竹材地板可分为两种。一是自然色，色差比木质地板小，具有丰富的竹纹，而且色彩匀称；自然色中又可分为本色和炭化色，本色以清漆处理表面，采用竹子最基本的色彩，亮丽明快；炭化色平和高雅，其实是竹子经过烘焙制成的，在凝重沉稳中依然可见清晰的竹纹。二是人工上漆色，漆料可调配成各种色彩，不过竹纹已经不太明显；竹材地板的表面处理大多采用清漆、亮光漆、亚光漆和耐磨漆等。

竹材地板在结构排列上主要有两种方式，即平压式、竖压式，这两种结构都是将竹子弯曲方向"背靠背"排列，利用竹子自身的柔韧度来平衡在不同环境中的收缩膨胀率。

（3）寿命长　竹材地板在理论上的使用寿命可达20年左右，正确的使用和保养是延长竹材地板使用寿命的关键。竹材地板在使用中最重要的是要保持室内干湿度，因为竹材地板虽经干燥处理，但是竹子是自然材料，所以还会随着气候的变化而变化。遇到干燥季节，特别是开放暖气时，消费者应在室内通过不同方法调节湿度，可用加湿器或在暖气上放盆水等。而在夏季潮湿时，应多开窗通风，保持室内干燥。另外，竹材地板应避免阳光暴晒和雨水淋湿，如果遇水应及时擦干，并应尽量避免硬物撞击、利器划伤和金属摩擦竹材地板漆面。在日常保持竹材地板清洁时，可先扫净，然后用拧干的毛巾擦拭，如果条件允许的话，还应在2～3个月内打一次地板蜡。竹木地板的结构一般分为UV漆层、装饰层、基材层、防潮层，质地坚实耐磨、色泽柔和靓丽、竹纹清新自然、竹香怡人。表面UV漆饱满厚实、光而不滑、板体实行全封闭油漆防水。符合国际环保要求的黏合剂及UV漆，对人体无毒无害，是家庭装饰的绿色产品。竹木地板的价格在复合地板与实木地板之间，效果很自然，维护也比较简单，变形率相对小些，性价比较好，但不适合空气潮湿地区，在潮湿环境下容易发霉。

（4）外观优美　竹子的天然色泽美观，富有弹性、可防潮、不发霉、硬度强、冬暖夏凉，用竹子的弧面作为外观面，有一种独特的韵味。

2. 竹材地板的适用场所

竹材地板是一种较高档次和较高品味的装饰材料，近年来被广泛应用于家居、写字楼、宾馆及部分娱乐、体育运动场所的装修，深受国内外消费者的喜爱。从理论上说，一切通风干燥，便于维护的室内场所均可使用竹材地板。这种适用场所涵盖国内各类不同气候特征的地域，包括东南沿海高温、高湿地区。因此国内的用户均可以放心大胆地使用。

竹材地板较为适宜的场所有以下地方。

（1）家庭装修　这是竹材地板被普遍采用的主要部分，特别是卧室、书房、健身房、日本和式房等。

（2）高级写字楼　包括办公室、会议室、接待室、产品展示厅等。

（3）宾馆、酒店　包括宾馆套房、健康中心、娱乐中心、会议中心等。

（4）高级商厦　包括营业大厅、专卖柜台等。竹材地板还可用于墙面装修。

不适宜使用竹材地板的地方有：防潮处理不好的楼房底层及地下室、经常接触水的地面、大型室内公共场所、公共通道等。

（二）竹材地板的选购

1. 看环保

对竹材地板而言，地板环保的最主要标准在于甲醛释放量。在甲醛释放量标准的限定上，地板界的环保总共经历了 E_1、E_0、FCF 三次技术革命。在较早阶段，人造板的甲醛释放量标准为 E_2 级（甲醛释放≤30mg/100g），其甲醛释放限量很宽松，即使是符合这个标准的产品，其甲醛含量也可能要超过 E_1 级人造板的三倍多，严重危害人体健康，所以绝对不能用于家庭装饰装修。于是有了第一次环保革命，在这次环保革命中，地板界推行 E_1 级环保标准，即甲醛释放量为≤1.5mg/L，虽然对人体基本上不构成威胁，但地板中仍残留着许多游离甲醛。后来地板行业又开始了第二次环保革命，推出了 E_0 级环保标准，使地板甲醛释放量降低到了 0.5mg/L。如今，德尔又超前地推出了 FCF 第三代环保健康标准，使地板甲醛释放量降到了几乎不可再降的水准。经过国家环保产品质量监督检验中心、国家人造板检测中心检测：通过"FCF甲醛因子"处理后的地板甲醛释放量仅仅为 0.1mg/L，远远优于 E_0 级甲醛释放限量的标准，使地板真正成为了对人体无危害的产品。

2. 看品质

好地板要选择好材料，好材料要天然，密度高而适中。有些人认为人造板密度越高越好，其实不然，过高的密度，其吸水膨胀率也高，容易引起尺寸变化而导致地板变形。另外，要依靠先进的地板生产线和设备及严谨的工艺，才能生产出一流的地板。判断地板品质的优劣也可以从质量检测证书，以及其他如国家质量免检产品、ISO 9001 质量体系认证、ISO 14001 环境体系认证等荣誉证书来衡量，因为这些荣誉的获得必定是一个企业精细化经营的结果。

3. 看服务

服务关系到产品质量的保证，也是企业形象的表现。地板产品在安装不久后出现一些变形、起翘、开裂的问题，很多是由于安装不当造成的。因此服务是否专业化，也影响到产品性能的发挥。现在地板安装流行无尘安装，家装中粉尘污染不可小觑，如在地板安装工程中，就难免会出现木屑及粉尘，飘浮在空气中，其危害同样是长期而严重的。搬进新房的人们常会得一种"新居综合征"的怪病，例如每天清晨起床时，感到憋闷、恶心，甚至头晕目眩；容易感冒；经常感到嗓子不舒服，呼吸不畅，时间长了易头晕、疲劳等。这是因为呼吸道受到了感染，而最大的诱因就是长期悬浮在空中的粉尘侵扰。为了避免粉尘污染，最好选择无尘安装。

4. 看品牌

品牌的含义绝不止于企业的知名度。一个成熟且又成功的品牌，最后拥有的并不是强势和知名度，而是与消费者形成牢固的心理联系。一个得到大家认可的品牌是通过企业、产品与消费者之间长期的互动而建立起来的，它是时间的积累、企业的切实行动、产品与服务的不断提升等诸多因素在消费者心目中滋生出来的。企业品牌，即是企业的一种承诺，一种态度，对消费者来说，是一种保障。因此，消费者选择产品时最好选择大品牌，以得到质量、服务等多方面更好的保障。

5. 看价格

在如今的建材行业内，存在很多牟取暴利，甚至损害消费者利益的事件，风气败坏导致了消费者信任度降低。价格处于混乱状态，消费者也感到迷茫，不知道自己的付出是否物有所值，因此都希望有一个相对透明的价格。很多大品牌地板为让所有的顾客明明白白消费，实行明码实价的政策，各地加盟专卖店都采用全国统一价格，让出中间利润给消费者，诚信经营，为顾客提供一个诚信的环境。竹材地板的价格一般都在 150 元/m² 左右。

第二节　地面石材的识别与选购

一、天然大理石的识别与选购

天然大理石原指产于云南省大理县的白色带有黑色花纹的石灰岩，剖面可以形成一幅天然的水墨山水画，古代常选取具有成型的花纹的大理石用来制作画屏或镶嵌画，后来大理石这个名称逐渐发展成称呼一切有各种颜色花纹的，用来做建筑装饰材料的石灰岩。

（一）天然大理石的识别

天然大理石又称云石，是地壳中原有的岩石经过地壳内高温高压作用形成的变质岩，主要由方解石、石灰石、蛇纹石和白云石组成，具有明显的结晶和纹理，属于中硬石材。

1. 大理石的成分

天然大理石的主要成分如表 3-8 所示。

表 3-8　天然大理石的主要成分

化学成分	CaO	MgO	SiO_2	Al_2O_3	Fe_2O_3	SO_3	其他(Mn、K、Na)
含量/%	28～54	13～22	0.5～23	0.1～2.5	0～3	0～3	微量

天然大理石的主要成分是碳酸钙，约占 50％以上。由于大理石一般都含有杂质，而且碳酸钙在大气中受二氧化碳、碳化物、水汽的作用，也容易风化和溶蚀，而使表面很快失去光泽。

2. 性能和特点

大理石具有花纹品种繁多、色泽鲜艳、石质细腻、抗压强度较高、吸水率低、耐久性好、耐磨、耐腐蚀及不变形等优点。浅色大理石的装饰效果庄重而清雅，深色大理石的装饰效果则显得华丽而高贵。

缺点：一是硬度较低，如果用大理石铺设地面，磨光面容易损坏，其耐用年限一般为 30～80 年；二是抗风化能力差，除个别品种（如汉白玉、艾叶青等）外，一般不宜用于室外装饰，这是由于大气中常含有 SO_2，它与大理石中的 $CaCO_3$ 发生化学反应，生成不易溶于水的 $CaSO_4$，使大理石表面失去光泽，变得粗糙多孔，从而失去原有的装饰效果。此外，经过抛光或磨光的装饰大理石薄板，在与基材粘贴后，即使其含水率不大，也时常会出现局部表面的潮华现象，从而造成装饰效果的缺陷。产生潮华的原因主要是石材本身是易于渗入水分的孔隙结构，特别当含有可溶性碱性物质时，更容易造成这些物质的析出而产生起霜或返碱。工程中产生潮华的原因有两种：一是施工过程中粘接材料中的水分通过石材向外渗出所致；二是在使用阶段由于基层渗水延伸到石材表面所致。为避免潮华现象的发生，应选用吸水率低、结构致密的大理石板材；另外，施工时应采用阻水性较好的粘贴胶凝材料，并将粘贴面均匀涂满；施工结束及时勾缝和打蜡，必要时也可涂刷有机硅阻水剂或进行硅氟化处理。

3. 大理石的用途

大理石抛光后光洁细腻，纹理自然流畅，有很高的装饰性，在建筑装饰中主要用于室内饰面。在建筑装饰中主要用于加工成各种型材、板材，作为建筑物的墙面、地面、台、柱、是家具镶嵌的珍贵材料。还常用于纪念性建筑物，如碑、塔、雕像等的材料。大理石还可以雕刻成工艺美术品、文具、灯具、器皿等实用艺术品。大理石的质感柔和，美观庄重，格调高雅，花色繁多，是装饰豪华建筑的理想材料，也是艺术雕刻的传统材料。

特别是近十几年来，大规模开采、工业化加工、国际性贸易，更使大理石装饰板材大批量地进入建筑装饰装修业，不仅用于豪华的公共建筑物，也进入了家庭的装饰。大理石还大量被用于制造精美的用具，如家具、灯具、烟具及艺术雕刻等，有些还可以作为耐碱材料。在开采、加工过程中产生的碎石、边角余料，也常用于人造石、水磨石、石米、石粉的生产，可用作涂料、塑料、橡胶等行业的填料。

4. 大理石的命名

根据大理石的品种划分，其命名原则不一，有的以产地和颜色命名，如丹东绿、铁岭红等；有的以花纹和颜色命名，如雪花白、艾叶青；有的以花纹形象命名，如秋景、海浪；有的是传统名称，如汉白玉、晶墨玉等。因此，因产地不同常有同类异名或异岩同名现象出现。所以根据国家标准《天然大理石建筑板材》（GB/T 19766—2005）对大理石板材的标记方法和顺序给予权威命名。板材命名顺序为荒料产地地名、花纹色调特征描述、大理石（M）；板材标记顺序为命名，分类，规格尺寸（长度×宽度×厚度，单位 mm），等级，标准号。

用北京房山白色大理石荒料生产的普通规格尺寸为 600mm×400mm×20mm 的一等品板材示例如下：

命名：房山汉白玉大理石

标记：房山汉白玉（M）N600×400×20　B（GB/T 19766—2005）

（二）天然大理石的选购

天然大理石色泽纹理自然天成，比较美观，缺点是做台面不能无缝拼接、有放射性、无弹性而易受力碎裂、有吸湿受潮现象。

天然大理石因有孔隙，容易积存污垢，防污性能稍显不足，且脆性大，不能制作超过 1m 的台面。其接缝处容易积存污垢，滋生细菌。天然大理石台面价位随花色不同而有差异，最为常用的几种一般在 200 元/m² 左右，属于最为经济实惠的一种台面材料。

在选择大理石装饰料时，还应对大理石的表面是否平整，棱角有无缺陷，有无裂纹、划痕，有无砂眼，色调是否纯正等方面进行筛选。要求光洁度高，石质细密，色泽美观，棱角整齐，表面不得有隐伤、风化、腐蚀等缺陷。如果为了卫生，可以选蒙古黑或者黑金沙，因为黑色的不容易看到污垢。

1. 选好等级

根据规格尺寸允许的偏差、平面度和角度允许的公差，以及外观质量、表面光洁度等指标，大理石板材分为优等品、一等品和合格品三个等级。可根据需要选择不同等级的大理石。

2. 检查外观质量

不同等级的大理石板材的外观有所不同。因为大理石是天然形成的，缺陷在所难免。同时加工设备和量具的优劣也是造成板材缺陷的原因。有的板材的板体不丰满（翘曲或凹陷），板体有缺陷（裂纹、砂眼、色斑等），板体规格不一（如缺棱角、板体不正）等。按照国家标准，各等级的大理石板材都允许有一定的缺陷，只不过优等品不那么明显罢了。

鉴别大理石外观质量具体可从下面几项入手。

（1）判定花纹色调　色调基本一致、色差较小、花纹美观是优良品种的具体表现，否则会严重影响装饰效果。在光线充足的条件下，将已选好的板材和同一批其他要选购的大理石板材同时平放在地上，站在距离它们1.5m处仔细目测。要求同一批大理石板材的花纹色调应基本调合。

（2）检查表面缺陷　在光线充足的条件下，将板材平放在地面上，站在距离大理石板材1m处观察看不见缺陷的认为没有缺陷；站在距板材1m处可见，而在1m处不明显的缺陷为无明显缺陷；站在距板材1m处明显可见的缺陷认为有缺陷。具体观察的缺陷有板材翘曲；板材表面上有无裂纹、砂眼、异色斑点、污点及凹陷现象存在。若判定没有以上几种缺陷则板材为优等品，同时板材正面不许有缺棱掉角缺陷；如果以上各项缺陷不明显，同时也没有明显的缺棱掉角，那么可以认定这块板材为一级品；如果有以上几项缺陷但又不影响使用，并且板材正面只有1处长不大于8mm，宽不大于3mm缺棱或长、宽都不大于3mm掉角，则可判断该板材为合格品。板材在运输、装卸过程中而碰坏的，可以进行黏结（针对破裂板材）或修补（针对棱角缺陷、表面的坑洼或麻点）。但是黏结、修补后正面不允许有明显痕迹，颜色要与正面花色接近。

（3）查看标记　大理石板材在出厂时应注明：生产厂名、商标、标记。所以通过查看标记，可以对板材的总体外观质量有所了解。

（4）检测表面光泽度　优质大理石板材的抛光面应具有镜面一样的光泽，能清晰地映出景物。但不同品质的大理石由于化学成分不同，即使是同等级的产品，其光泽度的差异也会很大。当然同一材质不同等级之间的板材表面光泽度也会有一定差异。此外，大理石板材的强度、吸水率也是评价大理石质量的重要指标。

3．检查石材的尺寸规格

保持一致，以免影响拼接，或造成拼接后的图案、花纹、线条变形，影响装饰效果。

4．听石材的敲击声音

一般而言，质量好的石材敲击声清脆悦耳；相反，若石材内部存在轻微裂隙或因风化导致颗粒间接触变松，则敲击声粗哑。

5．用简单的试验方法来检验石材的质量好坏

通常在石材的背面滴上一小粒墨水，如墨水很快四处分散浸出，即表明石材内部颗粒松动或存在缝隙，石材质量不好；反之，若墨水滴在原地不动，则说明石材质地好。

6．向商家索取放射性和有害气体指标检测报告或请专业检验机构进行检验

我国按放射性高低将石材分为A、B、C三类，按规定，只有A类可用于家居室内装修。石材主要有大理石和花岗石两种，大理石的放射性一般都低于花岗石，大部分可用于室内装修，根据检测，不同色彩的石材其放射性也不同，最高的是红色和绿色，白色、黑色则最低。因此，消费者应谨慎选择红色、绿色或带有红色大斑点的石材品种。在全部天然装饰石材中，大理石类、绝大多数的板石类、暗色系列（包括黑色、蓝色、暗色中的绿色），其放射性辐射强度都小。

7．购买时要签合同、开发票

合同和发票是维权的重要保障，消费者应当要求销售方在合同中明确产品的名称、规格、等级、数量和价格等，并要求明确采用哪个标准进行检测。最好能要求销售方提供产品合格的证明、由法定部门认定的检验报告或产品放射性合格证。条件允许，最好将样品送到检测部门进行检测。现在，市场上出现的所谓国际A级、特级的石材，是部分厂家误导消

费者的一种做法，消费者要注意防范。

8. 其他注意事项

（1）耐污性　因为天然石材表面有细孔，所以在耐污方面比较弱。一般在加工厂都会在其表面进行处理。在室内装修中，电视机台面、窗台台面、室内地面等适合使用大理石。

现在市面上销售的天然石材，部分色泽是经过人工处理的，这些石材一般使用半年到一年左右就会显露出其真实面孔。

（2）背面网格　出现这种情况有两种原因：①石材本身较脆，必须加网格，例如西班牙米黄；②偷工减料，这些石材的厚度被削薄了，强度不够，所以加了网格，一般颜色较深的石材如果有网格，多数是这个因素。

（3）价格　一般情况下，消费者选购自己喜欢的大理石的时候，一般要问清楚价格，大理石的价格由以下几项组成：石材本身的价格；加工费（磨边费，挖孔费）；送货费；搬运费；安装费；售后服务。这6项加在一起就是大理石每平方米的价格（如果是洗手台面还需要加上封边石和三脚铁支架的费用）。

二、天然花岗石的识别与选购

天然花岗石是火成岩中分布最广的一种岩石，是岩浆在地下深处经冷凝而形成的深成酸性火成岩，部分花岗石为岩浆和沉积岩经变质而形成的片麻岩类或混合岩化的岩石，由石英、长石、云母等组成，石英含量是 $10\%\sim50\%$，长石含量约占总量的 2/3，分为正长石、斜长石（碱石灰）及微斜长石（钾碱）。不同品种的矿物成分不尽相同，还可能有含辉石和角闪石。具有全晶质结构。按照晶体颗粒大小可分为细晶、中晶、粗晶及斑状等多种，颜色与光泽因长石、云母及暗色物质含量的多少而不同，通常呈现灰色、黄色、深红色等。花岗石属于中硬，其化学成分以二氧化硅为主，约占 $65\%\sim75\%$，故花岗石属酸性岩石。

我国可作为装饰花岗石使用的硅酸盐类岩石，遍及中国各地，北至黑龙江、吉林、辽宁，中部胶东半岛，南至福建、广东、广西。四川、内蒙古、山西更是蕴藏着名优高档品种，总出露面积约 $85\times10^4\,km^2$，远景储量数千亿立方米。

花岗石得天独厚的物理特性加上它美丽的花纹使它成为建筑的上好材料，素有"岩石之王"之称。

在建筑中花岗石从屋顶到地板都能适用，若把它压碎还能制成水泥或岩石填充物。许多需要耐风吹雨打或需要长存的地方或物品都是由花岗石制成的。如台北"中正纪念堂"的牌子和北京天安门前人民英雄纪念碑都是花岗石，花岗石具有经过千年仍历久不衰的特性，著名的埃及金字塔就证明了这一点。

（一）天然花岗石的识别

1. 天然花岗石的性能与特点

花岗石具有结构致密、质地坚硬、强度高、抗风化、耐酸、耐腐蚀、耐磨损、吸水性低、抗压强度高、耐冻性强（可经受 100～200 次以上的冻融循环）、耐久性好等优点，美丽的色泽还能保存百年以上，是建筑的好材料。

花岗石有如下缺点：自重大，用于房屋建筑会增加建筑物的重量；硬度大，这会给开采和加工造成困难；质脆，耐火性差，当温度超过 800℃时，由于花岗岩中所含石英的晶态转变，造成体积膨胀，从而导致石材爆裂，失去强度；此外，某些花岗石含有微量放射性元素，对人体有害。

花岗石结构均匀，质地坚硬，颜色美观，是优质建筑石料。抗压强度根据石材品种和产地不同而异，约为 $1000 \sim 3000 \mathrm{kgf/cm^3}$（$1 \mathrm{kgf} = 9.8 \mathrm{N}$）。花岗石不易风化，颜色美观，外观色泽可保持百年以上，由于其硬度高、耐磨损，除了用作高级建筑装饰工程、大厅地面外，它还是露天雕刻的首选之材。

2. 天然花岗石的化学组成

花岗石主要由长石，石英，黑云母组成，也伴随着其他矿物质的存在，各种比例主要如表 3-9 所示。

表 3-9　天然花岗石的成分

成分	SiO_2	Al_2O_3	CaO	MgO	Fe_2O_3
含量/%	67～76	12～17	0.1～2.7	0.5～1.6	0.2～0.9

3. 天然花岗石的分类

天然花岗石由于成分复杂、形成条件多样，所以种类繁多，有多种分类方式：

（1）按所含矿物种类分　可分为黑色花岗石、白云母花岗石、角闪花岗石、二云母花岗石等。

（2）按结构构造分　可分为细粒花岗石、中粒花岗石、粗粒花岗石、斑状花岗石、似斑状花岗石、晶洞花岗石及片麻状花岗石等。

（3）按所含副矿物分　可分为含锡石花岗石、含铌铁矿花岗石、含铍花岗石、锂云母花岗石、电气石花岗石等。常见长石化、云英岩化、电气石化等自变质作用。

4. 天然花岗石的应用

天然花岗石装饰板材在建筑装饰中应用广泛，大量用于建筑室内外饰面材料，以及重要的大型建筑物基础、踏步、栏杆、堤坝、桥梁、路面、街边石、城市雕塑等；还可用于酒吧台、服务台、收款台、展示台及家具等装饰。磨光花岗石板材装饰风格华丽而庄重，粗面花岗石板材装饰风格凝重而粗犷，可根据不同的使用场合选择不同物理性能及表面装饰效果的花岗石。

（二）天然花岗石的选购

① 检查所提供的石材为天然石材，其材料性能是否满足或优于天然花岗石（JB/T 7974—2001）。

② 质量检测要求：优等品板材的外形尺寸规定值或允许偏差值：长≤±1mm，宽≤±1mm、厚≤±1mm；表面平整度规定值或允许偏差值≤0.5mm；对角线规定值或允许偏差值≤0.5mm。

③ 花岗石平台外观质量是否为优等品，块材的颜色、色差、花纹是否协调，均匀一致。

④ 平台表面是否有缺棱、缺角、裂纹、色斑、色线、坑窝外观缺陷。

⑤ 平台表面是否涂刷六面石材防护涂料，确保石材的防水、防污性能。

⑥ 石材是否通过国家石材质量监测中心的有关检验，包括物理性、放射性、冻融性等，并具有相关检验报告。

⑦ 石材产地及名称。从质量上来看，国产石材与进口石材的差距并不大，但是价格却低很多。原因主要在于进口石材更加富于变化，更具装饰性，也就是说进口的石材铺起来视觉效果更好。这种工艺上的差距不是短时间就能消除的，中国各厂家都在努力缩小这个差距。在实用性上，国产石材毫不逊色于进口石材。

加工好的成品饰面石材，其质量好坏可以从以下四方面来鉴别：

一观，即肉眼观察石材的表面结构。一般来说，均匀的细料结构的石材具有细腻的质感，为石材之佳品；粗粒及不等粒结构的石材外观效果较差，力学性能也不均匀，质量稍差。另外天然石材中由于地质作用的影响，常在其中产生一些细脉和微裂隙，石材最易沿这些部位发生破裂，应注意剔除。至于缺棱少角更是影响美观，选择时尤应注意。所购石材的厚薄要均匀，四个角要准确分明，切边要整齐，各个直角要相互对应；表面要光滑明亮，光亮在 80°以上，且不要有凹坑；花纹要均匀，图案鲜明，没有杂色，色差也要一致，内部结构紧密，没有裂缝；承重厚度不能小于 9～10mm。方块地板选购从表面上看要注意方块切割是否整齐，表面的光滑度、图案、颜色等。

二量，即量石材的尺寸规格。以免影响拼接或造成拼接后的图案、花纹、线条变形，影响装饰效果。

三听，即听石材的敲击声音。一般而言质量好的、内部致密均匀且无显微裂隙的石材，其敲击声清脆悦耳；相反若石材内部存在显微裂隙或细脉，或因风化导致颗粒间接触变松，则敲击声粗哑。

四试，即用简单的试验方法来检验石材质量好坏。通常在石材的背面滴上一小滴墨水，如果墨水很快四处分散浸出，即表示石材内部颗粒较松或存在显微裂隙，石材质量不好；反之则说明石材致密，质地好。

三、人造石的识别与选购

人造石是以水泥或不饱和聚酯树脂为胶黏剂，配以天然大理石或方解石、白云石、硅砂、玻璃粉等无机物粉粒，以及适量的阻燃剂、稳定剂、颜料等，经加工而成的一种人造石材。

人造石材于 1958 年出现在美国，我国人造石材的研制与生产起步较晚，20 世纪 70 年代末期才开始引进国外的人造石样品、技术资料及成套设备，20 世纪 80 年代进入发展时期，目前有些产品已经达到国际同类产品的水平，并成功地应用于高级场所的装修工程中。

（一）人造石材的识别

1. 人造石材的特点及用途

人造石材是以天然石材为原料加工而成的，因此，它继承了天然石材的一些优点，同时却没有天然石材的某些缺点。人造石材的具体特点如下：

① 人造石材的品种繁多，不但具有天然石材的纹理和质感，而且没有色差和纹路差异，用户在选购时不用担心因为存在色差而影响整体装修效果。

② 人造石材表面没有孔隙，油污、水渍不易渗入，因此抗污力强，容易清洁。

③ 人造石材的厚度较天然石材薄，一般为天然石材的 40%，本身重量比天然石材小，搬运方便，若用于铺设地面，可减轻楼体承重。

④ 人造石材的背面经过波纹处理，因此，施工时与基体易于粘接，施工工艺简单，铺设后的墙、地面质量更可靠。

⑤ 人造石材的成本只有天然石材的 1/10，且无放射性，是目前最理想的绿色环保材料。

⑥ 人造石材的主要原料是天然石粉，完全是废物利用。

人造石材除具有以上的优点外，与天然石材相比，由于同类型板材的色泽与纹理完全一样，缺少了自然天成的纹理和质感，因此，视觉上略有生硬的感觉。

人造石材可用于地面、墙面、柱面、踢脚板、阳台、楼梯面板、窗台板、服务台台面、庭院石凳等部位的装饰。

2. 人造石材的分类

人造石材根据生产所用原料可以分为以下四类：

（1）水泥型人造石材　水泥型人造石材是以各种水泥为胶结材料，砂子、天然碎石粒为粗细骨料，经配置、搅拌、加压蒸养、磨光和抛光后制成的材料。若在配置过程中加入颜料，便可制成彩色水泥石材。水泥型人造石材的取材方便、价格低廉，但装饰性较差。水磨石和各类花阶砖均属于此类。

（2）树脂型人造石材　树脂型人造石材是以不饱和聚酯树脂为胶黏剂，将天然大理石、花岗石、方解石石粉及其他无机填料按一定的比例配合，再加入催化剂、固化剂、颜料等，经混合搅拌、固化成型、脱模烘干、表面抛光等工序加工而成的材料。树脂型人造石材光泽好、颜色鲜艳丰富、可加工性强、装饰效果好，是目前使用最广泛的一种人造石材。

（3）复合型人造石材　复合型人造石材是指石材制造过程中所采用的胶黏剂中，既有无机胶凝材料（如水泥），又有有机高分子材料（树脂）。它是先用无机胶凝材料将碎石、石粉等基料胶结成型并硬化后，再将硬化体浸渍在有机单体中，使其在一定条件下聚合而成。对于板材，底层可采用价格低廉而性能稳定的无机材料制成，面层采用聚酯和大理石粉制作。复合型人造石材的造价较低，但受温差影响后聚酯面容易产生剥落和开裂。

（4）烧结型人造石材　烧结型人造石材是以长石、石英石、辉石、方解石粉和赤铁粉及部分高岭土混合，经组坯、成型后，在1000℃左右的窑炉中高温焙烧而成的材料。烧结型人造石材装饰性好、性能稳定，但因经过高温焙烧，能耗大，因而造价高。

（二）人造石材的选购

1. 外观

判断人造石的外观时要在充足阳光下以45°角观察，质量好的外观分布均匀，无毛细孔。

2. 色泽

质量好的人造石晶莹、纯正、细腻，如果掺有碳酸钙或使用劣质的重金属，会导致灰暗，不细腻，光亮不自然，使用时会对人体有危害；鉴定色泽也需在充足光线下用肉眼观察。

3. 硬度

硬度大于硬质塑料，可用尖锐的硬质塑料摩擦表面，看是否有痕迹。

4. 尺寸稳定性

常温下不自然变形或收缩；台面经过一段时间使用便可鉴别。

5. 抗沸水能力性

人造石与沸水接触不褪色。判定方法是将沸水泼在人造石表面，数分钟后观察，看其是否褪色。

6. 耐腐蚀性

好的人造石不受日用化学品、食醋等侵蚀；判定方法是将食醋滴在表面，24h后观察。

7. 耐脏性

常见污迹容易除去，查看台面能否吸取口红，番茄酱，酱油的污迹。

综上所述，人造石材的选购技巧可概括为以下几点。

一看：目视颜色清纯，表面无类似塑料胶质感，板材正面无气孔。

二闻：鼻闻无刺鼻化学气味。

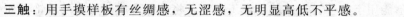

三触：用手摸样板有丝绸感，无涩感，无明显高低不平感。

四划：用指甲划板材表面，无明显划痕。

五碰：用相同两块样板相互敲击，不易破碎。

六摔：看它的硬度和强度。取一小块，使劲往水泥地上摔，质量差的人造石会摔成粉碎状的很多小块，质量好的摔成两三块，而且如果力度不够，会从地上弹起来。

七烧：放在火上烧，质量差的人造石很容易烧着，而且还燃烧很旺，质量好的人造石不容易烧着，即使烧着了，也很容易熄灭，自熄性强。

八查：检查人造石有无质量体系认证书，检测报告，防伪标志等。

第三节　地面砖的识别与选购

一、釉面砖的识别与选购

釉面砖就是表面用釉料一起烧制而成的砖，又分陶土和瓷土两种，陶土烧制的背面呈红色，瓷土烧制的背面呈灰白色。釉面砖表面可以做各种图案和花纹，比抛光砖色彩和图案丰富，因为表面是釉料，所以耐磨性不如抛光砖。

（一）釉面砖的识别

1. 釉面砖的成分性质

主要成分一般为 SiO_2 60%～70%，Al_2O_3 15%～22%，CaO 1.0%～10%，MgO 1.0%～3.0%，R_2O 小于 1.0%；吸水率不大于 22%；白度不小于 78%；耐急冷急热性 150℃，一次不裂，耐蚀性好。

2. 釉面砖的分类

（1）按形状分类　釉面砖按形状可分为正方形、长方形、矩形、异形配件砖等品种，正方形釉面砖有 100mm×100mm、152mm×152mm、200mm×200mm，长方形釉面砖有 152mm×200mm、200mm×300mm、250mm×330mm、300mm×450mm 等，常用的釉面砖厚度 5～8mm。

（2）按原材料分类　釉面砖按原材料可分为两种：

① 陶制釉面砖，即由陶土烧制而成，吸水率较高，强度相对较低。其主要特征是背面颜色为红色。

② 瓷制釉面砖，即由瓷土烧制而成，吸水率较低，强度相对较高。其主要特征是背面颜色是灰白色。

要注意的是，上面所说的吸水率和强度的比较都是相对的，也有一些陶制釉面砖的吸水率和强度比瓷制釉面砖好的。

（3）按釉面光泽分类　釉面砖按釉面光泽可以分为下面两种：

① 亮光釉面砖，适合于制造干净的效果。

② 亚光釉面砖，适合于制造时尚的效果。

3. 釉面砖的特点及应用

由于有釉陶质砖是多孔精陶坯体，在长期与空气接触的过程中，特别是在潮湿的环境中使用，坯体会吸收水分产生吸湿膨胀现象，但其表面釉层的吸湿膨胀性很小，与坯体结合得又很牢固，所以当坯体吸湿膨胀时，会使釉面处于张拉应力状态，超过抗拉强度时，釉面就会发生开裂。尤其是用于室外，经长期冻融，会出现表面分层脱落、掉皮现象。所以有釉陶质砖只能用于室内，不能用于室外。在建筑装饰工程中，将有釉陶质砖用于外墙饰面而引起工程质量事故的时有发生，应特别引起注意。

釉面砖具有许多优良性能，应用非常广泛，它强度高、表面光亮、防潮、易清洗、耐腐蚀、变形小、抗急冷急热、陶瓷表面细腻、色彩和图案丰富、风格典雅、极富装饰性，常用于医院、实验室、游泳池、浴池、厕所等要求耐污、耐腐蚀、耐清洗性强的场所，既有明亮清洁之感，又可保护基体，延长使用寿命。

（二）釉面砖的选购

釉面砖是由胚体和釉面两个部分来构成的，所以在鉴别的时候可以看一下瓷砖的侧边或者是断面，是不是一样的，或者就看瓷砖的表面和地胚的颜色是否一致，不一致的就是釉面砖。

在装修过程中如何挑选釉面砖，对装修和身体健康也是非常重要的。在了解了釉面砖知识，并选好了消费标准、瓷砖的种类、颜色、风格之后，此时选择釉面砖的首要原则是看产品是否符合国家规定的对"瓷质产品放射性核素限量"实施强制性产品认证的要求，釉面砖产品根据其放射性水平可被认证为：A 类，使用范围不受限制；B 类，不可用于住宅、老年公寓、托儿所、医院和学校等Ⅰ类民用建筑的内饰面，但可用于Ⅱ类民用建筑的外饰面和其他一切建筑物的内外饰面；另外，要选大厂家或名牌产品，虽然价钱高些，但质量上有保障；还要注意检验釉面砖质量，应从以下几方面来进行鉴别。

一查外观，对外观质量主要从以下六方面来看。

① 看尺度。长、宽、厚误差要小。方法是拿几块砖在地上排一下，严丝合缝的证明误差很小，质量不错。

② 看角度。对角线误差不能大于 1mm。

③ 看平整度。两砖相扣，应无缝隙或凹金出鼓现象。

④ 看光洁度。3m 之内应看不见砖上有针眼、瑕疵。

⑤ 看光泽度。抛光砖能照出人影。

⑥ 看色差。几块砖平铺之后，颜色应一致。

二看品质，看釉面砖的内在品质做好两项检查。

① 看吸水率。滴一滴水在砖上，看水渗透快慢。好的砖水珠会在砖上滚动。

② 听声音。好的瓷砖，声音脆响，说明瓷质含量高。如果发出"嗒嗒"声，说明砖内藏有裂纹。

三验证书，看是否有厂家出示的放射性指标检测证书。

四要注意，选购釉面砖时需特别注意以下几点：

① 要跟销售人员讲明家里建筑的风格、色彩、所用的面积和自己的喜好等。一般釉面砖的色系有 1000 多种，初次接触釉面砖的顾客一般难以判断，因此，要多听专业人员的意见。

② 在购买厨房和洗手间、阳台的瓷砖时，要先选墙砖，再选地砖，遵从先简后繁的原则。地砖可选颜色很多，相对较简单，而墙砖有上装、下装之分，搭配较复杂，先简后繁，会让色系搭配得更完美。

③ 在选购客厅的砖时，选砖要参考房间的平方数来计算。如 30m² 以下的可选用边长为 45cm 或以下的；大于 30m² 的可用边长为 45～60cm 的。

④ 在铺砖的时候要讲求留缝，若铺得不得法，非但达不到效果，还会弄巧成拙。

⑤ 计算。可以用计划贴砖的面积÷每块砖的面积×1.05 计算所需购买的砖数，要尽量将损耗降到最小。

二、通体砖的识别与选购

（一）通体砖的识别

通体砖是将岩石碎屑经过高压压制火炼而成，具有耐高温、耐严寒、耐撞、耐刮的特点。通体砖表面抛光后坚硬度可与石材相比，吸水率更低，耐磨性好。通体砖的表面不上釉，而且正面和反面的材质和色泽一致，因此得名。

1. 通体砖的特点

通体砖的表面不上釉，而且正面和反面的材质和色泽一致。通体砖是一种耐磨砖，虽然现在还有渗花通体砖等品种，但相对来说，其花色比不上釉面砖。

2. 通体砖的规格

通体砖常用的规格有 300mm×300mm、400mm×400mm、500mm×500mm、600mm×600mm。

3. 通体砖的应用

由于室内设计越来越倾向于素色设计，因此通体砖也越来越成为一种时尚，被广泛使用于厅堂、过道和室外走道等装修项目的地面，一般较少使用于墙面。通体砖在厨房里用得比较多，既经济又实用，但要充分考虑防潮功能。

（二）通体砖的选购

选购通体砖时，应本着以下五步法进行。

第一步：确定风格。在选择瓷砖之前，首先要考虑房间的设计风格，根据居室采光强弱，面积大小，来决定选择瓷砖的色彩，花纹，一般房间狭窄以选用单色地砖为宜。

第二步：市场询价。到建材市场收集各厂家宣传资料，询问价格。如果有展销会、促销活动，不要错过良机，这时候可免费获得资料和提供咨询服务，且资源充足，品种齐全，质量普遍较好，有挑选余地，购砖也能得到一定优惠，别怕麻烦，多进行比较，精心选购，一定会选到适合自己格调的瓷砖。

第三步：行家咨询。向专家、行家以及购买瓷砖的用户咨询，总结多方面的经验，从中比较挑选，总结别人的经验教训，容易找出自己满意的品牌。在各大品牌的比较中，重点要从颜色、是否变形、耐磨性三方面考虑其质量。一般来说，通体砖的正面和反面的颜色都是一致的。因此可以用眼睛来观察经销商所提供的通体砖样品，看看其正面和侧面的颜色是否都是一样的，如果看到的颜色有很明显的差别，就说明此产品不是质量好的通体砖。通体砖是不会变形的，消费者可以选择规格大一些的，如规格为 600mm×600mm、800mm×800mm 的都可以；通体砖有着很好的耐磨性能，所以一般较重物品放在通体砖上应该不会有很明显划痕或者裂痕，在选购通体砖的时候，可以这样来检验它的质量好坏。

第四步：看品牌。品牌代表该企业的产品综合实力，包括技术、品质、服务等内涵。消费者在选购产品时一定要选择美誉度好，信誉度高的产品。另外建材市场是各种瓷砖云集的地方，到建材市场买瓷砖，品质更有保证。

第五步：看服务。一般来说，大公司、名牌企业的售前、售中、售后服务能力强，讲信用，重承诺，用户有什么问题，都会上门服务和给予技术解答。

三、玻化砖的识别与选购

玻化砖是通体砖坯体的表面经过打磨而成的一种光亮的砖，属通体砖的一种。吸水率低于 0.5% 的砖称为玻化砖，抛光砖的吸水率低于 0.5% 也属玻化砖，然后将玻化砖进行镜面抛光即得玻化抛光砖，因为吸水率低的缘故，其硬度相对比较高，不容易有划痕，装饰效果好。

（一）玻化砖的识别

玻化砖是由石英砂、泥按照一定比例在 1230℃ 以上的高温下，使砖中的熔融成分呈玻璃态而成的一种铺地砖或墙砖，然后经打磨光亮，使其表面如玻璃镜面一样光滑透亮，它是所有瓷砖中最硬的一种，其吸水率、边直度、弯曲强度、耐酸碱性等方面都优于普通釉面砖、抛光砖及一般的大理石。

1. 玻化砖的结构特点

① 色彩艳丽柔和，没有明显色差。

② 高温烧结、完全瓷化生成了莫来石等多种晶体，理化性能稳定，耐腐蚀、抗污性强。

③ 厚度相对较薄，抗折强度高，砖体轻巧，建筑物荷重减小。

④ 没有有害元素。

⑤ 抗折强度大于 45MPa（花岗石抗折强度约为 17～20MPa）。

2. 玻化砖的装饰特点

玻化砖具有色调高贵、质感优雅、色差小、性能稳定、强度高、耐磨、防滑性好、吸水率低、耐酸碱、色差小。这种产品不含氡气，各种理化性能比较稳定，符合环境保护发展的要求，是替代天然石材较好的瓷制产品，广泛用于客厅、门庭等地方。

但玻化砖也有缺点，如它的色泽、纹理较单一，并且不够防滑。

（二）玻化砖的选购

一看：主要是看玻化砖的表面是否光泽亮丽，有无划痕、色斑、漏抛、漏磨、缺边、缺脚等缺陷。查看底胚商标标记，正规厂家生产的产品底胚上都有清晰的产品商标标记，如果没有商标标记或者特别模糊的，建议不要选择。

二掂：就是试手感，同一规格产品，质量好、密度高的砖手感都比较沉，反之，质次的产品手感较轻。

三听：敲击瓷砖，若声音浑厚且回音绵长如敲击铜钟之声，则瓷化程度高，耐磨性强，抗折强度高，吸水率低，不易受污染，声音越清脆，则玻化度越高，质量越好；若声音浑哑，则瓷化程度低（甚至存在裂纹），耐磨性差，抗折强度低，吸水率高，极易受污染。

四量：国家标准中对玻化砖边长偏差要求是以≤1mm 为宜，规格为 500mm×500mm 的玻化砖，边长偏差≤1.5mm，规格为 600mm×600mm 的玻化砖，产品边长偏差≤2mm，规格为 800mm×800mm 的玻化砖，边长偏差≤2.2mm，若超出这个标准，则对装饰效果会产生较大的影响。量对角线的尺寸最好的方法是用一条很细的线拉直沿对角线测量，看是否有偏差。

五试：一是试铺，在同一型号且同一色号范围内，随机抽样不同包装箱中的产品若干在地上试铺，站在 3m 之外仔细观察，检查产品色差是否明显，砖与砖之间缝隙是否平直，倒角是否均匀；二是试脚感，看滑不滑，注意试砖是否防滑不加水，因为越加水会越涩脚。

验收时的注意事项：

① 正规厂家的包装上都明显标有厂名、厂址、商标、规格、等级、色号、工号或生产批号等，并有清晰的使用说明和执行标准。

② 正规厂家出厂的玻化砖底都有清晰的商标或标志。

③ 当进行品牌选择时发现没有上述标记或标记不完全，就应慎重从事，必要时可到当地工商或质量监督部门进行鉴定。

四、抛光砖的识别与选购

（一）抛光砖的识别

抛光砖是通体砖坯体的表面经过打磨而成的一种光亮的砖，属通体砖的一种。相对通体砖而言，抛光砖表面要光洁得多。抛光砖坚硬耐磨，适合在除洗手间、厨房以外的多数室内空间中使用，比如用于阳台、外墙装饰等。在运用渗花技术的基础上，抛光砖可以做出各种仿石、仿木效果。

抛光砖的品种名称繁多，主要是模仿石材的效果，主要应用于室内的墙面和地面，其表面平滑光亮、薄轻、坚硬，但易脏，抛光后的防污处理不够理想，可在施工前打上水蜡以防止污染，在使用中要注意保养。

（二）抛光砖的选购

1. 看

主要看抛光砖的色泽均匀度和表面光洁度，从一箱中抽出四五片砖，查看有无色差、变形、缺棱少角等缺陷。

① 抽取几块瓷砖拼放在一起，在强光下仔细查看瓷砖的总体色泽，质量好的抛光砖色差很小，总体色调基本一致，而质量不好的抛光砖总体的色调不一致。

② 瓷砖如果有花色，要看花色的图案是否细腻逼真，如果有明显的缺色、错位，就说明瓷砖的质量不好。

③ 将 5 块以上的瓷砖拼合在一起，看对角能不能对齐，质量好的抛光砖对角是非常齐整的。

④ 仔细查看抛光砖的表面有没有凹凸气孔，如果有气孔，就容易藏污纳垢，不管怎么清洗都清洗不掉，因此这点要特别注意。

⑤ 看抛光砖的侧面是否平直，质量好的瓷砖会非常平直，如果侧面不平直，以后抛光砖铺在地面上就容易松动，不牢固。

2. 敲

消费者在购买时可用硬物轻击砖体，声音越清脆，说明抛光砖的瓷化度和密度高，内部质量好，坚硬度高，质量就越好。也可以左手拇指、食指和中指夹住抛光砖一角，轻松垂下，用右手食指轻击抛光砖中下部，如果声音清亮、悦耳，说明质量较好，如果声音沉闷、滞浊，则质量较差。

3. 滴

将有色水滴（如墨水）滴于瓷砖正面，静放 1min 后用湿布擦拭，如果抛光砖面留有痕迹，则表示有污物吸进砖内；如砖面仍光亮如镜，则表示瓷砖不吸污、易清洁，砖质上佳。

抛光砖的防污性能也是消费者在选购瓷砖时必须注意的，如果抛光砖的防污性能不好，果汁或墨汁滴在上面就清理不干净，会影响客厅的外观。由于很多厂家会在砖面上打蜡来增加抛光砖的防污性能，但是效果一般都维持不了几天，因此消费者在挑选时要选用干抹布把砖面的蜡去掉，然后在瓷砖的正中滴入茶渍或墨水，10min 后用清水冲洗，然后用抹布擦拭，如果能擦干净就说明瓷砖的防污性好，如果上面仍有茶渍或墨水的痕迹，就说明这款瓷砖的防污效果不好。

4. 量

抛光砖边长的精确度越高，铺贴后的效果就越好，买优质抛光砖不但容易施工，而且能节约工时和辅料。用卷尺测量每片瓷砖的大小周边有无差异，精确度高为上品。

5. 划

抛光砖以硬度良好，韧性强，不易碎烂为优。以抛光砖的残片棱角互相划痕，查看破损的碎片断痕处是致密还是疏松，是脆、硬还是松、软，是留下划痕，还是散落粉末，如属前者即好，后者即差。

抛光砖的色泽比较光亮，有很好的装饰效果，并且坚硬耐磨，因此很受消费者的喜爱，但是抛光砖有一个最大的缺点就是容易脏，这主要是因为抛光砖在制作时会留下凹凸气孔，这些气孔会藏污纳垢，造成了表面很容易渗入污染物，后来在制作中就在抛光砖的表面加了一层防污层。

消费者在选购时可以和商家商量一下，用锐利的东西刮一下瓷砖表面，看会不会留下划痕，如果有划痕，就说明瓷砖的耐磨度不高。

6. 检验防滑性

在抛光砖表面洒水，可检验抛光砖的防滑度，洒完水后用手摸瓷砖表面，如果非常光滑就说明抛光砖防滑度不好，试想如果在家里拖完地，抛光砖的防滑度不好，肯定一走就会摔跤。

小知识

玻化砖和普通抛光砖的简单鉴别

普通的消费者从外观上很难分别玻化砖和普通抛光砖，具体操作方法是：

（1）敲击听声音　用一只手悬空提起瓷砖的边或角，另一只手敲击瓷砖中间，发出浑厚且回音绵长的瓷砖（如敲击铜钟所发出的声音）的为玻化砖；如发出的声音浑浊无回音或回音较小且短促，说明瓷砖的瓷化程度较差，瓷砖的胚体原料颗粒大小不均，密度较小，此种为普通抛光砖。

（2）试手感　相同规格相同厚度的瓷砖，手感重的为玻化砖，手感轻的为普通抛光砖。

小知识

如何辨别超微粉的玻化砖

超微粉的玻化砖由于花纹细腻自然、密度大、防污性能好，现在已经被越来越多的人所接受，但作为普通的消费者而言，选择还是有一定的困难，其实可以用简单的方法来分辨这种超微粉的产品：

①超微粉的瓷砖属于玻化砖的一个系列。可以通过敲击听声音和试手感的方法来判断。敲击声音浑厚且回音绵长、手感重的抛光砖为玻化砖。

②超微粉的玻化砖的一个显著的特点就是每一片的花纹都不同，但整体非常协调、自然。现在市面上有一种仿超微粉的玻化砖，粗看有点像，但你仔细观察就会发现，它是每片都一样的。

五、陶瓷锦砖的识别与选购

（一）陶瓷锦砖的识别

陶瓷锦砖又称马赛克，是以优质陶土为原料，按技术要求对陶土颗粒进行级配，以半干法压制成型的装饰砖。为使产品着色，要在泥料中放入着色剂，经过高温烧制成产品。它是由各种颜色、多种几何形状的小块瓷片铺贴形成丰富、图案繁多的装饰砖。

产品规格边长一般不大于400mm，如317mm×317mm等规格。

陶瓷锦砖是具有多种色彩和不同形状的小块砖镶拼成各种花色图案的陶瓷制品。由于产品出厂时已将带有花色图案的锦砖根据设计要求反贴在牛皮纸上，称为一联。

陶瓷锦砖色泽多样，质地坚实，经久耐用，能耐酸、耐碱、耐火、耐磨，抗压力强，吸水率小，不渗水，易清洗，可用于工业与民用建筑的洁净车间、门厅、走廊、餐厅、厕所、浴室、工作间、化验室等处的地面和内墙面，并可作为高级建筑物的外墙饰面材料。

（二）陶瓷锦砖的选购

1. 单块陶瓷锦砖外观检验方法

① 有条纹等装饰的锦砖，其装饰物分布面积应占总面积的20%以上，且分布均匀。

② 单块锦砖的背面应有锯齿状或阶梯状沟纹。

③ 所用粘贴剂除保证粘贴强度外，还应易从锦砖上擦洗掉。所用粘贴剂不能损坏背纸或使锦砖变色。

④ 所用背纸应在合理搬运和正常施工过程中不发生撕裂。

⑤ 在自然光线下，距锦砖0.5m目测有无裂纹、疵点及缺边、缺角现象。

⑥ 随机抽取九联锦砖组成正方形，平放在光线充足的地方，在距其1.5m处目测光泽是否均匀。

2. 包装检测方法

① 每联锦砖都应印有商标及制造厂名。

② 包装箱表面应印有产品名称、厂名、注册商标、生产日期、色号、规格、数量和重量（毛重、净重），并应印有防潮、易碎、堆放等标志。

③ 陶瓷锦砖用纸箱包装，箱内要衬有防潮纸，产品放置应紧密有序。

④ 每箱产品都必须附有检验合格证。

3. 判断陶瓷锦砖的质量

（1）看 观察砖面是否细腻均匀，是否有杂斑、孔洞等可见缺陷。

（2）量 取一块砖测量其边长是否符合要求，然后取数块砖叠放在一起，比较尺寸大小是否一致。取两块砖并排视其边缝是否小而直，是则边直度好；再将两块砖对扣在一起视其缝隙是否小而直，是则平整度好。砖面有无凸和凹，以平正和微凸为好。

（3）敲 用细棍轻敲（或用手指弹敲）悬空的瓷砖，声音清脆说明瓷砖无裂纹、烧结程度好、吸水率较低、强度较高；如声音带沙哑声，说明瓷砖可能有裂纹；声音"发闷"说明瓷砖烧结程度不好、吸水率较高、强度较低。

（4）滴 在瓷砖背面滴数滴清水，观察吸收快慢，吸收越快，吸水率越大，一般来讲，吸水率低的产品，烧结程度好、强度较高、抗冻性能好，产品质量好。或者用数滴带色液体滴在局部表面上涂匀，数秒钟后用湿布擦干，观察表面是否残留色点，色点多说明针孔多，易挂脏，釉面质量不高；如果擦洗不掉，说明砖的吸水率大，抗污能力差。

第四节　地毯的识别与选购

地毯是一种高级地面装饰品，有悠久的历史，也是世界通用的装饰材料之一。它不仅具有隔热、保温、吸声、挡风及弹性好等特点，而且铺设后可以使室内具有高贵、华丽、悦目的氛围。所以，它是自古至今经久不衰的装饰材料，广泛应用于现代建筑和民用住宅的室内装饰。

一、地毯的识别

地毯是以棉、麻、丝、毛、草等天然纤维或化学合成纤维类为原料，经手工或机械工艺进行编结、栽绒或纺织而成的地面铺覆物。地毯是世界范围内具有悠久历史传统的工艺美术品之一，既具有实用价值又具有欣赏价值。地毯覆盖于住宅、宾馆、体育馆、展览厅、车辆、船舶、飞机等的地面，能起到抗风湿、吸尘、减少噪声、隔热和美化室内环境的作用。

地毯上丰富而巧妙的图案构思及配色，使其具有较高的艺术性。同其他材料相比，地毯给人以高贵、华丽、美观、舒适而愉快的感觉，是比较理想的传统和现代装饰材料。当今的地毯，款式种类繁多，颜色从艳丽到淡雅，绒毛从柔软到坚韧，使用从室内到室外，应用十分广泛。

（一）地毯的分类与等级

1. 地毯的分类

地毯主要以毛、棉、麻、丝、化纤等各种纤维制成，其纤维密度是决定地毯质量高低的主要标准。根据所用材料、织造方法及形状、图案、款式，地毯有几种不同的分类方法。

（1）按所用材料分类　按所用材料可分为以下几种：

① 纯羊毛地毯　纯羊毛地毯通常叫"纯毛地毯"，它毛质细密，具有天然的弹性，受压后能很快恢复原状；采用天然纤维，不带静电，不易吸尘土，还具有天然的阻燃性。纯毛地毯图案精美，色泽典雅，不易老化、褪色，具有吸声、保暖、脚感舒适等特点。它分手工编织及机织两种。前者工艺性强，价格较贵，后者便宜，其重量约为 $1.6\sim2.6\text{kg/m}^2$。驰名中外的新疆纯毛地毯，组织致密、柔软结实、色泽浓艳、图案花纹丰富、立体感强、坚实耐用，深受人们的喜爱，但因其价格昂贵，一般家庭只能使用机织纯毛地毯。

另外机织纯毛地毯根据绒纱内羊毛含量的不同又可分为：

a. 纯羊毛地毯：羊毛含量≥95％；

b. 羊毛地毯：80％≤羊毛含量<95％；

c. 羊毛混纺地毯：20％≤羊毛含量<80％；

d. 混纺地毯：羊毛含量<20％。

② 混纺地毯　混纺地毯是以毛纤维与各种合成纤维混纺而成的地面装修材料。混纺地毯中因掺有合成纤维，所以价格较低，使用性能有所提高。如在羊毛纤维中加入20％的尼龙纤维混纺后，可使地毯的耐磨性提高五倍。混纺地毯最显著的特点是耐虫蛀、耐腐蚀。其装饰性能不亚于纯毛地毯，并且价格下降，故在居室装饰中大多使用混纺地毯。

③ 化纤地毯　化纤地毯也叫合成纤维地毯，如聚丙烯化纤地毯，丙纶化纤地毯，腈纶（聚乙烯腈）化纤地毯、尼龙地毯等。它是用簇绒法或机织法将合成纤维制成面层，再与麻布底层缝合而成。化纤地毯耐磨性好并且富有弹性，价格较低，适用于一般建筑物的地面装修。

④ 塑料地毯 塑料地毯是采用聚氯乙烯树脂、增塑剂等多种辅助材料，经均匀混炼、塑制而成，它可以代替纯毛地毯和化纤地毯使用。塑料地毯质地柔软，色彩鲜艳，舒适耐用，不易燃烧且可自熄，不怕湿。塑料地毯适用于宾馆、商场、舞台、住宅等。因塑料地毯耐水，所以也可用于浴室起防滑作用。塑料地毯常用的规格是：幅宽为 3m、3.6m、4m；长度为 25m 或按用户要求加工；绒高为 5mm（圈纯）、7mm（割纯）。

⑤ 橡胶地毯 橡胶地毯是以天然橡胶为原料，以蒸汽加热，在地毯模具下模压而成。橡胶地毯除了具有其他地毯的特点外，还具有防霉、防滑、防虫蛀、防潮、耐腐蚀、绝缘、清扫方便等特点。橡胶地毯的色彩与图案可根据用户要求定做。橡胶地毯规格为方块式，主要有：500mm×500mm、100mm×100mm，绒长为 5～6mm。橡胶地毯可用于浴室、走廊、体育场等潮湿或经常淋雨的地面铺设。

⑥ 植物纤维地毯 植物纤维地毯采用植物纤维加工而成。植物纤维地毯常用于高度耐磨地毯的起花结构，但摸起来十分粗糙。植物纤维地毯中最常用的是剑麻地毯，它是以剑麻纤维为原料，经纺纱、纺织、涂胶、硫化等工序制成的。植物纤维地毯具有耐酸碱、耐磨、尺寸稳定、无静电等特点，其价格比纯毛地毯低，但弹性较差。植物纤维地毯分素色和染色两类，有斜纹、罗纹、鱼骨纹、帆布纹、半巴拿马纹、多米诺纹等各种花纹。植物纤维地毯幅宽在 4m 以下，长度在 50m 以下，可用于楼、堂、馆、所等公共建筑及家庭地面装饰。

(2) 按编织工艺分类 按编织工艺地毯可分为以下三种。

① 手工编织地毯 手工编织地毯专指纯毛地毯，它是采用双经双纬，通过人工打结栽绒，将绒毛层与基底一起织就而成。手工编织地毯做工精细，图案千变万化，是地毯中的上品。但手工地毯因其操作方法的局限性，也有一些缺点（如工效较低，产量小等），所以其成本高，价格昂贵。

② 簇绒地毯 簇绒法是目前各国生产化纤地毯的主要方式，它是通过带有一排往复式穿针的纺机，把毛纺纱穿入第一层基底（初级背衬纺布），并在其面上将毛纺纱穿插成毛圈而背面拉紧，然后在初级背衬的背面涂刷一层胶黏剂使之固定，这样就生产出了厚实的圈绒地毯。若再用锋利的刀片横向切割毛圈顶部，则成为平绒地毯。簇绒地毯表面纤维密度大，脚感舒适，而且可在毯面上印染各种花纹图案。

③ 无纺地毯 无纺地毯是指无经纬纺织的短毛地毯，它是将绒毛线用特殊的钩针刺在以合成纤维构成的网布底衬上，然后在背面涂上胶层，使之粘牢而成，故又称针扎地毯或针刺地毯。无纺地毯因其生产工艺简单，故成本低，价格较低，但其弹性和耐久性较差。

(3) 按图案类型分类 手工纯毛地毯按装饰花纹图案可分为北京式地毯、美术式地毯、彩花式地毯、素凸式地毯等。"京"、"美"、"彩"、"素"四大类图案是我国高级纯毛地毯的主流和中坚，是中华民族文化的结晶，是我国劳动人民高超技艺的真实写照。

① 北京式地毯 北京式地毯具有浓郁的中国传统艺术特色，它有主调图案。主调图案多以我国古典图案为素材，如龙、凤、福、寿、宝相花、回纹、博古等，并吸收织锦、刺绣、建筑、漆器等艺术的特点，构成寓意吉祥美好，富有情趣的画面。由于图案与色彩的独特风貌，北京式地毯具有鲜明的民族特色和雍容华贵的装饰美感。

北京式地毯的图案工整对称，构图为对称平稳的格律式，结构严谨，一般具有奎龙、枝花、角云、大边、小边、外边的常规程式。地毯中心为一圆形图案，称为"奎龙"，周围点缀折枝花草，四角有角花，并围以数道宽窄相间的花边，形成主次有序的多层次布局。

北京式地毯的色彩古朴浑厚，常用绿、暗绿、绛红、驼色、月白等色。北京式地毯在整体色彩配置上，有正配（深底浅边）、反配（浅底深边）、素配（同类色相配）和彩配（不同色相的色彩系列相配）之分。

② 美术式地毯　美术式地毯突出美术图案，以写实与变化花草如月季、玫瑰、卷草、螺旋纹等为素材。美术式地毯的构图也是对称平稳的格律式，但比北京式地毯的风格自由飘逸。地毯中心常由一簇花卉构成椭圆形的图案，四周安排数层花环，外围毯边为两道或三道锦纹样，给人繁花似锦的感觉。

美术式地毯颇具有特色的是各式卷草纹样，这些流畅潇洒的卷草结合其他装饰图案构成基本格局的骨架，使毯面形成几个主要的装饰部位——中心花、环花与边花，在这些部分安排主体花草。地毯的边饰不像北京式那样单一的直线型，而是采用较为灵活自由的形式，以花草与变化图案相互穿插。因此，美术式地毯具有格局富于变化、花团锦簇、形态优雅的特点，带有较多中西结合的现代装饰趣味。

美术式地毯以类似水粉画的块面分色方法来表现花叶的色彩明暗层次，有较强的立体感和真实感。美术式地毯常以沉稳含蓄的驼色、墨绿、灰蓝、灰绿、深色为底色。花卉用色明艳，叶子与卷草则多采用暗绿、棕黄色调，总体色彩协调雅致，艳而不俗。地毯织成后，小花做一般的片剪，大花加彩花式地毯处理，花纹层次丰富，主次分明。

③ 彩花式地毯　彩花式地毯以自然写实的花枝、花簇，如牡丹、菊花、月季、松、竹、梅等为素材，运用国画的折枝手法做散点处理，自由均衡布局，没有外围边花。在地毯幅面内安排一两枝或三四枝折枝花，多以对角的形式相互呼应，毯面空灵疏朗，花清地明，具有中国画舒展恬静的风采。彩花式地毯构图灵活，富于变化，有时花繁叶茂，有时仅以零星小花点缀画面，有时也可添加一些变化图案，如回纹、云纹等，作为折枝花的陪衬，增加画面的层次和意趣。

彩花式地毯图案色彩自然柔和，明丽清新，花卉多采用色彩渐次变化的晕染技法处理，融合了写实风格的情趣和装饰风格的美感。彩花式地毯织成经片剪后更显得细腻传神，栩栩如生。

④ 素凸式地毯　素凸式地毯是一种花纹凸出的素色地毯，花纹与毯面同色，经过片剪后，花朵如同浮雕一般凸起。在构图形式上，素凸式地毯与彩花式地毯相仿，也是以折枝花或变形花草为素材，采用自由灵活的均衡格局，多呈对角放置，互为呼应。由于素凸式地毯花地一色，为使花纹明朗醒目，因此图案风格简练朴实。

素凸式地毯常用的色彩是玫瑰红、深红、墨绿、驼色、蓝色等。素凸式地毯花形立体层次感强，素雅大方，适宜多种环境铺设，是目前我国使用较广泛的一种地毯。

⑤ 东方式地毯　东方式地毯的图案题材、风格和格局与其他几种地毯有明显的区别。东方式地毯的纹样多取材波斯图案，各种树、叶、花、藤、鸟、动物经变化加工，并结合几何图案组成装饰感很强的花纹，具有十分浓郁的东方情调。东方式地毯通常以中心纹样与宽窄不同的边饰纹样相配，中心纹样可采用中心花加四个角花的适合纹样，也可采用缠枝花草自由连缀或重复排列。东方式地毯的布局严谨工整，花纹布满毯面。

东方式地毯色彩浑厚深沉，多为棕红、黄褐、灰绿色调。东方式地毯常以变化丰富的小花、枝叶构成一组组花纹，并以单线包边来表现图案的形态与结构，因此其图案显得精巧细致。

（4）按供应方式分类　按供应方式可分为以下几种：

① 满铺地毯　这种地毯的幅度一般在3.66~4m，满铺即指铺设在室内两墙之间的全部

地面上，铺设场所的室宽超过毯宽时，可以根据室内面积的条件进行裁剪拼接以达到满铺要求，地毯的底面可以直接与地面用胶黏合，也可以绷紧毯面使地毯与地面之间极少滑移，并且用钉子定位于四周的墙根的方法。满铺地毯一般用于居室、病房、会议室、办公室、大厅、客房、走廊等多种场合。

② 块状地毯　地毯外形呈长方形以块为计量单位，块毯多数是机织地毯，做工精细，花型图案复杂多彩，档次高的有一定艺术欣赏价值。块毯宽度一般不超过4m，而长度与宽度有适当的比例。块毯铺在地面上，但与地面并不胶合，可以任意、随时铺开或卷起存放。

花式方块地毯是由花色各不相同的小块地毯组成，它们可以拼成不同的图案。块状地毯铺设方便而灵活，位置可随时变动，这一方面给室内设计提供了更大的选择性，同时也可满足不同主人的情趣，而且磨损严重部位的地毯可随时调换，从而延长了地毯的使用寿命，达到既经济又美观的目的。在室内巧妙地铺设小块地毯，常常可以起到画龙点睛的效果。小块地毯可以破除大片灰色地面的单调感，还能使室内不同的功能区有所划分。门口毯、床前毯、道毯等均是块状地毯的成功应用，块毯除铺设外还可以作为壁毯挂在墙上，也可用作门前脚踏毯、电梯毯、艺术脚垫等。

③ 拼块毯　拼块毯也称地毯砖，其外形尺寸一般为500mm×500mm，也有450mm×450mm或者是长方形的。其毯面一般为簇绒类，背衬和中层衬布比较讲究。成品有一定硬挺度，铺设时可以与地面黏合，也可以直铺地面。拼块毯的结构稳定，美观大方，毯面可以印花或压成花纹，搬运、储藏和随地形拼装、成块更换拼装都十分方便，特别是高层建筑、轮船、机场、计算机房以及办公用房都很适合使用，近几年在国内市场上十分活跃。

2. 地毯的等级

根据地毯的内在质量、使用性能和适用场所将地毯分为6个等级。

① 轻度家用级：适用于不常使用的房间。

② 中度家用或轻度专业使用级：可用于主卧室和餐室等。

③ 一般家用或中度专业使用级：起居室、交通频繁部分楼梯、走廊等。

④ 重度家用或一般专业使用级：家中重度磨损的场所。

⑤ 重度专业使用级：家庭一般不用，用于客流量较大的公用场合。

⑥ 豪华级：通常其品质至少相当于3级以上，毛纤维加长，有一种豪华气派。

地毯作为室内陈设不仅具有实用价值，还具有美化环境的功能。地毯防潮、保暖、吸声与柔软舒适的特性，能给室内环境带来安适、温馨的气氛。在现代化的厅堂宾馆等大型建筑中，地毯已是不可缺少的实用装饰品。随着社会物质、文化水平的提高，地毯以其实用性与装饰性的和谐统一已步入一般家庭的居室之中。

（二）地毯的基本功能

1. 保暖、调节湿度的功能

地毯织物大多由保温性能良好的各种纤维织成，大面积地铺垫地毯可以减少室内通过地面散失的热量，阻断地面寒气的侵袭，使人感到温暖舒适。测试表明，在装有暖气的房内铺以地毯后，保暖值将比不铺地毯时增加12%左右。

地毯织物纤维之间的空隙具有良好的调节空气湿度的功能，当室内湿度较高时，它能吸收水分；室内较干燥时，空隙中的水分又会释放出来，使室内湿度得到一定的调节平衡，令人舒爽怡然。

2. 吸声功能

地毯的丰厚质地与毛绒簇立的表面具备良好的吸声效果，并能适当降低噪声影响。由于地毯吸收音响后，减少了声音的多次反射，从而改善了听声清晰程度，故室内的收录音机等音响设备，其效果更为丰满悦耳。此外，在室内走动时的脚步声也会消失，减少了周围杂乱的音响干扰，有利于形成一个宁静的居室环境。

3. 舒适功能

人们在硬质地面上行走时，脚掌着力于地以及地面的反作用力，使人感觉不舒适并容易疲劳。铺垫地毯后，由于地毯为富有弹性纤维的织物，有丰满、厚实、松软的质地，所以在上面行走时会产生较好的回弹力，令人步履轻快，感觉舒适柔软，有利于消除疲劳和紧张。

在现代居室中，由于钢材、水泥、玻璃等建筑材料的性质生硬与冷漠，使人们十分注意如何改变它们，以追求触觉与视觉的柔软感和舒适度。地毯的铺垫给人们以温馨的感觉，对营造室内环境起着极为重要的作用。

4. 美化功能

地毯质地丰满，外观华美，铺设后地面显得端庄富丽，能获得极好的装饰效果。生硬平板的地面一旦铺了地毯便会满室生辉，令人精神愉悦，给人一种美感的享受。

地毯在室内空间中所占面积较大，决定了居室装饰风格的基调。选用不同花纹、不同色彩的地毯，能造成各具特色的环境气氛。大型厅堂的庄严热烈，学馆会室的宁静优雅，家居房舍的亲切温暖，地毯在这些不同居室气氛的环境中扮演了举足轻重的角色。

（三）地毯的主要性能要求

地毯既是一种铺地材料，也是一种装饰织物，因此对地毯织物的性能要求就兼具这两方面的内容。

1. 坚牢度

地毯需承受的压力很大，家具器物的压置，人们频繁走动时的踩踏，使纤维常处于疲劳状态，因此要求地毯具有良好的耐磨、耐压性能。绒头需有较好的回弹力及较高的密度，不易倒伏。日常清洁地毯灰尘多数用吸尘器等电动机具吸附，因此地毯的纤维和组织结构编结都需具有一定的牢度，不易脱绒。

地毯长时间暴露于空气中，因光的作用尤其是阳光的照晒，色泽会受影响，所以在纤维色牢度方面也有一定的标准和要求。

2. 保暖性

地毯的保暖性能是由它的厚度、密度以及绒面使用的纤维类型来决定的。地毯由无数簇立的绒头或绒圈形成厚实柔软的绒面，绒头、绒圈长而密，蓬松度好的地毯保暖性尤佳。在选用纤维时要考虑其保暖性，合成纤维的保暖性一般都优于天然纤维，而天然纤维中羊毛又优于蚕丝、麻。此外，地毯的保暖性同地毯下面有否衬垫物以及衬垫的结构也有很大关系，故使用衬垫物能加强地毯的保暖性能。

3. 舒适性

地毯的舒适性主要指行走时的脚感舒适性。这里包括纤维的性能、绒面的柔软性、弹性和丰满度。天然纤维在脚感舒适性方面比合成纤维好，尤其是羊毛纤维，柔软而有弹性，举步舒爽轻快。化纤地毯一般都有脚感发滞的缺陷。绒面高度在 10～30mm 的地毯柔软性与弹性较好，丰满而不失力度，行走脚感舒适。绒面太短虽耐久性好，步行容易，但缺乏松软弹性，脚感欠佳。

4. 吸声隔声性

地毯需具有良好的吸声、隔声性能，这就要求在确定纤维原料、毯面厚度与密度时进行认真的选择，考虑吸声率的大小，以满足不同环境需达到的吸声、隔声性能要求。剧院、大型会议厅等场所十分注重声响质量，力求避免噪声侵扰，对地毯的吸声、隔声性能要求较高，一般居家使用则适当掌握即可。

5. 抗污性

地毯使用时呈大面积暴露状态，人们经常行走其上，休憩其间，尘埃杂物极易污损地毯，因此要求地毯有不易污染、易去污清洗的性能。家庭居室使用的地毯更需耐污，并便于进行日常清扫。

地毯还需具备较好抗菌、抗霉变、抗虫蛀的性能，尤其是以羊毛纤维编织的地毯，在温度、湿度较高的环境中使用，极易霉蛀，因此需进行防蛀性处理，以确保地毯的良好性能与使用寿命。

6. 安全性

地毯的安全性包括抗静电性与阻燃性两个方面。

人们在地毯上行走时，鞋底与绒面摩擦后易产生静电，一旦手指与金属物体接触，会有一种轻微的电击感。静电也使毯面绒头易于沾尘，并产生缠脚的感觉，这对化纤地毯来说尤为明显。为此目前正在研究抗静电的一些方法，如在绒头纤维中混入金属纤维、碳素与导电性纤维材料，或将极细微的炭黑混入地毯背面的胶剂内，这样可防止、减轻静电的产生。

现代的地毯需具有阻燃性，燃烧时低发烟并无毒气。目前纯毛地毯阻燃性较好，而合成纤维制作的地毯都极易燃烧熔化。改善合成纤维地毯阻燃性能所采取的方法是在合成纤维生产过程中的聚合体阶段，使与具有阻燃性的共聚物反应，然后纺丝，这种方法在腈纶纤维生产中应用较多。在聚合体阶段添加阻燃剂，然后纺丝，这一方法在涤纶纤维生产中应用较多。上述两种方法均可提高合成纤维地毯的阻燃性能。

（四）地毯的主要技术性质

1. 耐磨性

地毯的耐磨性用耐磨次数来表示。即地毯在固定压力下磨至背衬露出所需的次数。耐磨次数愈多，表示耐磨性愈好。耐磨性的优劣与所用材质、绒毛长度及道数有关。耐磨性是反映地毯耐久性的重要指标。耐磨性与材质及绒毛长度的关系见表3-10。

表3-10　化纤地毯耐磨性

面层织造工艺及材料	绒毛长度/mm	耐磨次数/次
机织法	丙纶10	≥100000
机织法	腈纶10	7000
机织法	腈纶8	6400
机织法	腈纶6	6000
机织法	涤纶6	≥100000
机织法	羊毛8	2500

2. 弹性

地毯的弹性是指地毯经过一定次数的碰撞（动荷载）后厚度减少的百分率。由表3-11可见纯毛地毯的弹性好于化纤地毯，而丙纶地毯的弹性不及腈纶地毯。

表 3-11　地毯的弹性

地毯面层材料	碰撞后厚度损失百分率/%			
	500 次碰撞后	1000 次碰撞后	1500 次碰撞后	2000 次碰撞后
腈纶地毯	23	25	27	28
丙纶地毯	37	43	43	44
纯毛地毯	20	22	24	26
香港纯毛地毯	12	13	13	14
日本丙纶、锦纶地毯	13	23	23	25
英国"先驱者"腈纶地毯	14			

3. 剥离强度

剥离强度是衡量地毯面层与背衬复合强度的一项性能指标，也是衡量地毯复合后耐水性的指标。我国上海地区化纤地毯的干燥剥离强度在 0.1MPa 以上，超过了日本同类产品。表 3-12 是我国上海地区生产的化纤地毯与日本同类产品剥离强度的比较。

表 3-12　化纤地毯的剥离强度

面层织造工艺及材料	剥离强度（干）/(N/cm)	剥离强度（湿$_1$）/(N/cm)	剥离强度（湿$_2$）/(N/cm)
簇绒法　丙纶（横向）	11.1	>7	>10
簇绒法　腈纶（横向）	11.2	>7	>10
机织法　丙纶（横向）	11.3	>7	>10
日本簇绒法　丙纶（横向）	10.8	1.7	7.3
日本簇绒法　锦纶（横向）	10.8	1.7	7.3

4. 黏合力

黏合力是衡量地毯绒毛固着在背衬上的牢固程度的指标。表 3-13 是上海地区生产的化纤地毯与同类产品黏合力指标的比较。

表 3-13　化纤地毯的黏合力

面层织造工艺及材料	黏合力/N
簇绒法　丙纶（无背衬）	5.6
簇绒法　丙纶（麻布背衬）	63.7
簇绒法　丙纶、腈纶（丙纶扁丝初级背衬,麻布次级背衬）	49.0
香港簇绒法　羊毛（刮胶附风格背衬）	57.6
日本簇绒法　丙纶、锦纶（麻布背衬）	51.5

5. 抗老化性

抗老化性主要是对化纤地毯而言。这是因为化学合成纤维在空气、光照等因素作用下会发生氧化，使性能下降。通常是用经紫外线照射一定时间后，化纤地毯的耐磨次数、弹性及色泽的变化情况加以评定。

6. 抗静电性

化纤地毯使用时易产生静电，吸尘和难清洗等问题，严重时，人有触电的感觉。因此化纤地毯生产时常掺入适量抗静电剂。抗静电性用表面电阻和静电压来表示。

7. 耐燃性

凡燃烧时间在 12min 以内，燃烧面积的直径在 17.96cm 以内的地毯，其耐燃性合格。不同地毯的耐燃性如表 3-14 所示。

表 3-14　地毯暴露于火源下的耐燃性

样品名称	燃烧时间	燃烧面积及形状	说明
机织法　腈纶地毯	108s	直径 3.0cm×2.0cm 的椭圆	
机织法　丙纶地毯	143s	直径 2.4cm 的圆	
机织法　涤纶地毯	104s	直径 3.1cm×2.4cm 的椭圆	合格
簇绒法　丙纶地毯	626s	直径 3.6cm 的圆	
日本簇绒法　丙纶、锦纶混纺地毯	140s	直径 2.8cm 的圆	

此外，化纤地毯还应具有一定的抗菌性，凡能经受常见细菌的侵蚀，不长菌或不霉变者认为合格。

不同纤维材料地毯的性能如表 3-15 所示。

表 3-15　不同纤维材料地毯的性能比较

特性＼材料	羊毛	蚕丝	黄麻	腈纶	锦纶	丙纶	涤纶
耐磨性	好	好	好	较好	好	较好	好
弹性	好	一般	一般	较差	一般	差	好
绒头强度（产生毛球难易）	不易起球	不易起球	不易起球	易产生毛绒、易起球	毛头易缠结	易产生毛绒、易起球	不易起球
耐污性	好	一般	好	较差	一般	差	好
去污性	好	一般	好	易去污	一般	一般	较差
带电性	不易带电	不易带电	不易带电	易带电	易带电	一般	易带电
燃烧性	不易燃烧	不易燃烧	不易燃烧	易燃熔化	易燃熔化	易燃熔化	易燃熔化
防蛀性	差（经防蛀加工后具有半永久防蛀性）	一般	好	好	好	好	好

8. 耐菌性

地毯作为地面覆盖物，在使用过程中，较易被虫、菌所侵蚀而引起霉烂，因此地毯还应具有一定的抗菌性。凡能经受 8 种常见霉菌和 5 种常见细菌的侵蚀而不长菌或不霉变的地毯就是合格的。

9. 有害物质释放量

地毯、地毯衬垫及地毯胶黏剂有害物质释放限量应分别符合 GB 18587—2001 中的相关规定，具体情况见表 3-16～表 3-18。A 级为环保型产品，B 级为有害物质释放限量合格产品。

（五）地毯的材料与绒面结构

1. 地毯的材料

制造地毯的材料可分为毯面材料、初级背衬、防松涂层、次级背衬及黏合剂。不同的地毯所用材料也不同。

表 3-16　地毯有害物质释放限量　　　　　单位：mg/(cm² · h)

序号	有害物质测试项目	限　量	
		A 级	B 级
1	总挥发性有机化合物	≤0.500	≤0.600
2	甲醛	≤0.050	≤0.050
3	苯乙烯	≤0.400	≤0.500
4	4-苯基环己烯	≤0.050	≤0.050

表 3-17　地毯衬垫有害物质释放限量　　　　单位：mg/(cm² · h)

序号	有害物质测试项目	限　量	
		A 级	B 级
1	总挥发性有机化合物	≤1.000	≤1.200
2	甲醛	≤0.050	≤0.050
3	苯乙烯	≤0.030	≤0.030
4	4-苯基环己烯	≤0.050	≤0.050

表 3-18　地毯胶黏剂有害物质释放限量　　　单位：mg/(cm² · h)

序号	有害物质测试项目	限　量	
		A 级	B 级
1	总挥发性有机化合物	≤10.000	≤12.000
2	甲醛	≤0.050	≤0.050
3	苯乙烯	≤3.000	≤3.500

（1）毯面纤维　用来生产地毯的毯面纤维如前所述，有尼龙、腈纶、丙纶、涤纶等。其中尼龙适宜匹染，有优良的抗磨性及良好的回弹性与织纹保持性，加工成本低，因而使用量最大。丙纶价格低，染色性差，用来制造长绒、紧拈细绒不行，只适用于毛圈结构，如针扎地毯。因此出现了混纺的毯面纤维，如尼龙与丙纶混纺的毯面纤维。

为了提高地毯的耐污染性和抗静电性，国外已使用异形空心纤维，或加入各种添加剂，如酯类、酰胺或胺类的多醚衍生物，甚至可混入很细的金属纤维来提高抗静电性。

由于聚丙烯纤维价格低，抗拉强度、湿强度、耐磨性都优良，所以只要其回弹性小和染色性差的缺陷能加以改进，它作为毯面纤维的潜力很大。

（2）初级背衬　初级背衬是各类地毯都具备的组成部分，其主要作用是对绒圈起固着作用，提供外形稳定性与加工适应性等。裁绒地毯还需要有次级背衬。

初级背衬以前用黄麻平织网，现多为聚丙烯背衬，它比黄麻便宜。聚丙烯背衬有机织和非机织两种。

机织地毯的初级背衬要求较高，目前主要仍使用黄麻和棉纤维，聚丙烯所占比例很小。

（3）防松涂层材料　针扎和裁绒地毯在针扎和裁绒于初级背衬上以后，还必须用防松涂层材料处理，使绒圈固定。针扎地毯一般用浸胶法，裁绒地毯则用背面涂胶法，使裁入的绒圈在背面固定。

常用的防松涂层材料为丁苯乳胶，含固量 50%～70%。如加入发泡剂，成为泡沫丁苯乳胶，这种发泡丁苯乳胶可代替次级背衬黄麻。此外，还有机械发泡的 PVC 糊、PU 等作为防松涂层材料，其中PU可在室温下发泡固化，因此不需烘箱等加热设备，但价格较高。

（4）次级背衬　次级背衬一般用于栽绒地毯中，即在涂布防松涂层时复合一层底层，使地毯外形更稳定。次级背衬仍以黄麻为主，如果用发泡防松涂层材料，如丁苯泡沫乳胶，则可以代替黄麻布。

2. 地毯的绒面结构

地毯的绒面结构分割绒与绒圈两类。制造方法相同的地毯只要绒面结构不同，其外观和手感就有很大区别。单色地毯若在绒面结构、绒面高度上加以变化，也会出现别致而含蓄的图案效果。

（1）割绒地毯　割绒地毯的绒面结构呈绒头状，绒面细腻，触感柔软，绒毛长度一般在5～30mm。绒毛短的地毯耐久性好，步行轻捷，实用性强，但缺乏豪华感，舒适弹性感也较差。绒毛长的地毯柔软丰满，弹性与保暖性好，脚感舒适，具有华美的风格。

（2）绒圈地毯　绒圈地毯的绒面由保持一定高度的绒圈组成，它具有绒圈整齐均匀，毯面硬度适中而光滑，行走舒适，耐磨性好，容易清扫的特点，适用于步行量较多的地方铺设。若在绒圈高度上进行变化，或将部分绒圈加以割绒，就可显示出图案，花纹含蓄大方，风格优雅。

（六）地毯的保养

地毯在使用过程中应注意以下几点：

① 暂时不用的地毯，应沿顺毛方向卷起来，存放于阴冷干燥处。打卷时应做到毯边齐整，不得出现螺丝状边缘。同时撒放防虫药物，并用防潮物品包裹，以防受潮或被污染。

② 在地毯上放置家具时，接触地毯的部分最好用垫片隔离，以减轻对毯面的压力，避免产生变形。

③ 铺设地毯应尽量避免阳光直射。使用过程中，不得沾染油污、酸性物质、茶渍等。如有沾污，应及时清除。

④ 使用过程中，应做好经常性的清扫除尘工作，最好每天用吸尘器沿着顺行方向轻轻清扫一遍。所使用的清洁工具不得带有齿状或边缘粗糙，以免损坏地毯。

⑤ 地毯如出现局部虫蛀或磨损，应由专业人员及时修复。

二、地毯的选购

（一）地毯的原料

选择地毯时首先应该根据每个家庭的消费水平选择不同档次的地毯。上乘的材料是优质品质的保证。购买地毯时，最简单的办法就是从地毯上取下几根绒线，点燃后根据燃烧情况及发出的气味，鉴别地毯的材质。

纯毛燃烧时无火焰，冒烟、起泡、有臭味，灰烬多呈有光泽的黑色固体，用手指轻轻一压就碎。锦纶燃烧时也无火焰，纤维迅速卷缩，熔融成胶状物，冷却后成坚韧的褐色硬球，不易研碎，有淡淡的芹菜气味。丙纶在燃烧时有黄色火焰，纤维迅速卷缩、熔融，几乎无灰烬，冷却后成不易研碎的硬块。腈纶点燃时纤维先收缩、熔融，然后再燃烧，火焰呈黄白色，很亮，无烟，灰烬为黑色硬块，能用手指压碎。通过以上方法，很容易鉴别出材质的种类。看好地毯原料的同时，还应考虑到四防（即防污染、防静声、防霉、防蛀）、二耐（即耐磨损、耐腐蚀）。

（二）制作工艺

目前世界各地编结手工地毯的技术各不相同，但选购的原理很简单，查看地毯的背面是否结实紧密,传统的打结方法如 8 字扣、土耳其扣等是使毯面结实紧密、耐久耐用的最好保障。地毯表面的毛越细密,地毯的弹性越好,抗污染性越强。检查地毯的背面,如果经线纬线十分整齐紧密平整,表明地毯的制作工艺精良。

无论选择何种质地的地毯,优等地毯外观质量都要求毯面无破损,无污渍,无褶皱,色差、条痕及修补痕迹均不明显,毯边无弯折。选择化纤地毯时,还应观其背面,毯背不脱衬、不渗胶。

地毯的品质,除了纤维的特性和加工处理外,与毛绒纤维的密度、重量、搓捻方法都有很大关系。毛绒越密越厚,单位面积毛绒的重量越重,地毯的质地和外观就能保持得好,基本上,短毛而密织的地毯是较为耐用的。

检查一般短毛地毯的密度和弹性主要有两种方法。

可利用拇指按在地毯上,按完后迅速恢复原状的,表示织绒密度和弹性都较好;或是把地毯折曲,越难看见底垫的,表示毛绒织得越密,比较耐用。对于绒毛的含量,则可看标签上说明。

（三）地毯主要质量指标及数据

第一是耐磨性,通常用地毯在固定压力下磨到背衬露出所需的次数表示。耐磨性能高低与所用材质、绒毛长度、纺织道数多少有关,一般机织纯毛地毯在 2500 次以上,化纤与混纺地毯在 5000~10000 次。第二是弹性,是指地毯经过一定次数的动荷载碰撞后,厚度减少的百分率,弹性最好的是纯毛地毯,其次是腈纶地毯,再次是锦纶和丙纶地毯。第三是剥离强度,是指地毯的面层与背衬之间复合强度的大小。由于检测时分为干湿两种状态,因此这项指标也反映了地毯的耐水能力。反映地毯质量的还有粘接力、抗老化性、耐燃性、抗静电性和耐菌性等。

（四）整体装饰效果

注意与室内的环境氛围、装饰格调、色彩效果、家具样式、墙面、灯具款式等相和谐。目前,市场上地毯主要有现代风格、东方风格、欧洲风格等几类款式。

现代风格的地毯,以几何图案、花卉图案、风景图案为主,适合与组合式、拼装式的各式家具协调搭配,具有现代装饰的韵味和与快节奏生活方式相吻合的格调。在与家具的深浅对比和色彩对比上,基本上能形成有机的和谐,并有较好的抽象效果和居家氛围。

东方风格的地毯,多与传统的中式家居中的厅堂、家具相搭配,尤以明清家具、仿古家具、红木家具相配,更显典雅、古朴和浑厚。对地毯的要求,则以装饰性强、图案优美、民族地域特色浓郁者为佳。目前市面上的"梅兰竹菊"、"岁寒三友"、"五福图"、"平安吉祥"等风格的地毯均可选择,体现传统文化氛围。

欧洲风格的地毯,以欧式家具、织物、建筑、风景、浮雕等构成感强、线条流畅、节奏感轻快、质地淳厚的画面为主,非常适合与进口家具等西方现代风格的各式家具相配套,具有强烈的西式家庭独特、温馨的意境和不凡的效果,典雅时髦。

（五）地毯规格、尺寸

地毯规格、尺寸的选择也应与房间的功能相适应。通常卧室陈设比较简单,可采用满铺地毯。饭厅采用单张地毯,而且能覆盖 90% 的面积。在人们走动较多的地方可铺设方块地毯（常用尺寸 500mm×500mm）。选购满铺地毯的用量,应考虑剪裁与拼接的损耗,所以在选购时,在房间铺地实际面积的基础上,再加 8%、12% 的损耗量。如果在楼梯上铺地毯,其选购量应在楼梯的面积基础上,再乘以 1.52 的系数,即为选购地毯的面积。

本章小结

本章详细介绍装饰中常用的地板、地面石材、地毯、地面砖几种材料，装修中常用地板的种类及特点、地面石材的性能与应用、地毯的功能及技术性质指标、地面砖的种类等，要求能够概括不同空间、功能的需要，合理地选择地面材料。

复习思考题

1. 常用的木地板有哪些种类？各有何特点，主要应用在哪些方面的装修工程中。

2. 按地毯的使用场所不同，地毯可分为哪几个等级？

3. 地毯应具有哪些性能？用来衡量地毯性能的技术性质指标有哪些？

4. 为什么通体抛光砖的吸水率远小于普通釉面陶瓷地砖，但防污性能却不如普通釉面陶瓷地砖？

5. 天然大理石、花岗石有哪些用途？

6. 为什么大理石不宜用于室外？

7. 人造石材用于地面装饰时应注意哪些问题？

实训练习

1. 在样本室或装饰材料市场认知辨认地毯、地板、地砖、石材样本，学会辨别不同种类的地毯、地板、地砖、石材及其适合装饰的部位。

2. 到装饰材料市场进行调查，了解地毯、地板、地砖、石材的品种、销售情况，掌握本地区上述材料的使用情况。

3. 学生分组根据老师提供的室内装饰设计的环境及功能要求，提出不同部位的地毯、地板、地砖、石材的选择方案，各组讨论各自提出选择方案的理由，并比较各方案的合理及适用性。

第四章

厨房装饰材料及电器的识别与选购

厨房在家庭的日常生活中是必不可少的，有人做过统计，它的使用时间几乎占整个住宅使用时间的1/3。厨房是饮食文化的重要组成部分，所有人都希望自己装饰后的厨房是最漂亮和最实用的。但是厨房里的物品繁杂，加上油烟、灰尘、污垢的影响，厨房往往是整个居室中最脏、最乱的空间。其实，只要对厨房进行必要的调理归整，或是对陈旧的厨房进行改造装修，厨房是同样可以装饰美化好的。为了把人们从烦琐费时的厨房家务劳动中解放出来，越来越多的家庭都乐于把钱花在厨房的装修和添置餐厨设备上，以使厨房变得舒适、明亮、整洁、美观。

目前，大多数住宅内的厨房面积较小，故厨房设备数量和操作流程的安排，一般取决于厨房形状尺寸和使用要求，只要在橱柜、工作台、水槽、燃气灶具等方面做好选择，就能达到很好的使用效果。

第一节　橱柜板材的识别与选购

一、耐火板的识别与选购

耐火板台面，俗称防火板台面。它的基材是密度板，表层是防火材料和装饰贴面。使用于橱柜台面的耐火板贴面通常以进口为主，通常采用平面加压、加温、粘贴工艺。

（一）耐火板的识别

耐火板的学名为热固性树脂浸渍纸高压层积板，是采用硅质材料或钙质材料为主要原料，与一定比例的纤维材料、轻质骨料、黏合剂和化学添加剂混合，经蒸压技术制成的装饰

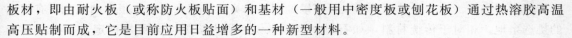

板材，即由耐火板（或称防火板贴面）和基材（一般用中密度板或刨花板）通过热溶胶高温高压贴制而成，它是目前应用日益增多的一种新型材料。

耐火板的厚度一般为 0.8mm、1mm 和 1.2mm。

1. 耐火板的特性

（1）保温隔热〔热导率 0.11W/(m·K)〕 其保温、隔热性是玻璃的六倍，黏土的三倍，普通混凝土的十倍。

（2）轻质高强（相对密度 0.5） 为普通混凝土的 1/4、黏土砖的 1/3，比水还轻，与木材相当；立方体抗压强度≥4MPa。特别是在钢结构工程中采用 ALC 板作为围护结构，更能发挥其自重轻、强度高、延性好、抗震能力强的优越性。

（3）耐火、阻燃（墙板材 4h 耐火） 加气混凝土为无机物，不会燃烧，而且在高温下也不会产生有害气体；同时，加气混凝土热导率很小，这使得热迁移慢，能有效抵制火灾，并保护其结构不受火灾影响。

（4）可加工 可锯、可钻、可磨、可钉，更容易地体现设计意图。

（5）吸声、隔声 以其厚度不同可降低 30～50dB 噪声。

（6）承载能力 风荷载、雪荷载及动荷载。

（7）耐久性好 耐火板是一种硅酸盐材料，不存在老化问题，也不易风化，是一种耐久的建筑材料，其正常使用寿命完全可以和各类永久性建筑物的寿命相匹配。

（8）绿色环保材料 耐火板没有放射性，也没有有害物质逸出。加气混凝土防火板优越性：在生产过程中，没有污染和危险废物产生。使用时，也绝没有放射性物质和有害气体产生，即使在高温下和火灾中。各个独立的微气泡，使加气混凝土产品具有一定的抗渗性，可防止水和气体的渗透。

（9）经济 能增加使用面积，降低地基造价，缩短建设工期，减小暖气、空调成本，达到节能效果。

（10）施工方便 加气混凝土产品尺寸准确、重量轻，可大大地减少人力物力投入。板材在安装时多采用干式施工法，工艺简便、效率高，可有效地缩短建设工期。

2. 耐火板的特点

优点：色泽鲜艳、耐磨、耐刮、耐高温性能较好，给人以焕然一新的感觉，且橱柜台面高低一致，辅以嵌入式煤气灶，增加了美感。价格也为普通消费者所接受，一般 300～600 元/m²。

缺点：切断后暴露的断面部位，用耐火板贴面、PVC 贴面、金属条封边来掩盖断面木质基材，在转角台面拼接的接合部，缺乏有效的处理手段，通常采用硅胶黏合、塑料和专用金属嵌入以增加美观。

此外，耐火板和天然石材一样存在长度的限制，断面部位的接合很困难，不管用硅胶粘连还是用金属条嵌缝，都无法实现整体完美的无缝拼接。这些缝隙自然就是细菌污物的"温床"了。

台面易被水和潮湿侵蚀，使用不当，会导致脱胶、变形、基材膨胀等后果。

（二）耐火板的选择

耐火板因其色泽艳丽，花样选择多、耐磨、耐高温、易清洁、防水、防潮等特性，已成为橱柜市场的主导产品，并被越来越多的家庭选择和接受。耐火板可以在很多地方应用，比如台面、家具的表面、楼梯的踏步等。选用的时候，可根据自己房间的尺寸和花色要求，由生产商进行加工。由于是贴面，耐火板可以处理得很灵活，因此也会有很多的花色，有很大的挑选余地。相对于传统材料，如石材、木板来说，耐火板的性能更加稳定，不会发生变色、裂纹、透水等问题。

因为耐火板使用时是与其他的板材贴压在一起的，贴压的紧密程度决定了它在日常生活中是不是能够防止渗水，尤其是在做台面的时候，与水接触的机会不会少，但是，如果在安装水槽或灶台时，在边角缝隙处加装防水胶条，或者设计出排水槽，这个问题就可以解决。

劣质耐火板直接影响橱柜的品质，在购买整体橱柜时，消费者一定要关注橱柜厂家所使用的耐火板是否为合格产品。最简单的方法是要指定厂家使用知名品牌的耐火板，并把要求注明在合同中，以省去不必要的麻烦。劣质耐火板有以下几种特征：色泽不均匀、易碎裂爆口、花色简单，另外，它的耐热、耐酸碱度、耐磨程度也相应较差。

此外在选择耐火橱柜板时，还应注意以下几个方面。

首先要选择优质的耐火板，要求耐火板图案清晰透彻、效果逼真、立体感强；没有色差；表面平整光滑、耐磨。其次要求它有优良的基材板，如基材板是密度板，要看甲醛含量是否超标；如是木工板，要没有缝隙；并且表面要平整光滑、密实度较好。此外特别要注意看耐火板是否变形。

二、吸塑板的识别与选购

吸塑板即 PVC 板，也称高分子聚合物，在国外称为无缺损板材，里外双贴，不渗油、不渗水，耐划伤。基材为密度板，表面经真空吸塑而成或采用一次无缝 PVC 膜压成型工艺，是很成熟的橱柜材料，使用方便，是非常适宜百姓生活中使用的一种橱柜板材。门板在正常尺寸下无需封边，防水、防潮、硬度及柔韧性好。

（一）吸塑板的识别

吸塑板是一种无定形、无臭、无毒、高度透明的无色或微黄色热塑性工程塑料，具有优良的物理机械性能，尤其是耐冲击性优异，拉伸强度、弯曲强度、压缩强度高；变形性小，尺寸稳定；具有良好的耐热性和耐低温性，在较宽的温度范围内具有稳定的力学性能，尺寸稳定性，电性能和阻燃性，可在 $-60\sim120℃$ 下长期使用；无明显熔点，在 $220\sim230℃$ 呈熔融状态；由于分子链刚性大，树脂熔体黏度大；吸水率小，收缩率小，尺寸精度高，尺寸稳定性好，薄膜透气性小；属自熄性材料；对光稳定，但不耐紫外线，耐候性好；耐油、耐酸，不耐强碱、氧化性酸及胺、酮类，溶于氯化烃类和芳香族溶剂，长期在水中易引起水解和开裂。缺点是因抗疲劳强度差，容易产生应力开裂，抗溶剂性差，耐磨性欠佳。

1. 吸塑板的优点

吸塑型门板色彩丰富，木纹逼真，单色色度纯艳，吸塑板作为新型绿色环保材料，凭借其质轻、表面光泽、阻燃、耐热、防潮、防水、保温、隔声、减震、抗静电、不开裂、不变形、耐污、防褪色，成为最成熟的橱柜材料，并且日常维护简单。因此已经广泛应用于广告装饰、室内装修、汽车内饰、冰箱衬里、家电类外壳、移动板房门、移动厕所门以及日用品、化妆品、体育用品、汽车用品、电子产品、玩具等的吸塑包装等领域。

由于经过吸塑模压后能将门板四边封住成为一体，也不需要封边，解决了很多橱柜板材年久开胶和易受水浸蚀等问题，所以国外称之为无缺损板材。

吸塑板的优势是抗磨程度高，可以直接用钢丝球清洗，不会使表面产生划痕和褪色。

2. 吸塑板的缺点

由于表面是 PVC 膜，所以耐高温的性能较差，即使是一个小烟头也会让表面的膜破损，因此使用寿命相对较短。

吸塑门板是欧洲非常成熟也非常流行的一种橱柜材料，它分亚光模压板和高光模压板两大类，可加工成各种形状。面模有国产、进口之分，进口一般由德国、韩国进口。进口产品和国内产品的区别在于面模的厚薄及耐磨性。高光模压门板是真正代替烤漆门板的一种最新材料，面模目前以德国进口的最好，价格也高。国产的板材与韩国的价格相对较低，吸塑门板适合喜欢田园风格和欧式装修风格的人群。

（二）吸塑板的选购

判断吸塑板的质量主要从材料选择和制作工艺两方面着手。

1. 材料选择

高质量的吸塑板具有以下几个特点：透光均匀，厚度统一；色彩稳定，一般使用 3～4 年不会褪色；表面光洁度好，自洁能力强。

2. 制作工艺

面板平整度，吸塑起鼓部分是否流畅，接拼缝的残胶处理是否清洁。

三、烤漆板的识别与选购

烤漆板是以密度板为基材，表面经过 6～9 次打磨（不同的厂家次数不同，次数越多工艺要求越高，成本也就越高），上底漆，烘干，抛光（三底、二面、一光）高温烤制而成，目前主要用于橱柜、房门等。

（一）烤漆板的识别

1. 烤漆板的特点

烤漆板的优点是色泽鲜艳易于造型，具有很强的视觉冲击力，美观时尚且防水性能极佳，抗污能力强，易清理，对增大厨房的空间有一定作用。缺点是生产周期太长，工艺水平要求高，废品率高，所以价格居高不下；使用时也要精心呵护，避免磕碰和划痕，一旦出现损坏就很难修补，要整体更换；在油烟较多的厨房中使用易出现色差。比较适合对橱柜外观和品质要求比较高，并且追求时尚的年轻消费者。

烤漆板一般分为亮光烤漆板、亚光烤漆板及金属烤漆板三种。

2. 烤漆板的工艺流程

烤漆板的工艺流程如下：中密度纤维板开料→中密度纤维板面上造型，做成各式花型或不做花型→打木磨，用砂纸打光滑→刷封闭底→打磨→喷底漆→进烤房→打磨→喷色漆→进烤房→打磨→喷面漆，照亮→进烤房→打水磨→进口蜡进行抛光→成品完工。

（二）烤漆板的选购

1. 表面质量

选购时要看烤漆板的表面质量，光滑平整，厚薄匀称，手感舒适，有光泽，涂膜丰满，无划痕，无变色，褪色现象，表面涂膜无裂纹的烤漆板质量较高。

2. 是否环保

选购烤漆板时还要看其有害气体释放量是否符合国家标准，尤其是胶水释放的游离甲醛是否超标。对于这些专业性太强的技术问题，绝大多数消费者可能都不懂，也无法测定，可采取简单方法进行判断。

一般劣质橱柜和家具的味特别大，这主要是选用了甲醛超标的基材制作，所以消费者购买烤漆板的时候，要闻闻其基材是否有刺鼻的气味。

3. 要选购正规厂家生产的品牌产品

目前，橱柜行业竞争激烈，鱼龙混杂。品牌产品及专卖店经营的产品可以保证较好的售后服务，对质量是一种保证。

4. 烤漆板选购禁忌

（1）不要以单价进行比较，订购价格较低的产品　有些消费者选购橱柜的时候喜欢单纯地问烤漆门板的价格，而忽略其他组成材料及配件的品牌、质量与价格。如台面材料的品牌及价格，柜身、门铰链、拉手、封边等材料、配件的品牌、质量与价格。

另外，即使是同一种类的门板，因生产厂家、品牌的不同，其质量、价格也有较大差异。有些不法商家正是利用模糊的报价、计价方式，低价倾销低劣产品。因此，选购整体橱柜不要只贪低价，还要明确材料和配件的品牌、价格等情况。

（2）不要贪图便宜　挑选板材最好到正规的市场购买，正规市场的进货渠道比较有保障，并应购买有品牌的材料。

一般低价出售的材料，通常都是粗制滥造或甲醛严重超标的材料，由于木料是家庭装修中的主材，购买数量较多，在购买时要谨慎，最好带着有经验的人或专业采购人员前往。

第二节　橱柜台面与水龙头的识别与选购

一、人造石台面的识别与选购

人造石台面是一种复合材料，是用不饱和聚酯树脂与填料、颜料混合，加入少量引发剂，经一定的加工程序制成的，在制造过程中配以不同的色料可制成具有色彩艳丽、光泽如玉，酷似天然大理石的制品。因其具有无毒性、无放射性、阻燃性、不沾油、不渗污、抗菌防霉、耐磨、耐冲击、易保养、拼接无缝、任意造型等优点，成为装修建材市场上的新宠。

（一）人造石的识别

1. 人造石的种类

人造石台面可分为亚克力人造石、铝粉聚酯人造石、钙粉聚酯人造石。

（1）亚克力人造石　包括纯亚克力人造石、复合亚克力人造石。其优点是无毒无味、加工性好，不易断裂，采用高档或进口颜料，目视颜色清纯、自然、有质感，大型进口设备流水线生产，批次色差较小，材质颗粒细腻，手摸有丝质感，耐紫外线性能好，长期使用不褪色。

① 亚克力人造石　以聚甲基丙烯酸甲酯为基体，以超细氢氧化铝为填料。不含树脂，仅有甲基丙烯酸甲酯。该石材具有更高的硬度，更好的韧性，在温差大的情况下不会产生自然开裂。

亚克力人造石的主要原料有甲基丙烯酸甲酯（MMA）33%、氢氧化铝65%、其他材料占2%左右（视不同颜色而定）。

② 复合亚克力人造石　复合亚克力人造石是以优质不饱和树脂和MMA改性树脂基体和矿物填料经过特殊工艺聚合而成。相对于常见的普通人造石板材，具有高韧性、可以经受较大的温差而不易开裂变形的特点。同时表面质感更细腻、光泽度高，色泽明亮，无毒无辐射，颗粒层次感强，价格适中。

复合亚克力人造石有如下特点：

a. 高韧性，不易开裂变形　拉伸、弯曲冲击等物理性能高于普通人造石20%以上，特别具高韧性、不易开裂变形。

b. 环保无毒、无辐射　采用纯净优质矿粉作为填料，全部产品无毒，且通过无毒性检验。不会对人体产生有害辐射作用。

c. 阻燃性极佳、耐化学腐蚀、耐污染　复合亚克力板氧指数达 41%，阻燃性极佳，同时耐化学腐蚀、耐污染性均优于普通人造石台面，是厨房台面更理想的选择。

d. 加工性能比普通板更好　加工顺畅，加工过程中灰尘少；可作为异形结构加工，特别是弯曲加工，性能远优于普通板；相同的砂磨、抛光操作，复合亚克力表面光泽度更好，能保持更长久。

e. 质感更细腻、光泽度更好、色泽更明亮　从外观看，复合亚克力板材质感更细腻，光泽度更好，色泽更明亮，颗粒有层次感，质地透明、清晰、手感爽滑。

（2）铝粉聚酯人造石

以不饱和聚酯树脂为黏合剂，填充 ATH 聚合而成的人造石，俗称铝粉板。

优质的树脂板配比：优质树脂 33%、氢氧化铝及颗粒 65%、其他材料占 2% 左右（视不同颜色而定）。成分：优质树脂＋氢氧化铝＋矿物颜料颗粒。

优点：无毒无味、加工性好，无放射性，不易断裂，采用高档或进口颜料，目视颜色清纯、自然、有质感，大型进口设备流水线生产，品质稳定，批次色差较小，材质颗粒细腻，手摸有丝质感，耐紫外线性能好，长期使用不褪色。耐油污，不开裂，防火阻燃。

2. 人造石的特点

（1）优点　人造石材具有耐磨、耐酸、耐高温，抗冲、抗压、抗折、抗渗透的功能。其变形、黏合、转弯等部位的处理有独到之处；花色丰富，整体成型，并可反复打磨翻新。抗污力强，因为表面没有孔隙，油污、水渍不易渗入其中，一般性的污渍可用湿布或清洁剂擦去；可任意长度无缝粘接，同材质的胶黏剂将两块粘接后打磨，浑然一体，接缝处毫无痕迹。

（2）缺点　自然性显然不足，纹理相对较假；价格较高，即使是无缝人造石也经不起金属等锐器"刻划"。并且因其加工工艺的不同，质量也分三六九等，因此在选择上一定要挑信誉比较好、服务有保证的品牌。

3. 人造石使用的注意事项

（1）不要将高温物体直接或长久搁放在人造石台面上　直接从灶台或烤箱、微波炉中取下来的热锅、热壶或者其他温度过高的用具等，有可能会给人造石表面带来损害，这时需要使用带橡皮脚的锅支座，或在台面上放一块隔热垫。

（2）绝对不要将人造石台面作为切菜板使用，切菜时请垫上切菜板　虽然人造石台面坚实耐用，但如果将人造石台面作为切菜板使用也会留下不美观的划痕，且会钝刀口；如果不慎留下刀痕，可以根据刀痕的深浅，采用 180～400 目砂纸轻擦表面，再用百洁布处理一遍。

（3）人造石台面表面尽量保持干燥　因为水中含有大量的漂白剂和水垢，停留时间过久后，会使台面颜色变浅，影响美观，若发生此现象，请用 600～1200 目水磨砂纸擦拭。

（4）严防烈性化学品接触人造石表面　人造石具有持久抗伤害能力，但仍需避免与烈性化学品接触，例如金属清洗剂、炉灶清洗剂。因此不要接触亚甲基氯化物、丙酮（去指甲油剂）、强酸清洗剂；若不慎与以上物品接触，立即用大量肥皂水冲洗人造石表面；若沾上指甲油请用不含丙酮的清洗剂（如天那水、酒精），再用水冲；此外不要让过重或尖锐物体直接冲击表面；也不要用冷水冲洗后马上再开水烫。

4. 保养与维护

去除多数污迹和脏物可以用肥皂水或含氨水成分的清洁剂清洗；要除去水垢，则用湿抹布将水垢除去再用干抹布擦净。去刀痕、灼痕及刮伤时，如果台面光洁度要求是亚光时，用400～600目砂纸磨光直到刀痕消失，再用清洁剂和百洁布恢复原状；如果台面光洁度要求是镜面，先用800～1200目砂纸磨光，然后使用抛光蜡和羊毛抛光圈以1500～2000r/min低速抛光机抛光，再用干净的棉布清洁台面。

5. 人造石的用途

（1）普通台面　橱柜台面、卫生间台面、窗台、餐台、商业台、接待柜台、写字台、电脑台、酒吧台等。

人造石兼备大理石的天然质感和坚固的质地，陶瓷的光洁细腻和木材的易于加工性。它的运用和推广，标志着装饰艺术从天然石材时代，进入了一个崭新的人造石石材新时代。

（2）医院台面、实验室台面　人造石耐酸碱性优异，易清洁打理，无缝隙细菌无处藏身，而被广泛应用于医院台面和实验室台面等重要场合，满足对无菌环境的要求。

6. 人造石用作橱柜台面时应注意的问题

① 人造石用于橱柜台面时柜体上方一定要有不低于1.5cm厚的箱体板垫层。

② 人造石台面下挡水一定要加双层人造石，且要粘接牢固、均匀，粘接面平整，满涂粘接胶，以使台面达到整体强度，不易断裂。

③ 人造石橱柜台面挖灶台孔和水盆孔后，锯口一定要用砂纸精磨，达到光滑无钝口，并在开口处下方外侧加筋骨，以增强其强度。安装时灶台口内侧及周边一定要加锡箔隔热层，以增强灶台的隔热效果。

④ 将台上灶直接放在人造石台面上时，因其有往下喷火的可能，将导致台面老化、迸裂，缩短台面使用寿命，所以，一定要在灶台底部放置木板隔热层进行隔热处理。

⑤ 温度较低时，不要在一个地方持续打磨，防止局部升温迸裂台面。

（二）人造石的选购

1. 简单易操作的识别优劣人造石的方法

见表4-1。

表4-1　识别不同质量人造石的方法

性能	优质产品	劣质产品	简易鉴别方法
外观	颗粒分布均匀,无毛细孔	颗粒分布不均匀,有毛细孔	在充足的光线下,以45°角观察
色泽	晶莹、纯正、细腻	因掺有碳酸钙或使用劣质的含重金属,导致灰暗、不细腻、光亮不自然,使用时会对人体产生危害	充足的光线下,用肉眼观察
硬度或耐磨性	硬度大于硬质塑料	硬度达不到标准	尖锐的硬质塑料摩擦表面,是否有痕迹
尺寸稳定性	常温下不自然变形或收缩	会变形	成品台面用一上段时间才能察觉到,此种方法不要试
抗沸水能力	与沸水接触不褪色,不裂	褪色、甚至开裂	沸水泼在表面,数分钟后观察
耐腐蚀性	不受日用化学品、食用醋侵蚀	不耐腐蚀	食醋滴在台面表面,24h后观察其变化
耐脏性	有常见的污迹容易除去	污迹渗透到台面里面,不易除去	查看台面能否洗去口红、番茄酱、酱油的污迹

2. 人造石选购要点

一看：目视样品颜色清纯不浑浊，表面无类似塑料胶质感，板材反面无细小气孔。

二闻：鼻闻无刺鼻化学气味。

三摸：手摸样品表面有丝绸感、无涩感，无明显高低不平感。

四碰：相同两块样品相互敲击，不易破碎。

五查：检查产品有无 ISO 质量体系认证、质检报告，有无产品质保卡及相关防伪标志。

六划：用指甲划板材表面，无明显划痕。

七摔：看它的硬度和强度。取一小块，使劲往水泥地上摔，质量差的人造石会摔成粉碎状的很多小块，质量好的最好摔成两三块，而且如果力度不够，会从地上弹起来。

八烧：放在火上烧，质量差的人造石很容易烧着，而且还燃烧很旺，质量好的人造石不容易烧着，即使烧了，也很容易熄灭，自熄性强。

二、大理石台面的识别与选购

（一）大理石台面的识别

天然大理石的密度比较大，质地坚硬，防刮伤性能十分突出，耐磨性能良好，而且具有天然的纹路和肌理，光泽柔润，纹理千变万化，有回归自然的感觉，非常美观，具实用及装饰的特点。但天然大理石台面也有以下缺点：

① 天然大理石材有孔隙，易积存油垢；

② 天然大理石较短，两块拼接时也不能浑然一体，缝隙易滋生细菌；

③ 天然大理石密度较大，需要结实的橱柜支撑；虽然质地坚硬，但弹性不足，如遇重击会发生裂缝，很难修补，一些看不见的天然裂纹，遇温度急剧变化也会发生破裂；天然大理石脆性大，不能制作幅面超过 1m 的台面。

（二）大理石台面的选购

优质的大理石台面要符合以下几点。

（1）**易清洁** 任何污垢都可以用肥皂或清洁剂清洗干净。

（2）**抗污垢** 不容易被液体渗透，没有毛孔和气孔。

（3）**耐冲击** 与一般石材或聚合物相比，抗破裂、龟裂能力更强，细小的刮痕和切痕都可用砂纸除去。

（4）**耐热性** 比一般的表面材料更具耐热性，但不能将发热的器皿直接放在大理石表面，如需放置时要使用隔热垫。

（5）**阻燃性** 具有一定的阻燃特性。

（6）**卫生性** 在完全没有毛细孔表面，霉菌、细菌以及其他微生物不能存活。

（7）**可修复性** 严重的损伤可以通过打磨来修复，使之可长久使用。

（8）**无毒性** 常温下不散发任何气体。

三、不锈钢台面的识别与选购

（一）不锈钢台面识别

不锈钢是用于家庭橱柜及厨房工作台的传统原材料，一般是在高密度防火板表面加一层薄不锈钢板。不锈钢台面外表很前卫，而且亮晶晶的不容易显脏。即使沾染油污，也容易清理，使用多年还亮泽如新。夏天时触感清凉，可以消除烹饪过程中带来的热熏焦躁之感。在目前所有可用于厨房台面的材料中，不锈钢的抗细菌再生能力排名第一，所以在上面料理食物，应该是最卫生的。

1. 优点

① 不锈钢台面是一体的，永远不会开裂。

② 不用检测也绝对环保，因为不锈钢不是用环氧树脂合成的，也没有天然花岗石的辐射。

③ 水盆儿、挡板与台面的一体化，使整个台面的整体感非常好，而且没有任何缝隙，不会滋生细菌。

④ 防火不怕热，做饭时也可以直接把热锅热菜放到台面上。

⑤ 防渗透性好，做饭时酱油、菜汤之类的洒到台面上，轻轻擦拭后不留痕迹。

⑥ 不锈钢抗冲击好、硬度强。

⑦ 易清洁。

⑧ 不变色。

2. 缺点

不锈钢台面外表很前卫，而且亮晶晶的不显脏，但视觉感较硬，给人冷冰冰的感觉，且不易变化。在橱柜台面的各转角部位和各接合部同样缺乏合理的、有效的处理手段。台面一旦被利器划伤就会留下无法挽回的痕迹，这些细碎的划痕中也容易隐藏脏东西，平时擦拭不锈钢台面的表面一定要格外注意。目前国内的不锈钢台面大多容易出现氧化现象，与进口的同类产品差距较大，而进口的产品价格较高。

（二）不锈钢台面的选购

选购不锈钢台面时，第一应该要求橱柜商出示关于不锈钢卫浴柜材质的质量检测证书。因为不锈钢板材分为很多等级，等级的好坏决定板材的优劣。消费者在选择不锈钢卫浴柜时，应尽量选用304材质的不锈钢板材，此类板材更适合用于不锈钢台面。在选购时，应该尽量要求商家提供质量认证证书，或者要求商家进行质量检测。

第二要注意细节地方的焊接纹路，因为不锈钢在生产组合中采用的是焊接技术，因此，在选择不锈钢台面时应该注意查看这些焊接处的纹路是否均匀、平整，特别要查看台面的焊接工艺，绝对不能有断焊、焊不平的现象。

第三看封边，优质不锈钢橱柜的封边细腻、光滑、手感好，封线平直光滑，接头精细、没有豁边、没有棱角，手触摸不锈钢台面底边时不能有明显的割手的感觉。

四、水龙头的识别与选购

水龙头是用来控制水流大小的开关，有节水的功效。

（一）水龙头的识别

1. 水龙头的分类

（1）按材料来分　可分为SUS304不锈钢、铸铁、全塑、黄铜、锌合金材料水龙头、高分子复合材料水龙头等类别。

（2）按功能来分　可分为面盆、浴缸、淋浴、厨房水槽水龙头。

（3）按结构来分　可分为单联式、双联式和三联式等几种水龙头。另外，还有单手柄和双手柄之分。单联式可接冷水管或热水管；双联式可同时接冷热两根管道，多用于浴室面盆以及有热水供应的厨房洗菜盆的水龙头；三联式除接冷热水两根管道外，还可以接淋浴喷头，主要用于浴缸的水龙头。单手柄水龙头通过一个手柄即可调节冷热水的温度，双手柄则需分别调节冷水管和热水管来调节水温。

（4）按开启方式来分　可分为螺旋式、扳手式、抬启式和感应式等。螺旋式手柄打开时，要旋转很多圈；扳手式手柄一般只需旋转90°；抬启式手柄只需往上一抬即可出水；感应式水龙头只要把手伸到水龙头下，便会自动出水。另外，还有一种延时关闭的水龙头，关上开关后，水还会再流几秒钟才停，这样关水龙头时手上沾上的脏东西还可以再冲干净。

（5）按阀芯来分　可分为橡胶阀芯（慢开阀芯）、陶瓷阀芯（快开阀芯）和不锈钢阀芯等几种。影响水龙头质量最关键的就是阀芯。使用橡胶阀芯的水龙头多为螺旋式开启的铸铁水龙头，现在已经基本被淘汰；陶瓷阀芯水龙头是近几年出现的，质量较好，现在使用比较普遍；不锈钢阀芯是最近才出现的，更适合水质差的地区。

（6）水龙头净水器　用于水龙头净水器的主要净水技术有以下几种：

① 活性炭技术　常见的净水器是以活性炭为主要净水材料，纳米活性滤芯吸附能力比较好，在吸附饱和前对水中的氯、重金属和农药都有比较好的过滤效果。

② 中空纤维技术　日本的 Toray 及 Mitsubishi Rayon、国产家优水等采用的是以中空纤维膜为主的净水技术，可以过滤掉水中绝大多数污染物，需定期更换滤芯。

③ 陶瓷和纳米-KDF 技术　国内大部分产品采用的是以微孔陶瓷滤芯和纳米-KDF 滤料、去氯球、碱性球为主的净水技术，出水流量大于采用中空纤维技术的净水器，陶瓷滤芯可以反复清刷使用，到一定使用寿命后，需定期更换滤芯。

2. 清洁及保养

清洁时需要注意以下几点：不要用湿毛巾直接擦拭水龙头表面；不要用带毛刺的物品擦拭水龙头；不要让水龙头碰到酸碱液体；不要把水龙头直接放在硬物上；用干的柔软的棉布擦拭。

保养时要做到以下两点：平时可用汽车蜡喷到水龙头表面 3～5min 后擦拭，可保持水龙头样品的亮度；此外最好不要用手直接触摸，因为手上有油污很容易沾到水龙头表面，不容易清洁，影响光洁度。

（二）水龙头的选购

① 在转动或扳动手柄时应轻便、灵活、无卡阻感，有卡阻感的水嘴一般都或多或少有质量问题，可能是装配不当，也可能是调试不当，有些甚至可能是由劣质零部件装配而成。

② 通常情况下水嘴在接通水源前无法识别是否有渗漏，但是基本可以通过检查其各连接部位有无松动感来达到目的。因为这种松动可能是导致水嘴渗漏的直接原因。

③ 人们普遍不喜爱那种表面有明显疵点的产品，对水嘴也不例外。所以应注意水嘴表面有无因电镀质量差形成的毛刺、焦灼点、某些部位无镀层，有无因铸造质量差形成的小孔和斑点等。

④ 绝大多数企业为了保护自身的信誉，都会在产品及其包装上标有明确可靠的标识。而一些信誉较差或有疑问的企业就不能、也不愿意在其产品上面及相关的包装上标明确可靠的标识。因此消费者在选购时要注意看包装上的标识。

⑤ 选购水龙头时还需注意以下几点。

a. 重量：不能购买太轻的水龙头，太轻主要是厂家为了降低成本，掏空内部的铜，水龙头看起来很大，拿起来不重，常常会因为经受不住水压而爆裂。

b. 阀芯：阀芯是水龙头的心脏，现在冷热水龙头都是用陶瓷阀芯，阀芯质量最好的是西班牙赛道，中国台湾的康勤、珠海的名实等品牌。

c. 旋转角度：能旋转 180°的使工作变得方便，而能旋转 360°仅仅对一个放在房子中央的水槽有意义。

d. 看外表：好水龙头的表面镀铬工艺是十分讲究的，一般都是经过几道工序才能完成。

分辨水龙头好坏要看其光亮程度，表面越光滑越亮代表质量越好。

e. 转把柄：好水龙头在转动把手时，水龙头与开关之间没有过度的间隙，而且关开轻松无阻，不打滑。劣质水龙头不仅间隙大，受阻感也大。

f. 听声音：水龙头的材质是最不好分辨的。好水龙头是整体浇注铜，敲打起来声音沉闷。如果声音很脆，一般是不锈钢的，质量会下降。

五、水槽的识别与选购

（一）水槽的识别

水槽又叫"厨盆"或"水池"。最原始的是使用水泥砌筑或用磨石子制成的水池，后来较普遍使用陶瓷厨盆，陶瓷厨盆价格便宜、式样美观。但由于陶瓷制品易碎、易裂、缺乏光亮度，且式样过于单一，所以现代家居装修中陶瓷厨盆的使用比例正在逐渐下降。许多的新型厨盆正在逐渐取代陶瓷厨盆。现介绍如下：

1. 不锈钢水槽

独有的金属亮丽光泽、干净整洁，不会破也不会断裂，造型多样，重量轻，安装方便，实用性强。但不锈钢厨盆表面容易形成划痕，细菌很容易进入，因此会对身体健康产生不利的影响。同时它的光泽和亮度无法长久保持，且颜色单调。另外在使用时因是金属质地且厚度薄，所以噪声较大。

2. 人造石水槽

人造石水槽是新型产品，颜色、款式多样，噪声小，比较美观，但人造石水槽最令人担心的就是化学物质的辐射污染问题。另外人造石水槽易沾附油污，使用不久后还会产生裂缝。

3. 铸铁水槽

铸铁水槽经特殊材料与工艺处理，铸铁材料光亮度居各种建材之首，因此这种材质的水槽色彩能够持久亮丽，通常能保持50年以上。同时铸铁水槽坚固耐用，表面不易刮花，不易沾附油污、噪声小。另外也不必担心辐射污染。但是由于铸铁水槽材料与制作工艺要求高，故价格相对于其他材质的产品来说偏高一些，不过性价比是非常不错的。

无论是陶瓷水槽、不锈钢水槽、人造石水槽或是铸铁水槽，大都制成单槽、双槽、多槽三种形式，安装方式有嵌入式（上嵌）、平接式、下嵌式和一体成型化。水槽底部多为圆弧造型，在日常使用过程中能彻底清除卫生死角，利于清洁和保养。

（二）水槽的选购

水槽往往是厨房耐用品中最易被忽略的，看厨房，才知道主人的生活品位。作为一家人情感交流、品味生活的地方，厨房在中国家庭中的地位也越来越高，要拥有优质高效的厨房，起清洁料理作用的水槽是个至关重要的角色，选购时要从以下几方面进行考虑。

1. 尺寸因厨而异

厨房空间、龙骨间距首先决定了厨盆的尺寸，不要盲目求大，造成使用上的不便。

单槽往往是厨房空间过小的家庭的选择，在使用上多有不便，只能满足最基本的清洁功能。双槽设计在家居中被广泛使用，双槽式有双圆形、双菱形。在水槽上边放置活动的砧板或沥水篮，洗好的水果蔬菜可直接放入其中，或是将清洗好的碗筷沥干，既能提高厨房效率又非常实用。无论两房还是三房，双槽既可以满足清洁及调理分开处理的需要，也因占空间恰当而成为首选。三槽或子母槽由于多为异形设计，比较适合风格个性化的大厨房，相当实用，因为它能同时进行浸泡或洗涤以及存放等多项功能，也能使食物生熟分开，省时又省力。

2. 材质由风格而定

市场上常见的水槽大多为不锈钢、人造石、陶瓷等材质，选用何种材质的厨盆则要考虑与厨房装修风格及居室色调上的融合。

不锈钢水槽使用得最多，不仅因为具备各种档次的价格易于选择，而且不锈钢材质表现出来的金属质感颇具现代气息，可达到百搭效果，又易于清洗，重量轻，同时具备耐腐蚀、耐高温、耐潮湿等优点。

最新流行的不锈钢磨砂厨盆和不锈钢压花厨盆已成为西方厨房的新宠儿，它们克服了有水痕和易划伤等缺点，而且具有良好的吸声性，外观更胜一筹，当然价格也偏高。

人造石水槽即通常所称的亚克力水槽，它非常时髦，耐腐蚀，可塑性强，转角处设有接缝，与不锈钢水槽的金属质感相比，更加温和。而且亚克力有丰富的颜色可供选择，可搭配整体厨房，只是使用时要小心，锋利的刀具和粗糙之物会划伤表面和破坏光洁度。

3. 优劣决定安全

以最常用的不锈钢水槽为例，首先看制作工艺，现有工艺分为焊接和一次成型两种，焊接质量是影响水槽寿命最关键的一个因素，要紧密、无虚焊；一次成型较先进也极受欢迎，但制作工艺难度大，厚度为 0.7～1.0mm 的最好，可达到坚固与弱弹性的完美结合。

其次，要看表面平整度，将视线与水槽平面保持一致，厨盆边缘应不起凸，不翘曲，误差度小于 0.1mm。

除此以外，配件的选择也不容小视，PP 料或 UPVC 的硬质下水管密封度高，可杜绝漏水；下水口则需有钢珠定位、挤压式密封及台控式去水，能快速存放水；溢水口装置能确保厨房安全；同时还要有消声处理，消声垫或消声涂层都是不错的方式。

同时比起欧美家庭，人们习惯用的餐具较厚较大，所以厨盆的深度也需考虑，一般深度为 180～220mm 的比较合适。

目前，为了解决食物垃圾的处理问题，还可以在水槽下面配置一台小小的食物垃圾处理器。有了它，各种食物垃圾可以倒在水槽里，经过垃圾处理器的粉碎研磨，食物垃圾全部变成浆状液体，流入排污管道，免除食物垃圾带来的种种烦恼。

第三节　厨房电器与灶具的识别与选购

一、抽油烟机的识别与选购

（一）抽油烟机的识别

伴随着人们对高品质生活的不断追求及居室厨房条件的改善，抽油烟机已成为厨房必备的设备之一。家用抽油烟机是由集烟罩、风机和照明灯等部件组成的。市场上销售的抽油烟机按其集烟罩的深浅或容积的大小，基本上可分以下几种类型：浅罩、深罩、柜罩、水帘。

1. 浅罩型抽油烟机

这种抽油烟机体积小、外形流畅，它包括各种平板式、薄型或超薄型以及带有整流板的整流式抽油烟机。但由于集烟罩太浅来不及抽走的油烟外逸扩散严重，难以达到迅速抽走油烟的理想效果，已基本被淘汰。

2. 深罩型抽油烟机

这种抽油烟机设置了容积较大的集烟罩、风机高速运行时，集烟罩上方形成一定的负压区，可容纳来不及抽走的油烟，起到缓冲的作用，从而避免了大量油烟外逸扩散。

3. 柜罩型抽油烟机

这种抽油烟机实际上是抽油烟机和集烟柜的组合。柜罩型的集烟罩由四面围起来的挡风屏（仅留一面做操作口）构成，相当于一个容积更大的集烟柜，因而能更有效地防止油烟的外逸扩散，能以较小的风量、较高的效率排除油烟，节能省电，但它的缺点是外形不太美观。

4. 水帘式净油烟机

这种抽油烟机是比较新型的，它不仅可以抽烟，更能净烟。采用洗涤吸收法，利用添加有洗涤剂的水溶液，在吸排油烟的同时，可自动使雾化的水溶液与油雾发生乳化和皂化反应，烟尘也同时被润湿洗涤下来，有害物质和油烟绝大部分被水溶液中和净化。当洗涤剂含油量较高、净化效率下降时，该机会自动报警提醒用户更换洗涤剂，这种机型价格也是比较高的。

抽油烟机应安装在灶具的上方，距操作台面不宜过高，以 70cm 为好。因为油烟气须经过管道从排烟口排向户外，所以为使油烟不污染环境，现代住宅都设计有专门排气道通向屋顶，可以使之排向户外。

为了改善厨房的通风性能，有以下两个办法。一是在烟道的排烟口处加一紧阀门可以解决烟道串味。这种阀门是单向的，当抽油烟机工作时，阀门开启，向烟道排气；当其他住户的烟道里排放烟气时，阀门则会紧紧封闭，阻止烟气倒灌入烟道。有些老式楼房的烟道口可能不规则，最好请人将原有烟道口用木板或水泥改造成规格尺寸，再安装阀门。二是通过加大抽油烟机的功率来改善排烟问题，但换了大功率抽油烟机在排出室内空气的同时，需要有新鲜空气源源不断地补充入室，否则会出现真空，只轰轰作响而不能抽走烟气。所以在厨房内要设置"补风口"，就是在厨房的门下留些门缝或在门扇下部做百叶窗或通风板，以便使新鲜空气源源不断进入厨房内。

（二）抽油烟机的选购

从 20 世纪 80 年代初第一代抽油烟机进入百姓家庭，随着人们对生活质量要求的提高，抽油烟机也随之更新换代，目前，人们对于抽油烟机的要求已经不满足于简单地抽走厨房的油烟，还要求它清洗容易、噪声低和安全性高。

选购抽油烟机时，除考虑颜色、造型、易于拆装外，还要注意以下几点。

1. 抽油烟机的抽净率要高

目前，市场上的抽油烟机基本上可以分为普通型（包括薄型、厚型和超薄型）、深型和柜式三种。在技术条件相同的情况下，三种抽油烟机在对油烟的抽净率上，有非常明显的差异，普通型抽油烟机油烟抽净率为 40%～50%；深型抽油烟机的油烟抽净率为 50%～60%；柜式抽油烟机的油烟抽净率在 80% 以上。因此抽油烟机的抽净率，以柜式为最高。柜式抽油烟机，实际是普通型抽油烟机和排烟柜的组合，由于它是把油烟罩起来抽，所以能达到其他抽油烟机无法比拟的效果。市场畅销的科宝柜式抽油烟机，抽净率就高达 95% 以上。为了保证抽油烟机的抽净率，抽吸能力的大小是一台抽油烟机最主要的品质特征，而抽油烟机的电动机功率直接决定了吸力的强弱，功率大，自然吸力就强。抽油烟机的排风量应大于 12m³/min，电机功率在 2×60～2×70W 左右。

影响抽净率的另一个因素是负压，要选择负压大的。因为抽油烟机的负压越大，吸烟能力越强。目前市场上的抽油烟机因结构不同产生的"负压区"也不同，大多数深型抽油烟机的负压区域约为 0.14m³，其排烟效率为 60%左右，柜式抽油烟机的负压区域约为 0.32m³，排烟效率大于 95%。但由于柜式抽油烟机采用了三面封闭的形式，所以在外观上没有吊挂式抽油烟机豪华。

2. 抽油烟机易清洗

抽油烟机的清洗是用户购买后日常维护中很重要的工作。消费者在选购时，应特别强调选用那些不用任何专用工具，不需要特别技能就能轻松地拆卸下网罩和风机涡轮扇叶的机型。同时还应仔细观察抽油烟机的集烟罩一面不应有接缝和沟槽，以便更彻底、更方便地清洗。

抽油烟机的机壳有不锈钢板、铝合金等多种材料，一般容易沾油，新推出的不粘油机壳进行过表面处理，不易结油污，便于清洗，在选购时应注意鉴别。

3. 抽油烟机噪声要小

国家标准规定抽油烟机的噪声的上限为 75dB，噪声在 65～68dB 就算比较理想，如果能选择一台 40～50dB 的抽油烟机就完全可以满足人们对高质量生活环境的要求。

4. 抽油烟机的安全性能要符合要求

（1）用电的安全　一般来讲，通过质量认证的抽油烟机，安全性能更可靠、质量更能得到保证。

（2）用气的安全　目前，不少厂商正在致力于研究和强化抽油烟机的监测功能，以确保使用和环境的安全。其监测功能主要依靠一个用光敏和气敏元件构成的电子线路，当周围环境的烟雾或有害气体浓度超过一定的标准，即会自动开启抽油烟机进行排烟。若环境的烟雾（气雾）浓度仍然超过警戒浓度时，电子控制线路就会发出报警声，不仅可以保持厨房的清洁，更可保证厨房无人时的安全。但是受成本的限制，这些简易的感烟探头经不起厨房的烟熏火烤，很快就会失灵。所以中听不中用，用户没有必要选择有此功能的抽油烟机。

5. 对于抽油烟机的风量、风机功率和噪声，应该综合考虑

风量、风机功率并不是越大越好，一般来说，在达到相同抽净率的前提下，风机功率和风量应该越小越好，这样既节能省电，又可以取得较好的静音效果。从这个意义上讲，浅罩型的各种平板式、超薄型等抽净率低的抽油烟机尽可能不要购买。

6. 有无防漏油功能

抽油烟机一般直接安装在气灶上方，采用普通喷涂材料，当油烟积聚过多，拆洗又不够及时时，难免会遇上炒菜时废油漏进锅内的尴尬事，因此集油系统要可靠。现在常用的有密封式油烟分离装置、全封闭直排式集油器或短油路等结构系统，集油效果均不错。最后，一定要选择各项技术指标均符合国家标准的抽油烟机。目前全国生产抽油烟机的厂家有 400 余家，其中有些是十几人组成的小作坊式的生产厂，一些产品没有经过国家权威部门认证。因此选择时一定要注意选择质量有保证的产品，避免购买杂牌及小厂生产的产品，以确保产品的质量。

二、灶具的识别与选购

（一）灶具的识别

1. 灶具的分类

① 按使用气种分为：天然气灶、人工煤气灶、液化石油气灶、电磁灶。

② 按材质分为：铸铁灶、不锈钢灶、搪瓷灶。

③ 按灶眼分为：单眼灶、双眼灶、多眼灶。

④ 按点火方式分为：电脉冲点火灶、压电陶瓷点火灶。

⑤ 按安装方式分为：台式灶、嵌入式灶。

内嵌式灶具的进风方式有下进风、上进风和侧进风三种方式。

① 下进风式就是通过灶具下方进入新鲜空气以提供充分燃烧所需的氧，好处是火头大，热负荷高，符合中国家庭猛火爆炒的烹饪习惯。不过安装嵌入式下进风灶具一定要注意在下方橱柜增设二次进风通道，否则空气不足将造成燃气燃烧不充分，产生高浓度一氧化碳，甚至导致点火爆炸、面板爆裂等严重后果。

② 上进风式的灶具无需在橱柜上开孔，它是利用较高的炉头使空气从炉头处进入。不过这种灶具在实际使用中效果也不是很好，主要是热效率低，不能提供很高的温度。

③ 侧进风型：这种灶具在面板相对低温区安上一个进风器，当燃烧使壳体内的空气减少形成负压时，冷空气会顺着进风器的入口被吸入壳体，不但提供了充足的一次空气和燃烧时所需的二次空气，解决了黄焰的问题，一氧化碳浓度也大大降低，而且泄漏的燃气也可以从这个进气口排出去，即使燃气泄漏出现点火爆燃，气流也可以从进风器尽快地排放出去，迅速降低内压，避免了玻璃面板爆裂。同时，冷空气通过进风器进入炉体，也极大地降低了台面玻璃的温度。该种灶具热负荷可达 3.8kW。

2. 家用燃气灶的结构

家用燃气灶一般由燃烧器、引射器、点火装置、供气管路四大部分组成。

（1）燃烧器　家用燃气灶通常采用的燃烧器方式有两种：部分预混式燃烧和完全预混式燃烧。

燃烧器头部的作用是将燃气、空气的混合气体均匀地分配到各个火孔上，使其进行稳定的完全燃烧。为此，要求头部各点混合气体的压力几乎相等，二次空气能均匀地供应到每个火孔上。此外，头部容积不宜过大，否则容易产生熄火噪声。

根据大气式燃烧器的不同用途，它可以做成多火孔头部和单火孔头部两种形式。

民用燃具大多数使用多火孔头部，它的形式很多。在设计燃烧器头部时，要充分考虑火孔的形式、大小、孔数以及排列方式等因素。这些因素并不单纯由燃烧器决定，而是根据不同用途，受加热物的大小、形状及燃烧室的大小等因素影响。常用的火孔有以下几种形状。

① 圆火孔　燃烧器头部的火孔用钻头钻孔。这种加工形式方法简单，广泛采用。

② 方火孔（矩形火孔或梯形火孔）　有纵长和横长两种排列法。

③ 缝隙火孔　加工火孔时，用刀具取代钻头，加工成细长的沟槽，这种火孔叫缝隙火孔。

（2）引射器　大气式燃烧器中，通常是以燃气引射大气中的空气。其作用是将高能量的燃气引射低能量的空气，并使两者在引射器内均匀混合；混合气体形成一定的压力，克服通道的阻力损失，在火孔出口处获得一定的速度，保证燃烧火焰的稳定性；输送一定量的燃气，保证燃烧器所需的热流量。

引射器由喷嘴、一次空气进风口、调风板、收缩管、喉管（混合管）、扩散管组成。

① 喷嘴　它是燃气灶关键件之一，其作用主要是把燃气喷入引射器内与空气按一定比例混合后供火孔燃烧。

喷嘴的孔径尺寸决定于气源的种类和热流量的大小，气源不同，喷嘴的孔径也不同。一般来说，固定喷嘴只适合一种气源使用。一旦气源改变，就需要更换喷嘴，否则就不能正常燃烧。

② 调风板　它通常是在引射器一次空气口处设置，也称一次空气调节器，是为使一次空气需要量达到要求而设的。通过调风板的调节，可控制一次空气的进气量，使燃气和引射的空气比例适当，保持燃烧火焰正常。

一般情况下，调风板可以使黄火、脱焰、回火等不正常现象得以排除，使之成为正常的燃烧火焰。

（3）点火装置

① 压电陶瓷点火器　压电陶瓷受冲击力作用时将产生高电压。这种点火器由两组压电陶瓷（Ⅰ和Ⅱ）组成，需要点燃燃烧器具时，凭借旋转点火开关动作的外力，在弹簧的作用下，使压电陶瓷Ⅰ和Ⅱ发生撞击，把这个机械能转换成5000～10000V的瞬时高电压。由高压导线与安装在小火或燃烧器旁边的电极相连。电极由绝缘电瓷包起来，只露出针状尖端，与针状电极间隔一定距离的是接地放电端，它可以是片状铁片，也可以是针体。电极之间在高电压作用下放电，燃气从电极之间穿过即被电火花点燃。

② 脉冲电子点火器　脉冲电子点火装置采用干电池（或市电）作为电源，其线路有各种形式，有的采用晶体管作为振荡元件，有的使用集成块，产生高压脉冲，由高压绝缘导线把电能输送到铂丝制作的点火头上，使局部气体分子被激励和强烈离子化，在点火头处产生火花放电，形成点火源。由于铂丝引火头外装金属护套，一般不易损坏，寿命可达上万次。这种打火方式安全可靠，按下电源按钮接通电路，即可产生一连串的电火花，点火率很高，是理想的燃器具点火器。

（二）灶具的选购

1. 燃气灶具的种类应当适合当地气源

购买燃气灶具前首先要清楚所使用的气种，是天然气、人工煤气还是液化石油气，因为这三类气体的热值、燃气压力各不相同，如果灶具类型与气体不符，将可能发生危险。所以，用于不同气源的灶具千万不要混用，选购灶具前，应先清楚所使用的燃气种类。顾客在选购家用燃气灶时应注意包装箱上明示的是什么气种，也可从家用燃气灶的型号辨别燃气种类。如型号JZ—2T—A的家用燃气灶，J代表家用，Z代表灶，2代表两眼灶，T代表天然气。如果字母是R则代表人工煤气，Y则代表液化石油气。

2. 包装和标识应齐全

包装和标识都很重要，如果是"三无"产品，千万不要轻易购买，否则会对人身安全造成危险。一般来说，包装上应标明厂名、厂址和型号等，且每台灶具应有合格证、使用说明书，灶具的侧面板上应有铭牌（即产品商标），而铭牌上也应标注厂名、型号、适用气体及压力、热流量及生产日期等。

3. 适当的热流量和良好的气密性

热流量：家用燃气灶具设计的热流量值越大，加热能力就越强，即平时所说的火力越猛。但是，实际上热流量的大小应与烹饪方式及灶具相适应，如果只追求大的热流量，会大大降低灶具的热效率，还会增加废烟气的排放量。

气密性：如果所选购及使用的灶具气密性不合格，则是造成安全事故的最大隐患。最简单的检测方法就是接通气源，关闭旋钮，用皂液刷涂塑料管路、阀体及接口片，如无气体泄漏，说明气密性好，可放心购买。

4. 机体质量和点火开关

机体质量选择：燃气灶外观应美观大方，机体各处无碰撞现象，用手按压台面，应无明显翘度；用手握住灶具两对角来回拧动，灶具应不会变形，灶具的面板材料不能使用马口铁（可用磁铁吸附来区分是否马口铁或不锈钢材料）；一些以铸铁、钢板等材料制作的产品表面喷漆应均匀平整，无起泡或脱落现象。燃气灶的整体结构应稳定可靠，灶面要光滑平整，无明显翘曲，零部件的安装要牢固可靠，不能有松脱现象。灶具的炉头、火盖应加工精细，无明显的毛刺。

点火开关：点火开关的位置，即打开（on）和关闭（off）以及大、小火的位置（一般都有图案标识）应标注清晰准确；用电子点火开关点火时，声音应清脆有力。如果打火的声音软绵绵的，且声音发闷，那就很可能是伪劣产品。一般合格的灶具点火开关连续使用寿命在 6000 次以上，且旋塞气密性仍然合格；而劣质产品点火器的次数都在 2000 次以下。一般情况，合格产品如果连续点火 10 次，点燃的次数不得少于 8 次，且所有火孔应在 4s 时间内全部燃遍。

5. 火焰燃烧状态

这是灶具燃烧质量的重要体现，一般情况下，燃烧时外焰应呈淡蓝色。有时火焰可能会呈橘红色，这说明燃气内有杂质或少量的空气，但不影响正常使用。点燃后，调节火焰大小控制钮，大、小火应层次明显，燃烧稳定。即便是调节到最小状态，或把气门关小，应仍能正常燃烧，不跳火，不熄火，不回火。

一般情况下，好的燃气灶具使用寿命在 5~10 年（依据国家有关规定，即标准打火不少于 5000 次），而劣质的燃气灶具，其使用寿命只有 1~2 年，并且在使用过程中可能会造成不安全的人身伤亡事故。此外，由于各地区燃气气质不尽相同，尤其是人工煤气，差异较大，因此，消费者在选购燃气灶具时，最好选用经当地质检部门检测认可，且与当地使用气源相适应的燃气灶具。

三、消毒柜的识别与选购

消毒柜是指通过紫外线、远红外线、高温、臭氧等方式，给食具、餐具、毛巾、衣物、美容美发用具、医疗器械等物品进行杀菌消毒、保温除湿的工具，广泛用于酒店宾馆、餐馆、学校、食堂等场所。

（一）消毒柜的识别

1. 消毒柜的分类

（1）**按照消毒方式分**　消毒柜按消毒方式可以分为电热食具消毒柜、臭氧食具消毒柜、紫外线食具消毒柜、组合型食具消毒柜四种。

① 电热食具消毒柜　通过电热元件加热进行食具消毒的消毒柜。

② 臭氧食具消毒柜　通过臭氧进行食具消毒的消毒柜。

③ 紫外线食具消毒柜　把紫外线作为食具消毒手段之一的消毒柜，如仅靠紫外线消毒的消毒柜是不适用于食具消毒的。

④ 组合型食具消毒柜　由两种或两种以上消毒方法组合而成，对食具进行消毒的消毒柜。

（2）**按照消毒效果分**　按消毒效果可分为一星级消毒柜和二星级消毒柜两种。

① 一星级消毒柜（＊）　对大肠杆菌杀灭率应不小于 99.9%。

② 二星级消毒柜（＊＊）　二星级消毒柜对大肠杆菌灭杀对数值应 ≥3（≥99.9%）；还有一种要求对脊髓灰质炎病毒感染滴度（TCID50）≥105，灭活对数值 ≥4.00。

2. 消毒柜的维护和保养

随着人们生活水平的不断提高，在注重身体健康的同时，对卫生状况的要求也越来越高了，因此食具消毒柜逐渐成为家庭不可缺少的电器设备。消毒柜多为全钢结构，一般有红外线消毒和臭氧消毒两种方式。目前，在市场上可以见到挂式、立式、台式，还有单门的和双门的，以及不同容积的各种规格。

远红外线高温型消毒柜主要是根据物理原理，利用远红外线发热，在密闭的柜内产生120℃高温进行杀菌消毒。这种消毒方式具有速度快、穿透力强的特点，日常生活中常用的餐具、茶具都可放在柜内进行高温消毒。

臭氧低温型消毒柜利用臭氧功能进行杀菌消毒，可用于塑料、胶木等受高温易变形的物品消毒，也可用来对蔬菜、瓜果等进行杀菌和保鲜。

① 消毒柜应水平放置在周围无杂物的干燥通风处，距墙不宜小于30cm。

② 使用时，如发现石英加热管不发热，或听不到臭氧发生器高压放电所产生的"吱吱"声，说明消毒柜出了故障，应停止使用；送维修部门修理。

③ 将经过冲洗的餐具等物分类放入筐内，要求立插，利于沥水，并留有间隙，避免堆叠。

④ 消毒期间，非必要时请勿开门，以免影响效果。消毒结束后，柜内仍处于高温，容易烫伤皮肤，一般要经10～20min，方可开柜取物，若暂不使用食具，最好不要打开柜门，这样消毒效果可维持数天。

⑤ 消费者在使用消毒柜时切忌将其作为保险柜看待。因为消毒柜处于密封状态，如存放在柜内的碗筷消毒未干透，消毒柜反而成了细菌滋生的温床。因而从安全卫生角度出发，消毒柜应每天开启一次为好。

⑥ 要定期对电子消毒柜进行清洁保养，将柜身下端集水盒中的水倒出抹净。清洁时，先拔下电源插头，用湿布擦拭消毒柜内外表面，禁止用大量的水冲淋电子消毒柜，若太脏，可先用中性洗涤剂擦抹，再用湿布擦掉洗涤剂，最后用干布擦干水分。清洁时，禁止撞击石英加热管和臭氧发生器。

⑦ 经常检查门封条是否密封良好，以免热量散失或臭氧逸出，影响消毒效果。

（二）消毒柜的选购

一般而言，老式单功能的电热消毒柜采用发热温度较高的远红外石英电加热管加热，温度达100℃以上，它的显著优势是价格比较便宜；壁挂式消毒柜采用温度较低的远红外石英电加热管或PTC加热，温度在70℃左右，主要用来烘干，消毒方式采用臭氧和紫外线形式，一般具有一种或两种消毒方式组合，价格适中；嵌入式消毒柜在功能上类同于其他形式的消毒柜，只是造型新颖、制作精良，价格相对也较贵。如果厨房的面积较大，且经济条件允许，不妨购买容积较大的高档消毒柜，如落地、嵌入、抽屉式消毒柜；如果房子面积较小，就可考虑买一个经济实惠的壁挂式消毒柜，这样不但省钱，还可节省空间。

消费者在确定了要选购的款式以后，首先要看消毒柜的外观与结构。消毒柜的箱体结构外形应端正，外表面应光洁、色泽均匀，无划痕，涂覆件表面不应有起泡、流痕和剥落等缺陷；箱体结构应牢固，门封条应密闭良好，与门黏合紧密，不应有变形，柜门开关和控制器件应方便、灵活可靠，紧固部位应无松动（柜门密闭性的检测：可以取一张小薄硬纸片，如果能够轻易插入消毒柜门缝中，就说明柜门密闭不严）。

外观检查合格后，就可以通电检查。接通电源指示灯亮，逐个按下开关，各开关按钮应灵活可靠；同时检查各功能工作情况，从外观观察臭氧放电、加热、紫外线能否正常工作，静听臭氧发生器放电声音的连续均匀性。还要检查门的联锁开关（防臭氧泄漏、紫外线漏光的联锁装置），打开消毒柜的门，消毒柜应立即停止工作，关上门消毒柜应立即恢复工作或重新开机，可反复试验几次，以确定门的联锁开关的可靠性。

另外，建议消费者到知名的经销公司购买知名的生产企业生产的消毒柜，一是因为知名的经销商的售后服务有保障；二是知名生产企业有技术、资金优势，开发、生产的消毒柜大都有自己的技术和专利，符合国家标准的要求，产品质量有保证。

要安全健康，就不要贪图便宜。如今人们的健康观念得到了很大提升，预防传染疾病、防止"病从口入"已经成为人们普遍的健康准则，消毒柜因此也逐渐成为人们厨房中的必备品。对此，消费者在选择消毒柜时一定要把握好安全健康准则，切不可为贪图便宜而购买不合格产品。

四、厨用热水器的识别与选购

热水器就是指通过各种物理原理，在一定时间内使冷水温度升高变成热水的一种装置。

（一）厨用热水器的识别

厨用热水器按照原理不同可分为电热水器、燃气热水器、太阳能热水器和空气能热水器四种。电热水器又分为储水式和即热式（又称快速式）两种。电热水器的特点是使用方便、节能环保，能持续供应热水。

1. 厨用热水器的种类

（1）太阳能热水器　太阳能热水器属于第三代热水器，其节能概念已得到广泛认可，不但节能高效省钱，而且在使用时不会对环境造成污染。此外，太阳能热水器的使用寿命很长，可长达 10 年之久。只要在太阳可以照射到的地方，就可以使用太阳能热水器。

太阳能热水器价格高，初期投资较大；受天气影响，一般在阴雨天就必须使用辅助电加热装置，如武汉市一年有 100 多天是阴雨天气；此外太阳能热水器对安装位置的要求也非常严格，在城市里一般只有居住在顶层或者别墅的用户才适合安装。

（2）空气源热泵热水器　热泵热水器在国外已普及应用 30 多年，在发达国家使用的比例有的高达 70％。在欧美发达国家，冷、热水使用的比例是 1：9（中国是 9：1），欧美国家的冷水只作为饮用或冲厕、洗车用，而在其他方面都是使用热水。欧美国家家庭中央热水器的市场占有率在 90％以上（中国不到 3％）。这些年，中国人对热水的需求成倍地增长，在商业上热泵热水器取代燃煤锅炉和燃油锅炉有着明显的优势，一般节能效益一年即可收回投资，如武汉已有 200 多家宾馆、酒店、大学使用了热泵热水机组，这也是国内热泵热水器的销售额每年增长三倍的原因所在。

家用热泵热水器由于没有让利家电商场，推广不够，市场份额不大，据有关专家预测，当电价达到 1 元/度时，国家从节能角度考虑有可能强制淘汰电热水器，如同限制使用燃煤锅炉一样。

家用热泵热水器的优点是高效节能、安全可靠、可全天候使用、长久耐用。热泵热水器从空气中获得大量的热能，制等量的热水，其用电量是传统电热水器的 28％，可为用户节省大量的电费。热泵热水器不使用电力直接加热，电流和淋浴用水完全隔离，是当今最安全可靠的热水供给设备。热泵热水器不受阴、雨、雪等恶劣天气的影响，一天二十四小时全天候使用。热泵热水器为商业级产品，安全性高，压缩机具有欠电压保护，过电流、过热保护，高低压力保护，压缩机能长期在制热工况下工作，机器寿命长达十几年以上。

但家用热泵热水器也有缺点，如一次性投资较高、寒冷地区效率低。虽然从四年以后看，其投资性价比较高，但多数人都会选择在使用初期少花钱。此外热泵热水器只能在－10℃以上的气候环境下实现制热，不适合北方地区使用，只适合华南、华中、江浙等南方地区使用。

（3）即热式电热水器　即热式电热水器具有即开即热，省时省电，节能环保、体积小巧、水温恒定等诸多优点。但它的功率比较大，线路要求高，一般功率至少要求 6kW 以上，在冬天，就是 8kW 的功率也难以保证有足够量的热水进行洗浴。电源线要求至少 2.5mm² 以上，有的要求 5mm² 以上。

此外，即热式电热水器对安装条件要求高，要求安装时进水口的压力不能过大，用户家中的电表为 20A，即热式电热水器要求为 32A 的电表，一般要求有独立的线路，甚至要求至少 40A 的专用表，加上一般居民家里的电冰箱、空调等其他的大功率的家用电器，就要至少 80A 的电表，还要单独走线。

（4）芯片电热水器　应用高新科技材料，是芯片加热元件开发成功的首个应用项目。用更小的功率做到即热即用，更小的储水量实现连续性沐浴。

芯片电热水器的优点是节能高效、快速小巧、安全耐用、低碳环保。不但适合家居使用，也适合在宾馆、学校、别墅、足浴、美容美发等用热水量大的场所使用。

芯片电热水器在运行过程中无 CO_2 排放。同时，比传统热水器节能近 30％ 左右，也为减排做出了贡献。由于芯片电热水器使用时开机，不用时关机，不存在"4 浓水"、"铝蒸水"，永保新鲜水，有益皮肤健康，迎合了现代人环保心理。

芯片电热水器也有缺点，因为能制作芯片的材料在国内稀缺，昂贵，导致芯片电热水器价格偏高，目前只是走向中高端市场，未能全面推广普及。

2. 热水器使用的注意事项

产品安装和使用不正确，导致产品无法正常工作，使消费者误解产品本身质量有问题，因此，有必要注意以下四大事项。

（1）安装过滤网　即热式热水器必须在进水口安装过滤网，因自来水里有少量的杂物，以免卡住浮磁（干烧、不加热）或堵塞花洒（出水越来越小）。如果滤网堵塞，会使流量降低、出水变小，浮磁不动作热水器无法加热，使用一段时间后拆下滤网进行清洗，即可使用。

（2）检查浮磁位置　工作人员在安装热水器时一定要记得检查浮磁是否处于下端，使其处于自由活动状态，以保证热水器正常使用。因为浮磁就是水电联动开关，打开水阀自动加热、关水停止加热，如有杂物卡住浮磁，热水器就会出现干烧或不加热现象，清掉浮磁上的杂物，才能正常工作。

（3）不用混水阀　即热式电热水器不需要使用混水阀，因为使用混水阀如果打到中间就会有冷、热水同时混合流出，这时热水的流量会变小，导致热水器水温过高，出现超温（温控器动作），便会出现水忽冷忽热现象。工作人员应告知使用混水阀的客户，直接开机到热水端，无需混冷水，这样才会使产品的使用寿命更长且不易结垢。

（4）控制水流量　安装热水器时必须使用厂家配带的专用花洒，热水器在正常工作情况下，能调节水流量或加高挡位提升水温。而一般用户都没有控制水龙头流量的习惯，致使水温达不到预定的效果。

（二）厨用热水器的选购

在厨卫的地位与厅室不相上下的今日，厨卫电器种类繁多，卖场里的促销员经常对自己的产品夸大其词，消费者切勿轻信促销员，在选购之前一定要充分考虑到家庭状况，然后再因房而买。消费者常有以下误区：买燃气热水器，担心漏气；买电热水器，担心触电；买太阳能热水器似乎较安全，但安装可能麻烦；而空气源热水器是新的产品，有些方面还不了解。其实，四种热水器各有优缺点，消费者购买时应根据自己的实际情况选择。

1. 太阳能热水器要注意售后

由于我国大部分地区属海洋性气候，风大、潮湿、腐蚀性较强，消费者选购时要考虑到太阳能的采光角度和使用材料必须适合本地的日照和气候特征。产品的售后服务很重要，因为太阳能热水器要放在房顶，长年风吹雨淋，如果厂家不能按时进行检修，就会造成很大的损失。

2. 燃气热水器重点在安装

对烟道式燃气热水器，要求经销企业必须配售排烟道，确保整机完备，避免发生事故。燃具的安装、改装必须经过专业培训并获主管部门资质审查合格的单位人员进行。

3. 电热水器选的是内胆

电热水器决定寿命的是内胆，内胆漏水，机子报废，所以厂家对内胆的保修期是3年、5年或8年的（国家规定电器产品使用寿命也就8年）。只要购买售后有保证的厂家的产品，无论是什么品牌，一定要看其内胆的保修期。

了解上述内容后，消费者可根据自己的实际情况，选择最适合自身情况的产品。

第四节　橱柜五金件的识别与选购

五金件，是指用金、银、铜、铁、锡等金属通过加工，铸造得到的工具，用于固定、加工、装饰等。

一、橱柜五金件的识别

（一）五金件的种类

从功能角度，可以将五金件分为以下三类：

① 材料连接作用　木门合页、抽屉轨道、鞋柜翻板、管箍、内丝等。

② 实现上下水作用　上下水管、厨卫地漏、八字阀、水龙头等。

③ 具有特殊功能　木门门锁、柜体把手、卫浴挂件、晾衣架等。

（二）橱柜五金件常用的材料

1. 铜

铜是人类文明的使者，古人常用铜制造礼器，比如铜鼎。众所周知，铜的导电性能优良，仅次于银，但铜矿比银矿多，而且价格便宜，现在铜常被用来制造电线芯及一些通信设备、电子设备的零件。

2. 铁

铁的应用范围非常广，而且在全世界含量也非常多：全世界已探明的铁矿存储量已经超过了2000亿吨。常用的铁分两种：赤铁矿和磁铁矿。赤铁矿的成分是三氧化二铁，呈暗红色或钢灰色，多用于铸造铁钉、螺钉、螺帽、锤子头、机器零件等；磁铁矿具磁性，又称"吸铁石"、"磁石"，磁铁矿的应用范围不像赤铁矿那样广，但也有用处，磁铁矿可经定型制成磁石鉴别物体。

（三）常用的橱柜五金件

1. 铰链

五金件中铰链占据重要位置。铰链的质量好坏直接关系到家具、门的使用。目前市场上见到的铰链归纳如下：按底座类型分为脱卸式和固定式两种；按臂身的类型分为滑入式和卡式两种；按门板遮盖位置分为全盖（直弯、直臂，一般盖 18mm），半盖（中弯、曲臂，盖 9mm），内藏（大弯、大曲，门板全部藏在里面）；按铰链发展阶段的款式分为一段力铰链、二段力铰链、液压缓冲铰链；按铰链的开门角度分为一般常用的 95°～110°，特殊的有 45°、135°、175°等；按铰链的类型分为：普通一、二段力铰链、短臂铰链、26 杯微型铰链、弹子铰链、铝框门铰链、特殊角度铰链、玻璃铰链、反弹铰链、美式铰链、阻尼铰链等。

橱柜所用铰链一般有普通合页和弹簧铰链两种。

（1）普通合页　普通合页，从材质上可以分为：铁质，铜质，不锈钢质。从规格上可以分为：2in（50mm），2.5in（65mm），3in（75mm），4in（100mm），5in（125mm），6in（150mm），50～65mm 的铰链适用于橱柜，衣柜门，75mm 的适用于窗子，纱门，100～150mm 的适用于大门中的木门，铝合金门。普通合页的缺点是不具有弹簧铰链的功能，安装铰链后必须再装上各种碰珠，否则风会吹动门板。另外还有脱卸铰链，旗铰，H 铰等特殊铰链，它们根据各种特殊需求的木门可以拆卸安装，很方便，使用时受方向限制，分左式，右式。

（2）弹簧铰链　主要用于橱门，衣柜门，它一般要求板厚度为 18～20mm。从材质上分，可以分为镀锌铁和锌合金。从性能上分可以分为需打洞和不需打洞两种。需打洞，就是目前常用在橱柜门上的弹簧铰链等，它的特点是门板必须要打洞，门的式样受铰链限制，门关上后不会被风吹开，不需要再安装各种碰珠。不需打洞就是我们所称的桥式铰链，桥式铰链样子看似一座桥，所以俗称桥式铰链。它的特点是不需要在门板上钻洞，而且不受式样限制。规格有小号，中号，大号。另外，弹簧铰链还有各种特殊规格，如：内侧 45°角铰链，外侧 135°角铰链，开启 175°角铰链。

关于直角（直臂），半弯（半曲），大弯（大曲）三种铰链的区别主要是，直角的铰链可以让门完全遮挡住侧板，半弯的铰链可以让门板遮住部分侧板，大弯的铰链可以让门板和侧面板平行。

橱柜门开关的次数多，所以柜门铰链是非常重要的。实践证明，根据性质和使用的橱柜门的准确性，连同厨房门本身重量的国内柜铰链，很难达到必要的质量要求。

在平时橱柜门频繁的开关过程中，最好的考验恐怕是铰链。它不仅使柜和门联系起来，而且还单独承担重量。储物柜开关次数多达数万次，对于诸多国际和国内品牌的门铰实验开关次数，从 2 万次到 100 万次不等。

2. 抽屉滑轨

滑轨的重要性仅次于铰链。相比较而言，优与劣并非从外观和使用区分，它们的主要区别是材料、原则、结构、设备、生产过程产生不同的变化。

由于厨房的特殊环境，国内生产的滑轨一般很难达到要求，即使短期内感觉良好，时间稍长就会发现推拉困难的现象，所以要想保证抽屉长久推拉自如，最好选择性能优越的进口品牌。

3. 拉篮

厨房里的物品是每天接触最为频繁的，厨房里的用具也是日常生活中品种最多的，一日三餐少不了厨房的进进出出，更免不了锅碗瓢盆的搬搬挪挪。怎样在这样一个频繁动作的空间建立一种良好的生活秩序是很多家庭面临的烦恼。而这种烦恼只有靠拉篮来解决，它将各种物品收纳其中，没有丝毫怨言。拉篮具有较大的储物空间，而且可以合理地切分空间，使各种物品和用具各得其所。在这方面，德国的大怪物、小怪物拉篮的表现更为杰出，它们不仅能最大限度地使用内置空间，还能将拐角处的废弃空间充分利用，实现使用价值的最大化。根据不同的用途，拉篮可分为炉台拉篮、三面拉篮、抽屉拉篮、超窄拉篮、高深拉篮、转角拉篮等。

4. 钢具类

钢抽，刀叉盘尺寸精确，规范，易于清洁，不怕污染，不会变形。对于橱柜抽屉的保养和使用，有其不可替代的作用，早就为德国、美国、日本等发达国家的橱柜公司广泛使用。因此，当消费者观察完橱柜的外表后，应该拉开每只抽屉看一看，如果采用钢抽和刀叉盘组合，说明该产品成本较高，橱柜组合较规范，反之，如果采用木抽屉，则成本较低。钢抽和刀叉盘也有进口和国产之分，主要体现在滑轨和表面处理牢固度上。

5. 水龙头

水龙头可以说是厨房中与人最为亲近的一个部件，但在选购时其品质往往被消费者所忽视。事实证明水龙头是厨房中最容易出问题的地方。如果使用价格低廉的劣质水龙头，出现漏水，关闭不及时，则后果将非常严重，因而在选购时应非常重视其品质的好坏。

在大多数厨房中，水龙头往往是不可多得的亮点。这是因为水龙头能给设计师提供较大的施展才华的空间，线条、颜色、形状等设计元素都能迸发出许多激动人心的设计灵感，尽现美学和艺术光芒。同时优质的水龙头又是科技的化身，对工艺的要求极高，这恰好满足了许多时尚人士对生活品质的唯美追求，诸多因素使橱柜厂家对它的选择较为慎重。

6. 拉手

拉手在橱柜中虽不起眼，但却起到"钥匙"的作用，开启柜门、抽屉、拉篮都要用到，拉手与柜门、抽屉的连接一般是用螺丝连接，即在柜门上钻孔，高档些的是将柜门打穿，用穿心螺丝连接，该种做法牢固耐用，最为可靠。根据拉手的材质来分，有锌合金、铝、铜、软胶PVC、塑料质，从造型上分，有欧式、现代、仿古、卡通等，当前市场上还有玉质、表面镀金、银等贵金属的高档拉手。造型上形态各异，需根据橱柜整体风格选择合适的拉手。

(四) 五金件的检验标准

1. 标准制定任务来源及工作情况

随着我国经济的快速发展和人民生活水平的迅速提高以及住房制度的改革，促进了住宅建设和厨卫产业的发展。住宅产业正在逐步向市场化方向迈进，从而带动了一系列相关产品的大发展。为防止产品粗制滥造，鱼目混珠，目前急需一批权威的标准来规范市场。为此，国家质量监督检验检疫总局将制定《家用厨房设备》国家标准列入《2001年国家标准制修订项目年度计划》。为了尽快完成《家用厨房设备》国家标准的制定工作，中国五金制品协会和全国五金制品标准化技术委员会于2001年6月在北京召开《家用厨房设备》国家标准编写组第一次工作会议，会上对《家用厨房设备》国家标准的制定确立了如下原则：

(1) 前瞻性原则　家用厨房设备行业有非常大的发展潜力，该标准内容不应受现有条件的束缚，应包括系列组件，并为未来产品的发展留有余地。

(2) 先进性原则　起点要高一点，采标对象要明确，还应注意吸收国内外相关行业标准和产品标准，把其精华部分吸收进来，提高我们的标准水平。

（3）经济性原则　由于家用厨房设备涉及千家万户，考虑到消费水平的参差不齐，因此不能脱离国情，忽视生产力的发展水平。

（4）可操作性原则　制定标准是用来执行的，因此制定各具体指标时，还应考虑检验检测方法、手段，便于操作。

（5）安全环保原则　涉及防火、防噪、空气污染等方面的问题要依据我国现行法规做出具体规范，绝不能与法律规章相抵触。

2. 国内外标准情况

我国厨卫产业的兴起时间不长，目前家用厨房设备尚无国家标准和行业标准，其中部分产品如吸油烟机、燃气热水器、燃气灶具、洗碗机、水嘴等有了相应的国家标准，因此只需考虑其外部轮廓尺寸和安装连接问题，人造板橱柜目前只有企业标准，民营、私营企业甚至没有标准，而大量产品流入市场。为有效地规范市场，促进行业健康发展，确保用户利益，在收集国际和国内先进标准及相关的家具国家标准基础上，吸收了部分轻工行业标准。考虑到日本人的生活习惯和生理特点比欧美人更接近于中国的情况，所以，我国更多地参照了日本工业标准 JIS A4420：1998《厨房设备的结构材》。针对标准的技术要求，日本标准对试验条件、检验检测方法规定明确，符合我们制定国家标准的可操作性原则。此外该标准还对安全、环保，如厨房电器的绝缘电阻、耐压、防火、防噪及空气污染等方面都提出了严格要求。对家用厨房设备做了明确的定义，强调了橱柜规格尺寸遵守建筑模数协调统一原则，优先采用国际通用的建筑模数 M 的整数倍和 1.5M 倍，增加了柜体及台面的材料品种，增多了饮用水用水管的卫生要求，对厨房用电器件应符合《家用和类似用途电器的安全通用要求和特殊要求》，并必须具有合格证等随机文件。

《家用厨房设备》国家标准中规定，厨房产品由橱柜、相关电器等及功能五金件组合而成，它不同于其他产品，要通过现场设计、安装在用户家完成，涉及内容较多，包含家用厨房设备的术语、技术要求、试验方法及检验规则、五金件的功能要求、现场设计和安装等，并对厨房五金件做了具体细致的要求。

二、橱柜五金件的选购

五金配件分为功能性和装饰性五金件两种类型，橱柜处在厨房潮湿、烟熏火燎的环境中，选择五金配件应能经受住腐蚀、生锈、损坏的考验。功能性橱柜五金是指用来实现某些功能的五金配件，如铰链和抽屉滑轨。其中，铰链要经受住时间的考验，它不仅必须开合橱柜门，而且还单独承担门的重量；另外抽屉滑轨不能忽视，它固定在侧板和抽屉上，承受抽屉的全部重量，高品质的抽屉滑轨，不用费大力就能拉动抽屉。因此，在这些五金小配件的选择上，必须质量良好。建议用户购买或者使用不锈钢材料制成的橱柜五金配件。

购买功能性五金配件，要做到以下三点。

第一，要仔细观察外观是否粗糙，然后用手滑动开关试验几次，看是否灵敏，是否有异响，不要和家具类五金的比较，而是需要与同类产品比较。

第二要看材料。就五金配件的质量鉴别而言，可以通过对产品的手感、光洁度、配合缝隙等加以鉴别，有条件的用户，应当选购正规生产厂商制造的五金配件，因为正规的厂商大多采用模具加工，具有产品精度高、尺寸一致性好、加工工艺规范等特点。

另外，装饰性橱柜五金配件，如橱柜拉手等，则要考虑和家具的色泽、质地相协调的问题。橱柜的拉手不宜使用实木的把手，否则在潮湿的环境中，把手容易变形。实木橱柜可以选择仿古做旧的拉手，既有锌合金等材料制成的产品，也有工程塑料用模具压制而成的，其表面的花纹等均可以做得十分细致与精致，而且经过表面的处理，完全可以做到与木质相匹配，效果很不错。

本章小结

本章以橱柜板材、台面、厨房电器的识别和选购为主要知识点，从各自的性质特点入手，要求能够掌握橱柜板材中的防火板、烤漆板、实木门板的特性，橱柜台面中天然大理石的性能、人造石台面种类、应用优势等，在装修时要根据不同的风格、要求进行合理的选择。

复习思考题

1. 人造石台面按生产材料和制造工艺的不同可分为几类？选择人造石做橱柜台面时应注意哪些问题？
2. 选购水龙头有哪些技巧？
3. 装修时如何根据实际情况购买抽油烟机？
4. 不锈钢台面和其他材质台面相比有何优缺点，在选购时应该注意哪些问题？
5. 选择家用消毒柜应该注意哪些问题？

实训练习

1. 组织学生到装饰材料市场进行考察和调研，除了学习最新材料知识外，了解材料的市场行情。
2. 设计不同档次的厨房装修案例，让学生去材料市场上找到与之相搭配的橱柜板材、橱柜台面、厨房电器。

卫浴装饰材料的识别与选购

✳ **学习目标**

　　1. 了解坐便器、浴缸、盥洗盆的不同种类，掌握它们的基本特性和选用时应该注意的问题。

　　2. 了解淋浴房、卫浴家具的类型，选用原则，掌握不同种类淋浴房的特点及使用情况。

　　3. 掌握浴霸、热水器的种类、选用原则及在不同档次的装饰工程中的应用。

✳ **学习建议**

　　利用学生课余时间，组织学生参观已竣工的卫生间的装饰工程、在建工程以及建材市场，使学生对常用的卫浴装饰制品的特性、选购及应用有全面直观的掌握。

第一节　坐便器、浴缸、盥洗盆的识别与选购

一、坐便器的识别与选购

（一）坐便器的识别

1. 坐便器的分类

（1）按坐便器的结构分类　坐便器按结构可分为分体坐便器、连体坐便器和挂墙式坐便器三种。

　　① 分体坐便器　分体坐便器是水箱与便体由两部分组成的坐便器。分体坐便器所占空间大些，水位高，冲力足，款式多，价格较大众化。分体坐便器一般为冲落式下水，冲水噪声较大，因其水箱和主体是分开烧制的，故成品率较高。分体坐便器的选择受坑距的限制，如果小于坑距很多，一般考虑在坐便器背后砌一道墙来解决。分体坐便器的款式不如连体坐便器美观。

　　② 连体坐便器　水箱与便体一体成型的坐便器是连体坐便器。连体坐便器对生产工艺的要求较高，并且造型更时尚，与分体坐便器相比水箱位低，用的水稍微多一些，价格比分体坐便器更高。连体坐便器一般为虹吸式下水，冲水静音，因其水箱连在主体一起烧制，容易烧坏，故成品率较低。由于连体坐便器水位低，所以一般连体坐便器的坑距小，目的是增加冲洗力。

　　③ 挂墙式坐便器　这种坐便器的水箱是嵌入式的，对质量要求非常高，价格也是最贵

的。优点是不占空间，造型更时尚，在国外用得很多。对于挂墙式坐便器所属的暗水箱，一般来说，连体、分体、暗装水箱不存在哪个水箱更容易坏的问题，绝大多数是水箱配件老化而产生的破坏。是橡胶垫老化才会破坏。

（2）按卫生间的出水口分类　坐便器有下排水（底排）和横排水（后排）之分。横排的坐便器排水口在地面上，使用时要用一段胶管与坐便器后出口连接。底排的排水口，俗称地漏，安装时只要将坐便器的排水口与它对正就行了。

（3）按不同的排水方式分类　坐便器按排水方式可分为冲落式坐便器、虹吸式坐便器、喷射虹吸式坐便器、旋涡虹吸式坐便器。

① 冲落式坐便器　冲落式坐便器借冲洗水的冲力直接将污物排出坐便器，它完全依靠水的落差所形成的驱动力量将污物排走。其主要特点是在冲水、排污过程中只形成正压，没有负压，所以冲洗时噪声大，水面小而浅，污物不易冲净而产生臭气。

② 虹吸式坐便器　主要借冲洗水在排水道所形成的虹吸作用将污物排出，它完全依赖于水从坐圈冲入马桶内产生的快速水流充满回水弯管触发便桶内的污水产生虹吸。冲洗时正压对排污起配合作用，它的缺点是噪声稍大，就像倾倒一桶水入坐厕一样，水完全充满回水弯管，造成虹吸作用，导致水从便桶迅速排出，并防止太多的回水在便桶中升起。

③ 喷射虹吸式坐便器　在水封下设有喷射道，喷射孔喷射大量的水并立刻引起虹吸作用，借喷射水流而加速排污并在一定程度上降低冲水噪声的坐便器（利用水封隔声）。它无需在排出坐桶内容物前升高坐桶内水平面，除了工作安静外，喷射虹吸还形成较大的水表面。水通过坐圈和回水弯管前的喷射孔进入，完全充满回水弯管，形成虹吸作用，导致水从便桶中迅速排出，并防止回水在便桶中升起。

④ 旋涡虹吸式坐便器　这种冲洗作用是以对角边缘出口起旋涡或作用为基础，合成快速的回水弯管的冲水触发便桶内的虹吸现象。旋涡虹吸以其大的水封表面区和非常安静的运作而闻名。水通过对角冲压周围边框外缘，形成向心作用，在便桶中心构成涡流将马桶内容物抽入排污管中，这一涡旋作用有利于彻底清洁便桶，由于水击打便桶形成水的喷溅直向出口，加快产生虹吸作用，彻底排出污物。

2. 新型坐便器

（1）节水坐便器　一般节水坐便器是将坐便池底排粪污水口直接与下水排污管连接，在坐便池底排粪污水口装一个与坐便池上盖连接的密封活动挡板，在坐便器的前方设一个活塞压水器，活塞压水器的进水口与存水箱连接，内设止水阀，活塞式压水器的出水口通过出水管与坐便池的上边缘喷水口连接，出水管上设有止水阀，在靠近下水排污管与排粪污水口连接处的下水排污管上，接一根与其他污水连接的水管，节水坐便器的节水效率高，同时降低了污水的排放量，可有效地减少给排水及污水处理所需的人力，物力和财力。

还有一种节水坐便器，它是由坐便器，密封挡板，冲洗器构成，其特征是坐便池底排粪污水口直接与下水排污管连接，在坐便池底排粪污水口装一个密封活动挡板，密封活动挡板由一根连接杆固定在坐便池的底部，连接杆通过一根转动杆与坐便池上盖连接，在坐便器的前方设一个活塞压水器，活塞压水器的进水口与存水箱连接，内设止水阀，活塞式压水器的出水口通过出水管与坐便池的上边缘喷水口连接，出水管上设有止水阀，在靠近下水排污管与排粪污水口连接处的下水排污管上，接一根与其他污水连接的水管。

（2）消毒坐便器　椭圆形顶盖内表面布有顶盖支座，固定灯管支座呈 U 形，与顶盖支座相间交错固定于椭圆形顶盖内表面，U 形紫外线灯管置于顶盖支座与固定灯管支座之间，并且固定灯管支座高度大于 U 形紫外线灯管高度；固定灯管支座高度小于顶盖支座高度，微动开关 K2 的平面高度小于或等于顶盖支座的高度，U 形紫外线灯管两脚导线、微动开关 K2 两脚导线均与电子线路连接。电子线路是由稳压电源、延时电路、微动开关 K1 和控制电路组成，将其装在一个长方形盒体中，引出的四根导线 S1、S2、S3、S4 分别与 U 形紫外线灯管两脚导线、微动开关 K2 两导线连接，电源线甩在盒外。消毒坐便器实用并且结构简单，杀菌效果好，可广泛地应用于宾馆、饭店、酒楼、机关的卫生间，其对于解决坐便器的杀菌、消毒，防止病菌传染，保护人们的身心健康将起到积极作用。

（3）省水坐便器 它由坐便器主体、密封圈、排便阀、喷水头、联动阀门所组成。坐便器主体的下部是敞开的，排便阀置于其内，并用密封圈密封，用螺丝及压板将排便阀固定在坐便器主体的底部。坐便器主体的前上方有喷水头。联动阀门位于手柄下方的坐便器主体旁侧，并与手柄联动。省水坐便器的结构简单、价格便宜、不易堵塞、省水。

（4）多功能坐便器 具有检测体重、体温及尿糖值的多功能坐便器，它是在座位的上边规定位置设置温度传感器；座位的底面设有一个体重感应部；坐便器本体部的内侧面上设置尿糖值感应传感器，由温度传感器、体重感应部及尿糖值感应传感器传输的模拟信号转换成规定的数据信号的控制部组成。使用这种多功能坐便器，只要每天使用一次以上，就能很容易地对自身的体重、体温及尿糖值进行测定。

（5）智能化坐便器 智能化坐便器的出现，实际上是在坐便器和净身器的基础上发展而来的。简单地说，智能化坐便器有一个电脑控制的坐便器坐盖。只要把原来的坐盖取下，将电脑便座安装在马桶之上，普通的坐便器便升级为"臀部冲洗式"坐便器。便座下有一喷水口，可喷出适量温度的清水，便于使用者便后自动喷洗清洁臀部。喷水口的水量、水温和喷射角度均可通过坐便器旁的电子控制器来调节，并备有温风吹干和坐板保温功能。智能化坐便器一般有以下三种功能。

① 臀部清洗 发泡式强力冲洗，洗净卫生纸擦拭不了的臀部褶皱间的污物。并且采用独立管路，专业的柔软冲洗喷头，能够防止细菌感染，体现出无微不至的关爱和呵护。清洗位置是可调的，臀部清洗或女性清洗时，有 5 挡位置可供选择，调节出令人满意的洗净位置。清洗时，喷管前后自如摆动，往复冲洗，进一步提高清洗效果，而且具有按摩作用。每次冲洗前喷口自动清洗，防止喷口不干净，并可遥控自洁。清洗后有暖风干燥，采用 4 挡可调风温烘干，温度在 32～62℃。清洗时的水温有常温挡、33℃、36℃、39℃，根据个人需要，可自行调节温度的高低。

② 坐板保温 采用常温挡、33℃、36℃、39℃共 4 挡可坐温，即使在寒冷的冬天如厕，也不用惧怕臀部贴到冰冷的坐圈。

③ 自动冲水 便后，人离开坐圈 5s，自动冲洗坐便器。无需伸手操作冲洗，更卫生、更健康。

（二）坐便器的选购

卫生间是装修中的重头戏，坐便器又是卫生间的最关键产品，因而其选购是特别重要的。以前我国生产和使用的坐便器冲水量基本上都在 12L 左右，对水源的污染和浪费极其严重，现在坐便器应选用冲洗量为 3L/6L 的节水型坐便器。节水型坐便器排水量虽然减小了，但所采用虹吸式完全能够冲得彻底。选择时要从以下几方面考虑。

1. 坐便器按结构分为分体坐便器和连体坐便器两种，在选择时主要看卫生间大小一般分体坐便器所占空间大，连体坐便器所占空间小。另外，分体坐便器外形传统些，价格也相对便宜，连体坐便器新颖高档些，价格相对较高。

2. 坐便器按卫生间的出水口有下排水（又叫底排）和横排水（又叫后排）之分

横排的排水口在地面上，使用时要用一段胶管与坐便器后出口连接。底排的排水口，俗称地漏，使用时只要将坐便器的排水口与它对正就行了。在选择坐便器时，就必须确定地漏的中心与墙面的距离，这个距离有 220mm、305mm、400mm 和 420mm 等多种规格。在安装时注意不能相差过大，否则会影响排水效果。

要量好下水口中心至水箱后面墙体的距离，买相同型号的坐便器来"对距入座"，否则坐便器无法安装。横排水坐便器的出水口要和横排水口的高度相等，最好略高一些，才能保证污水畅通，30cm 的为中下水坐便器；20～25cm 为后下水坐便器；距离在 40cm 以上的为前下水坐便器。型号稍有差错，下水就不畅。

坐便器的选择装修完毕后，一定要试验排水，方法是将水箱内配件装好，灌满水，然后在坐便器内放一张卫生纸并滴一滴墨水，一次排放后不留痕迹，说明下水通畅，同时注意坐便器中积水较少为好。

3. 注意选择不同的排水方式

坐便器按下水方式可分为冲落式、虹吸冲落式和虹吸漩涡式等。冲落式及虹吸冲落式注水量约 6L 左右，排污能力强，只是冲水时声音大；而漩涡式一次用水量大，但有良好的静音效果。消费者不妨试试直冲虹吸式坐便器，直冲虹吸式坐便器兼有直冲、虹吸两者的优点，既能迅速冲洗污物，也可起到节水的作用。

坐便器的选择一般横排的选择冲落式，它借助冲洗水的冲力直接将污物排出；底排的选择虹吸式排水，它的原理就是借冲洗水在排污管内形成虹吸作用，将污物排出，这种冲水方式要求用水量必须达到规定的数量才能形成有效的虹吸作用。冲落式冲水声音较大，冲力也较大，多数蹲便器采用这种方式；虹吸式与冲落式相比，冲水声音要小得多。

虹吸式坐便器还可分为普通虹吸和静音虹吸，普通虹吸也叫喷射虹吸，坐便器的喷水孔在下水管道底部，喷水孔正对着排水口；静音虹吸又叫旋涡虹吸，它与普通虹吸的主要区别是喷水口不是正对排水口，有的是与排水口并列，有的是从坐便器上部四周出水，达到规定水量形成旋涡然后排出污物。现在市场上出售的多数为虹吸式的坐便器。

4. 需要了解坐便器的排水量

国家规定使用 6L 以下的坐便器。现在市场上的坐便器多数是 6L 的，许多厂家还推出了大小解分开的坐便器，有两个开关 3L 和 6L，这种设计更利于节水。另外，还有厂家推出了 4.5L 的，消费者在选择时，最好做一下冲水试验，因为水量多少会影响使用效果。

在选择时坐便器的水箱配件很容易被人忽略，其实水箱配件好比是坐便器的心脏，更容易产生质量问题。购买时要注意选择配件质量好，注水噪声低，坚固耐用，经得起水的长期浸泡而不腐蚀、不起水垢的。

目前，市场上坐便器品牌繁多，款型各异。从卫生角度来讲，主卫生间一般采用坐便器，客用卫生间一般选用蹲便器，卫生间较大的家庭，还可选择男用的小便器，这样既利于清洁，又能节约用水。

5. 挑选坐便器要注意以下五个步骤

（1）看整体　知名的店面都有自己的特色，设有样板间，把能证明自己实力的各种资格证书摆放在比较明显的位置。样品摆放得是否整齐、美观，能从一个侧面反映出厂家对自己品牌的重视和用心程度。

（2）摸表面　高档的坐便器表面的釉面和坯体都比较细腻，手摸表面不会有凹凸不平的感觉。中低档坐便器的釉面比较暗，在灯光照射下，会发现有毛孔，釉面和坯体都比较粗糙。

（3）掂分量　高档坐便器必须采用卫生陶瓷中的高温陶瓷，这种陶瓷的烧成温度在1200℃以上，材料结构全部完成晶相转化，生成结构呈极致密的玻璃相，达到了卫生洁具全瓷化的要求，手掂有沉甸甸的感觉。中、低档的坐便器均采用的是卫生陶瓷中的中、低温陶瓷，这两种陶瓷由于其烧成的温度低，烧成的时间短，无法完成晶相转化，因此达不到全瓷化的要求。

（4）比吸水率　高温陶瓷与中、低温陶瓷最明显的区别是吸水率，高温陶瓷的吸水率低于 0.2%，产品易于清洁不会吸附异味，不会发生釉面的龟裂和局部漏水现象。中、低温陶瓷的吸水率大大高于这个标准且容易进污水，不易清洗还会发出难闻的异味，时间久了还会发生龟裂和漏水现象。

（5）试冲水　对于坐便器来说，最主要的功能是冲水，而坐便器管道设计是否科学合理，是影响冲水的最大因素。因此，一般正规厂家的专卖店或经销商，都有试水台，以供客户试水之用，在 GB/T 6952—1999 所规定的标准中，要求在小于或等于 6L 水的情况下，3次冲水，平均至少要有 5 个注水的乒乓球冲出。

二、浴缸的识别与选购

（一）浴缸的识别

浴缸是卫生间内最重要的设备。虽然快节奏的生活使不少人喜欢淋浴，但是浴缸的需求还是必不可少的。随着科学技术的发展，浴缸的性能和质量都有了较大的改进，款式也逐渐多样化，用以配合不同的需要。所以现在市场上的浴缸除实用外还要兼具美观的外形。

普通浴缸多采用铸铁搪瓷、钢板搪瓷、工程塑料、玻璃钢、人造大理石、人造玛瑙等多种材料制作。颜色一般都是白色，形状通常是长方形，主要区别在于有无裙边。在选购有裙边的浴缸时则应该注意裙边的方向，也就是浴缸地面下水口的位置。区分的方式如下：在面对着浴缸所临靠的墙面时，如果落水口在人的左侧，则需要购买左裙边浴缸，反之为右裙。普通家庭宜选用长 1.2m、白色、无防滑槽的浴缸，相对比较经济实惠。如浴缸的主要使用者为老人，则必须选用底部有防滑设计的浴缸。另外，选用深型浴缸可以弥补长度的不足。

浴缸按尺寸分为大、中、小三种，常用规格列于表 5-1。

表 5-1　常用浴缸的规格

浴缸大小	规格（长×宽×深）/mm
大	1680×800×450
中	1500×750×450
小	1200×700×550

浴缸一般都装有冷、热两个水龙头，有的还与淋浴龙头相连。

随着现代工业水平的发展，使用新型亚克力（即甲基丙烯酸甲酯）材料来制造的浴缸已进入市场。这种浴缸由一薄片亚克力材料制成，厚度通常为 3～10mm。浴缸的底层有玻璃纤维作为增强层，以加强浴缸的承载能力。亚克力散热速度较慢，因此保温性好，接触其表面并无冰冷的感觉，与铸铁或钢板相比，更显得温暖、柔软。特别是在冬天，如果想享受泡浴，浴缸的保温性能尤为重要。由于亚克力的可塑性强，即使拉伸后色彩仍然均匀亮丽，因此该类浴缸造型丰富、款式多样，且表面光洁度好，重量轻，易安装。从而可以迎合不同审美观的消费者的口味。

近年来随着居住舒适度的提高，除传统的浴缸以外，还出现许多特殊功能的浴缸：冲浪式浴缸、独立式浴缸、木质浴缸、坐式浸浴盆等。

1. 冲浪式浴缸

冲浪式浴缸是以管道系统来运作的。这种浴缸的四周与下部有喷嘴，通过空气管道和供水管道把空气和水混合，再经喷嘴喷出，然后进吸水管道，使水流循环动作；喷出的水有一定的水压，能按摩人体肌肉，达到促进血液循环、新陈代谢和消除疲劳的效果。

2. 独立式浴缸

一种带宽大裙边的浴缸，它不靠墙安装，不设砌台，有专门的支架或架座支撑，尤其是靠近进水管一侧与墙面隔开，独立安放在浴室中间。那些有按摩冲浪功能的浴缸都可作为独立浴缸安置。它与传统的靠墙安置方式相比较，最大的特点在于空间感极度释放，哗哗的水声可以因为空间的增大而分散，也可以与阳光、音乐、落地大窗结缘，而成为家庭享受沐浴、放松身心的独立场所。

3. 木质浴缸

木质浴缸实际上就是木桶，但它是以香柏木为材料打制而成的，表面是原色的木板，桶长 1.25m 左右，宽为 0.9m。在木桶的边上有一块木板高于底面，那是给人在沐浴时坐的；另外，在这块木板的上方，人坐下以后背部和颈部的区域，两边各有两个按摩喷头，水放进木桶以后打开喷头开关，就会有水从桶壁的喷头中喷出，充分达到按摩的效果。这种按摩浴桶价格虽然贵一点，但性价比还算合理。

4. 坐式浸浴盆

这种浴盆呈四方形，面积小、深度较深，盆内还附设座位。如果在这种坐式浴盆中加装水力按摩装置，利用激射出的水柱产生动力以形成按摩，便能有效帮助沐浴者驱除疲劳，令浸浴时更加舒服畅快。

安装普通浴缸时应注意：浴缸长度与卫生间净尺寸宽度必须一致。避免卫生间尺寸过小造成安装困难；如长度不够时应选取宽度较大或尝试较深的浴缸，以保证浴缸有足够量的水。

（二）浴缸的选购

要选购一个尺寸合适的浴缸，最需要考虑的不仅包括其形状和款式，还有舒适度、摆放位置、水龙头种类，以及材料质地和制造厂商等因素。要检查浴缸的深度、宽度、长度和围线。有些浴缸的形状特别，有矮边设计的浴缸，是为老年人和伤残人而设计的，小小的翻边和内壁倾角，让使用者能自由出入。还有易于操作控制的水龙头以及不同形状和尺寸的周边扶手设计，均为方便进出浴缸而设。

1. 水容量

一般满水容量在 230～320L 左右。入浴时水要没肩。浴缸过小，人在其中蜷缩着不舒服，过大则有漂浮不稳定感。出水口的高度决定水容量的高度。

2. 光泽度

通过看表面光泽了解材质的优劣，适合于任何一种材质的浴缸。铸铁搪瓷被认为是光洁度最好的。

3. 平滑度

手摸表面是否光滑，适用于钢板和铸铁浴缸，因为这两种浴缸都需要镀搪瓷，镀的工艺不好会出现细微的波纹。

4. 牢固度

手按、脚踩测试牢固度。浴缸的牢固度关系到材料的质量和厚度，目测是看不出来的，需要亲自试一试，有重力的情况下，比如站进去，看其是否有下沉的感觉。钢这种材料比较坚硬耐用，钢制浴缸同时有陶瓷或搪瓷覆盖表层，如果有经济能力的话，最好选购较厚的钢制浴缸。

5. 裙边有左右之分

裙边的区分方式如下：在面对着浴缸所临靠的墙面时，如果落水口在人的左侧，则需要购买左裙边浴缸，反之买右裙边浴缸。

6. 浴缸的防滑性

应选择有防滑措施的浴缸，特别是老年人和儿童使用的浴缸，更应注重其防滑性。

三、盥洗盆的识别与选购

（一）盥洗盆的识别

盥洗盆的材质，使用最多的是陶瓷、搪瓷生铁、搪瓷钢板，还有水磨石等。随着建材技术的发展，国内外已相继推出玻璃钢、人造大理石、人造玛瑙、不锈钢、玻璃等新材料。盥洗盆的种类繁多，但对其共同的要求是表面光滑、不透水、耐腐蚀、耐冷热，易于清洗和经久耐用等。

1. 盥洗盆的种类

盥洗盆的种类很多，按材料不同分为陶瓷、钢板搪瓷、人造大理石和工程塑料等多种；按尺寸分为大、中、小三种；按式样有方形、椭圆形、单龙头、双龙头等；按安装形式分为以下四种。

（1）角型盥洗盆　由于角型盥洗盆占地面积小，一般适用于较小的卫生间，安装后使卫生间有更多的回旋余地。

（2）普通型盥洗盆　适用于一般装饰的卫生间，经济实用，但不美观。

（3）立式盥洗盆　适用于面积不大的卫生间，它能与室内高档装饰及其他豪华型卫生洁具相匹配。

（4）有沿台式盥洗盆和无沿台式盥洗盆　适用于空间较大的装饰较高档的卫生间使用，台面可采用大理石或花岗石材料。

盥洗盆一般开有三种孔，即进水孔、防溢孔和排水孔。为了能将水放满盥洗盆，必须将排水孔堵起来，排水孔一般都附有专用的塞子，有的塞子可直接拿开或关上，有的则用水龙头上附带的拉压杆控制。

根据盥洗盆上所开进水孔的多少，盥洗盆又有无孔、单孔和三孔之分。

无孔的盥洗盆其水龙头应安装在台面上，或安装在盥洗盆后的墙面上；单孔盥洗盆的冷、热水管通过一只孔接在单柄水龙头上，水龙头底部带有丝口，用螺母固定在这只孔上；三孔盥洗盆可配单柄冷热水龙头或双柄冷热水龙头，冷、热水管分别通过两边所留的孔眼接在水龙头的两端，水龙头也用螺母旋紧与盥洗盆固定。

2. 盥洗盆的保养

不要用锋利器具擦洗；不要用酸性物质冲洗；定时喷一些消毒液。

（二）盥洗盆的选购

市场中盥洗盆的种类、款式、造型非常丰富，价格不一，不同材质的盥洗盆特点和保养不尽相同，在选择时首先要看材质，下面着重介绍以下三种。

1. 陶瓷盥洗盆

从目前的市场上看，陶瓷盥洗盆依然是市场的主流，占据了90%以上的市场，因其品种繁多、经济实惠、富有个性的特征依然让众多消费者青睐。

挑选陶瓷盥洗盆主要看釉面和吸水率。釉面的质量关系到耐污性，优质的釉面孔极细小，光滑致密，不易脏，一般不用经常使用强力去污产品，清水加抹布擦拭即可。挑选陶瓷盥洗盆时可在强光线下，从侧面观察产品表面的反光；也可以用手在表面轻轻抚摸感觉平整性。

吸水率好的产品膨胀度低，表面不容易变形产生表面龟裂现象，所以一般吸水率越低越好，高档产品吸水率一般小于3%，而部分知名品牌更是把吸水率降低到0.5%，所以选购时多关注一下厂家的说明书，尽量选择吸水率低的产品。

2. 不锈钢盥洗盆

不锈钢盥洗盆总能给人一种时尚的感觉，受到时下年轻一族的喜爱，不锈钢盥洗盆和卫生间其他金属配件搭配可烘托出一种特有的现代感。

一般不锈钢盥洗盆都是采用实体厚材做的，钢材料也是经过高度萃取，表面也要经过磨砂或者镜面电镀等工序，所以售价较高。

不锈钢盥洗盆有一个突出的特点，就是容易清洁，只要水一冲就光鲜如新。比起玻璃和陶瓷盥洗盆清洗起来确实有点四两拨千斤的感觉。在选购上没什么特别讲究，看好款式，了解一下材质和保养要点就差不多了。

3. 玻璃盥洗盆

玻璃盥洗盆拥有柔和的线条以及特有的纹理和折射效果，无论是色彩还是风格都比以上两种盥洗盆更加迷人和美丽。但是玻璃比起其他两种材质就要显得娇贵和难伺候了，首先是易碎和不耐高温，市场上出售的玻璃盥洗盆壁厚有19mm、15mm和12mm等几种，即使是19mm壁厚的产品，它的耐温也仅仅达到80℃的相对高温，所以使用时要非常小心，千万别图方便把开水倒进去，否则会迸裂的。

其次是价格，对于陶瓷盥洗盆来说，500元以下的属于中低档产品。这种盥洗盆经济实惠，但色彩、造型变化不大，大多是白色陶瓷制成，以椭圆形、半圆形为主。1000～5000元的陶瓷盥洗盆属于高档产品，这种价位的产品做工精细，有的还有配套的毛巾架、牙缸和皂碟，人性化的设计很到位。由于玻璃盥洗盆从工艺到设计成本都较高，所以价格也相对贵一些，一般高品质的玻璃盥洗盆价格应在8000～10000元以上，这种价格一般消费者是很难接受的。

再次是保养，很多消费者都以为玻璃盥洗盆的清洁打理很麻烦，其实经过特殊工艺处理的玻璃盥洗盆表面光洁度极高，并不易挂脏。平日里，玻璃盥洗盆的清洁保养与普通陶瓷盥洗盆没有太大的区别，你只需注意一下不要用利器刻划表面及不要用重物撞击就可以了。清洁玻璃盥洗盆一般不能使用开水、百洁布、钢刷、强碱性洗涤剂、尖硬的利器等物品。推荐使用纯棉抹布、中性洗涤剂、玻璃清洁水等进行清洁，这样才能保持持久亮丽如新。

最后就是应该注意产品的安装要求，有的盥洗盆安装要贴墙固定，在墙体内使用膨胀螺栓进行盆体固定，如果墙体内管线较多，就不适宜使用此类盥洗盆。

除此之外，还应该检查盥洗盆下水返水弯，盥洗盆龙头上水管及角阀等主要配件是否安全。

第二节　淋浴房、卫浴家具的识别与选购

一、淋浴房的识别和选购

（一）淋浴房的识别

卫浴设备的变革大致经历了从木盆、铅桶、塑料盆到搪瓷浴缸等演变进化过程。现在，一种新型的整体卫浴间装饰成为时尚潮流的先锋。

淋浴房的出现与居住条件的改善有直接关系。现代家居对卫浴设施的要求越来越高，许多家庭都希望有一个独立的洗浴空间，目前很多住宅在设计时都安排了两套卫生间，人们一般在其中的一间（一般为主卫，家人使用频率高）安装较为传统的浴缸，另一间（客卫）则装置一间淋浴房，以便各取所需。此外由于卫生观念的改变，不少人认为淋浴比盆浴更卫生，因此一些家庭在卫生间也会舍浴缸而取淋浴房。

淋浴房可以直接从市场上购买现成的整体淋浴房，也可以在装修时自己从卫生间里辟出一角用铝合金等材料隔出一间淋浴房来。将淋浴设施与卫生洁具在空间上清晰地划分开来，从而突出各自的功能，这也是家居观念上的一种进步。

高效的利用占地面积是整体淋浴房最显著的特点之一。淋浴房的基本结构为底盘加围栏。底盘质地多采用陶瓷、亚克力、玻璃钢等，尺寸大致有 80cm×80cm 和 90cm×90cm 两种。围栏框架多为铝合金质地、外层喷塑，围栏上装有塑料或钢化玻璃门以及镀金或镀铬的把手，可以方便进出。淋浴房还要包括洗衣面池、浴镜和冷热水龙头。从造型上看，它以多变的几何形状与空间完美地结合。如方形、长方形、圆形、扇形、钻石形、多边形；门的形式有圆弧门、转角门、折门、单开门、转角双开门、三折叠门、片双开门、转角折门、折叠门、三移门等多种款式。围栏的玻璃有普通钢化玻璃、水波纹钢化玻璃和布纹钢化玻璃等，后两者在造型上比较美观。目前市场上销售的淋浴房颜色已突破单一的白色，增添了许多鲜丽的色彩，如乳白、象牙黄、贵妃红等色，还有采用喷砂金或喷砂银等工艺，色彩华丽、气派非凡。

从价格上看，国产非标准淋浴房价格最便宜，也是最实惠的，它按平方米为单位计算，价格在 300~700 元/m²，整体淋浴房价格一般都在 2000 元左右。豪华淋浴房由于用电脑控制，其功能还包括人体冲浪、背部按摩、蒸汽、瀑布式水龙头等，所以价格一般都在万元以上。

1. 淋浴房的分类

淋浴房按功能分整体淋浴房和简易淋浴房；按款式分转角形淋浴房、一字形浴屏、圆弧形淋浴房、浴缸上浴屏等；按底盘的形状分方形、全圆形、扇形、钻石形淋浴房等；按门结构分移门、折叠门、开门淋浴房等。

整体淋浴房的功能较多，价格较高，一般不能订做。带蒸汽功能的整体淋浴房又叫蒸汽房，心脏病、高血压病人和小孩不能单独使用蒸汽房。与整体淋浴房相比，简易淋浴房没有"房顶"，款式丰富，其基本构造是底盆或人造石底坎或天然石底坎，底盆质地有陶瓷、亚克力、人造石等，底坎或底盆上安装塑料或钢化玻璃淋浴房，钢化玻璃门有普通钢化玻璃、优质钢化玻璃、水波纹钢化玻璃和布纹钢化玻璃等材质。

2. 淋浴房的特点

① 可以划分出独立的洗浴空间。我国居民住宅卫生间和盥洗间大都合在一起，安装浴房是比较合理的选择。这样可以创造出一个相对独立的洗浴空间，避免相互影响，方便日常生活。

② 节省空间。有些家庭卫生间的空间小，安不下浴缸，而淋浴房则能节省不少空间。

③ 有了淋浴房，使用喷头淋浴时，水就不会溅到外面把整个卫生间的地面都弄湿了。

④ 冬天，使用淋浴房还能起到保温的作用。水汽聚在一个狭小的空间里，热量不至于很快散失，让人感到很暖和。而如果卫生间较大，又没有淋浴房，即使有暖气，也往往感觉很冷。

⑤ 淋浴房的造型丰富，色彩鲜艳，除了具有洗浴的功能外，本身还是一件很好的装饰品。

3. 淋浴房日常的使用注意事项

（1）清洁　常规清洗用清水冲洗，定期用玻璃水清洗，以保持玻璃的光洁度，有污垢的用带中性清洁剂的软布擦除，顽固污渍可用少量酒精去除，清洁淋浴房的四壁及底盆时，使用柔软的干布。

忌用以下物品进行清洁，如酸性、碱性溶剂、药品（如盐酸），丙酮稀释剂等溶剂，去污粉等，否则会对人体产生不良影响，并且会致使产品出现一些不良状况。

（2）使用和保养淋浴房的滑轮　避免下面用力冲撞活动门，以免造成活动门脱落；注意定期在滑轨上加注润滑剂；定期调整保证滑轮对活动门的有效承载及顺畅滑动；钢化玻璃，铝合金，人造石底盆的保养；不要用硬物打击或冲击玻璃表面（特别是边角）；不要用强酸、强碱腐蚀性溶液擦拭玻璃表面，以免破坏表面光泽；不要用金属丝擦拭玻璃表面，以避免出现划痕；防止阳光的直射与暴晒。

（二）淋浴房的选购

1. 玻璃

首先看玻璃是否通透，有无杂点、气泡等缺陷，制作玻璃的材料不纯或工艺的缺陷会使玻璃有杂点和气泡等缺陷，减小玻璃的硬度、强度等；其次要看玻璃原片上是否有 3C 标志认证，3C 认证是中国强制性产品认证的简称，淋浴房产品无此标识不能销售；另外还要看完全钢化玻璃碎片样板，根据国家标准钢化玻璃每 50mm×50mm 的面积安全碎量要达到 40 粒以上。

2. 铝材

首先要看铝材的硬度，淋浴房铝材往往需要支撑几十千克甚至上百千克玻璃的重量，如果硬度和厚度不行，淋浴使用寿命将很短，所有铝材的硬度和厚度是重要考核指标。合格的淋浴房铝材厚度均在 1.2mm 以上，走上轨吊玻璃铝材需在 1.5mm 以上。铝材的硬度可以通过手压铝框测试，硬度在 13 度以上的铝材，成人很难用手压使其变形。

其次要看铝材的表面是否光滑，有无色差和砂眼，以及剖面光洁度情况。二手的废旧铝材在处理时，表面的处理光滑度不够，会有明显色差和砂眼，特别是剖面的光洁度偏暗。

3. 滑轮

首先看滑轮的材料和轮座的密封性，滑轮的轮座要使用抗压、耐重的材料，比如 304 不锈钢、高端合成材料。轮座的密封性好，水汽不容易进轮子，轮子的顺滑性得到保障。

其次看滑轮和铝材轨道的配合性，滑轮和轨道要配合紧密，缝隙小，在受到外力撞击时不容易脱落，避免安全事故。

4. 连墙材和墙夹的调整功能

连墙材（墙夹）是淋浴房和墙体连接的铝材，因为墙体的倾斜和安装的偏移会导致连墙的玻璃发生扭曲，从而发生玻璃自爆现象。因此连墙材要有纵横方向的调整功能，让铝材配合墙体和安装的扭曲，消除玻璃的扭曲，避免玻璃的自爆。

5. 淋浴房拉杆的稳定性

淋浴房的拉杆是保证无框淋浴房稳定性的重要支撑，拉杆的硬度和强度是淋浴房抗冲击性的重要保证。建议不要使用可伸缩性的拉杆，它的强度偏弱。

6. 淋浴房水密性

淋浴房水密性主要观察的部位是淋浴房与墙的连接处，门与门的接缝处，合页处（合页因为要活动，水密性经常不好），淋浴房与石基、底盆的连接处，查看胶条与胶条的密封性。

7. 产品设计是否人性化

精品架、密封磁条、缓冲装置。

8. 证书

产品的质检证书、专利证书是产品质量的直接体现。要看3C证书、看质检证书、专利证书。

二、卫浴家具的识别与选购

（一）卫浴家具的识别

1. 卫浴家具的分类

（1）高级实木类浴室家具　展示木纹的自然纹路，使浴室家具富有古典的美韵，此类产品多采用环保型化学产品（丙烯酸）喷刷处理，处理后防潮防水性能大幅提高，克服了实木家具对湿度要求高的弱点。

制作浴室柜实木材质很多，以桦木、枫木、榉木、杉木、水冬瓜、橡木等为主。高档柜以先进的设备、严密的工序流程制成（精密切割机切割材料—砂光机将板材砂光—先进的排钻打孔—木榫组装—涂胶钳压—手工清磨），并以科学的油漆工艺处理，从根本上解决浴室柜防水、防潮问题。有害物质限量应符合GB 18581—2001《室内装饰装修材料　溶剂型木器涂料中有害物质限量》的规定。

（2）木皮类浴室家具　以实木或密度板为基材，使用实木皮板整体粘贴后，表面刷附防水漆料。因基材同实木皮板的木种不同，要求有考究的粘贴工艺及粘接材料，否则极易出现开裂现象，影响防水效果。

（3）吸塑类浴室家具　以PVC作为吸塑面板，经过真空热压吸附在密度板或防潮板上，防潮板为木浆同防潮颗粒的固化物，一般为蓝色或绿色，吸塑后能将板材吸为一体，无需封边，有极佳的防潮防水性能。

2. 卫浴家具的特点

（1）高级实木类浴室家具　自然淳厚，高档典雅；价格昂贵；耐燃性能差一些，不耐刮划。

（2）木皮类浴室家具　装饰自然，价格相对实木浴室家具低；对加工工艺要求高，不耐刮划，耐化学腐蚀性能不高。

（3）吸塑类浴室家具　色彩丰富，抗高温，防刻划，防老化。对加工工艺、设备要求高，耐化学腐蚀性能不高。

（二）卫浴家具的选购

① 材料必须环保、防水，以适应卫浴间的潮湿环境。

② 五金配件应是经过防潮处理的不锈钢或专用铝制品，防止生锈，保障耐用。

③ 宜选择挂墙式或柜腿较高的家具，可有效隔离地面潮气。

④ 浴柜应保障进出水管的检修位和排水孔预留有足够空间，以免妨碍维护和检修。

⑤ 选用木质浴室柜时，必须干湿分离。在浴室空间较小的情况下，设置淋浴房或淋浴屏是最有效的手段。

⑥ 高档的浴室家具在选材上基本以实木、防潮板、密度板为基材，以考究的表面处理工艺来抵挡温度、湿度和紫外线的侵袭，确保基材长期在卫生间内使用，也不会开裂变形。

⑦ 如果浴室整体面积很大，可以尝试独立的浴室集纳柜，这样的浴室集纳柜可以分门别类放置一家三口各自使用的物品。

⑧ 把收纳柜的门换成化妆镜，关上柜门就能利用它整理仪容，同时又是收纳浴室用品、充分利用空间的好帮手，可以说是一举两得。

⑨ 环保的浴室柜，不应使用含氯塑料，不应在塑料中添加含有铅、铬、镉、汞及其化合物，卤代有机化合物或邻苯二甲酸酯的任何物质。

第三节　浴霸、热水器的识别与选购

长期使用凉水洗澡会对人的皮肤造成刺激和损害。有了热水器这种设施，加上能调节水温，产生的热水可作为卫生间淋浴、洗脸、洗衣之用，也可供厨房洗涤炊具、餐具之用。因此家庭热水器已成为现代厨房、卫生间必不可少的设施之一。

一、浴霸的识别与选购

（一）浴霸的识别

浴霸原自英文 bathroommaster，可以直译为浴室主人。它是通过特制的防水红外线灯和换气扇的巧妙组合将浴室的取暖、红外线理疗、浴室换气、日常照明、装饰等多种功能结合于一体的浴用小家电产品。

1. 浴霸的种类

浴霸是许多家庭沐浴时首选的取暖设备。目前，市场上销售的浴霸按其发热原理可分为灯泡系列浴霸、PTC 系列浴霸、双暖流系列浴霸。

（1）灯泡系列浴霸　以特制的红外线石英加热灯泡作为热源，通过直接辐射加热室内空气，不需要预热，可在瞬间获得大范围的取暖效果。

其功能是取暖、换气、照明，采用 2 盏或 4 盏 275W 硬质石英防爆灯泡取暖，效果集中强烈，一开灯即可取暖，无需预热，非常适合生活节奏快捷的人群。二合一浴霸是专门为已安装好通风扇或低矮浴室、老住宅浴室而设计的，特点是安装简便。

（2）PTC（一种陶瓷电热元件）系列浴霸　以 PTC 陶瓷发热元件为热源，具有升温快、热效率高、不发光、无明火、使用寿命长等优点，同时具有双保险功能，非常安全可靠。其特点是通过 PTC 材料发热，开机几分钟后，将整个浴室加温，也可换气、照明，为人们营造一个温馨的沐浴空间。

（3）双暖流系列浴霸　采用远红外线辐射加热灯泡和 PTC 陶瓷发热元件联合加热，取暖更快，热效率更高。

2. 使用和安装浴霸注意事项

（1）电源配线系统要规范　浴霸的功率最高可达1100W以上，因此，安装浴霸的电源配线必须是防水线，最好是不低于1mm的多丝铜芯电线，所有电源配线都要走塑料暗管镶在墙内，绝不许有明线设置，浴霸电源控制开关必须是带防水10A以上容量的合格产品，特别是老房子浴室安装浴霸更要注意规范。

（2）浴霸的厚度不宜太大　在安装问题上，消费者在选购时一定要注意浴霸的厚度不能太大，一般的在20cm左右即可。因为浴霸要安装在房顶上，若想要把浴霸装上必须在房顶以下加一层顶，也就是我们常说的PVC吊顶，这样才能使浴霸的后半部分可以夹在两顶中间，如果浴霸太厚，装修就会很困难。

（3）应装在浴室的中心部　很多家庭将其安装在浴缸或淋浴位置上方，这样表面看起来冬天升温很快，但却有安全隐患。因为红外线辐射灯升温快，离得太近容易灼伤人体。正确的方法应该将浴霸安装在浴室顶部的中心位置，或略靠近浴缸的位置，这样既安全又能最大程度地发挥功能。

（4）工作时禁止用水喷淋　在使用时应该特别注意：尽管现在的浴霸都是防水的，但在实际使用时千万不能用水去泼，虽然浴霸的防水灯泡具有防水性能，但机体中的金属配件却做不到这一点，也就是机体中的金属仍然是导电的，如果用水泼的话，会引发电源短路等危险。

（5）忌频繁开关和振动　平时使用不可频繁开关浴霸，浴霸运行中切忌周围有较大的振动，否则会影响取暖泡的使用寿命。如运行中出现异常情况，应即停止使用，且不可自行拆卸检修，一定要请售后服务维修部门的专业技术人员检修。

（6）保持卫生间清洁干燥　在洗浴完后，不要马上关掉浴霸，要等浴室内潮气排掉后再关机；平时也要经常保持浴室通风、清洁和干燥，以延长浴霸的使用寿命。

3. 浴霸的辐射和光污染等严重问题

（1）红外线损害眼睛和皮肤　红外线是一种热辐射，对人体可造成高温伤害。较强的红外线可造成皮肤伤害，其情况与烫伤相似。最初是灼痛，然后造成烧伤。

红外线对眼睛的伤害有几种不同情况：

① 波长为 $0.75\sim1.3\mu m$ 的红外线对角膜的透过率较高，可造成眼底视网膜的伤害。尤其是 $1.1\mu m$ 附近的红外线，可使眼睛的前部介质（角膜、晶体等）不受损害而直接造成眼底视网膜烧伤。

② 波长 $1.9\mu m$ 以上的红外线，几乎全部被角膜吸收，会造成角膜烧伤（浑浊、白斑）。

③ 波长大于 $1.4\mu m$ 的红外线的能量绝大部分被角膜和内液所吸收，透不到虹膜。

④ 只有 $1.3\mu m$ 以下的红外线才能透到虹膜，造成虹膜伤害，人眼如长期暴露于红外线下，可引起白内障。

防护办法当然是使自己的眼睛不和红外线正面直接接触，或是坐在它的侧面，目光不及之处，或索性背向着它，得其暖而避开它的伤害。婴幼儿洗澡，是被放在盆中的，仰视上方，若是上边有浴霸亮着，对孩子的眼睛伤害会很大，家长和孩子日后都会深受其害。因此家里有婴儿的，千万不要在给小孩子洗澡时，让孩子仰面朝上的同时打开浴霸，否则会给孩子未来的视力造成永久伤害。

（2）强光很容易灼伤眼睛　家庭浴室一般靠浴霸取暖，人们冬季洗澡时往往是4个灯泡全都点亮。多数浴霸每个灯泡的瓦数均为275W，4个灯泡加在一起就是1100W。强光会造成光污染。经常长时间使用浴霸，会出现头晕目眩、失眠、注意力不集中、食欲下降等症状。这是因为过于耀眼的灯光干扰了人体大脑的中枢神经功能。有资料显示，光污染会削弱婴幼儿的视觉功能，影响儿童的视力发育。

（3）浴霸并不防水　虽然浴霸的防水灯泡具有防水性能，但是灯具和排风扇，照明灯等非 IP33 的防水结构灯，机体中的金属配件不防水，也就是机体中的金属仍然是导电的。如果用水泼的话，会引发电源短路等危险。

（4）浴霸并不舒适　浴霸的工作原理是通过取暖泡的热辐射来升高浴室的温度。但仅能对辐射到的局部区域加热，而不能使整个浴室温暖，浴室温度不均衡。浴霸的上暖下凉加热方式也不符合人体感受脚暖头凉的舒适要求，极易使老人和儿童及身体虚弱者引发呼吸道感染。这也是为什么使用过浴霸的人都感觉并不暖和、不舒适的原因。

（5）浴霸质量良莠不齐，假冒伪劣多，购买要谨慎　国家质检总局公布调查数据，室内加热器产品（包括浴霸）的抽样检查，近四成产品不合格。山西、四川等省抽查结果显示，浴霸合格率仅五成左右。作为一个有中国特色的产品（国外没有此类产品），进入市场已十余年，至今国家对浴霸产品还没有一个行业标准出台。

（二）浴霸的选购

由于浴霸经常在潮湿的环境下工作，在购买时马虎不得，否则会危及消费者的人身安全，因此，提醒消费者在选购浴霸时，应注意以下几点。

1. 选择安全高质量取暖灯的浴霸

取暖灯泡即红外线石英辐射灯，采用光暖辐射，取暖范围大、升温迅速、效果好，无需预热，瞬间可升温到 23～25℃，浴霸有 2 灯和 4 灯的，其每个取暖灯泡的功率都是 275W 左右，可单独控制功率，有 500W 和 1100W 高低两挡。选购时一定要注意其取暖灯是否有足够的安全性，要严格防水、防爆；灯头应采用双螺纹以杜绝脱落现象。此外，应该挑选取暖灯泡外有防护网的产品。红外线取暖灯泡采用了硬质防爆玻璃，它高强度的连接方式，也防止了灯头和玻璃壳脱落的危险。一般厂家都要对取暖灯泡进行严格检测，即模拟日常洗浴的实况，确保 100％通过冷热交变实验，在通电 15min 后，用 4℃的冷水冲淋取暖灯泡，以确保每个取暖灯泡的平均寿命在 5000h 以上。浴霸的取暖灯泡还采用了新型的内部负压技术，即使灯泡破碎也只会缩为一团，不会危及到消费者的人身安全。浴霸照明基本选用常规45W 和 60W 灯泡，可以作为浴室的照明使用，凡是具备以上特点的高质量浴霸，产品说明书中应有记载。

2. 选择智能型全自动负离子器浴霸

选择集取暖、照明、换气、吹风、导风和净化空气为一体的，采用内置电过热保护器，当温度升到一定值时，便可自动关机；而清新负离子器技术，使之能够源源不断地产生清新负离子，避免空气中的细菌繁殖，让浴室空气更加清新。风机噪声小并具有强大的换气功能，能及时排除室内的污浊空气、异味和湿气，增强空气流通，保持空气清新。尽量选择采用大灯距设计，其优点是增大取暖泡间的距离使热辐射面更宽广，使热量在浴室中的覆盖面积更广，热量分布更均匀。同时，还可以灵活地通过遥控器调节温度。

3. 选择装饰性突出的浴霸

浴霸装在浴室顶部，不占用使用空间。最新型浴霸在降低厚度、流线外形和色彩多样化上都更具现代气息，有很好的装饰效果，取暖灯泡采用低色温设计，光线柔和，不刺激眼睛，这种浴霸有蝶型、星型、波浪型、虹型、宫型等多款时尚造型，充分采撷自然之美，能

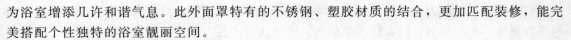

为浴室增添几许和谐气息。此外面罩特有的不锈钢、塑胶材质的结合，更加匹配装修，能完美搭配个性独特的浴室靓丽空间。

4. 根据使用面积和高低选择功率

选购浴霸，要看浴室的使用面积和高低来确定。现在市面上的浴霸主要有两个、三个和四个取暖灯泡的，其适用面积各不相同。一般以浴室在 2.6m 的高度来选择，两个灯泡的浴霸适合于 4m^2 左右的浴室，这主要是针对小型卫生间的老式楼房；四个灯的浴霸适合于 6～8m^2 左右的浴室，这主要是针对现在的新式小区楼房家庭而言。

5. 使用材料和外观上工艺检查

选购浴霸，还应该注意检查外型工艺水平，要求不锈钢、烤漆件、塑料件、玻璃罩、电镀件镀层等，这些器件的表面要均匀光亮、无脱落、无凹痕或严重划伤、挤压痕迹，外观漂亮。选择时要注意识别假冒伪劣产品，有的会采用冒牌商标和包装，或将组装品牌冒充原装商品，但此类商品一般外观工艺都较粗糙。

6. 选购时掌握各种类型性价比

一般 4 个灯的浴霸的正常售价应在 500 元以上，并根据功能多少和变化浮动，如果低于这个价格就要考虑它的品质是否有问题。由于浴霸对取暖灯技术的严格要求也决定了高质量的浴霸价格不会很低，如果消费者在市场上看到 200～300 元的浴霸，甚至是四盏灯的，大多是伪劣假冒产品，因为一只安全指标合格的红外线取暖灯泡的价格应在 50 元以上，四支就是 200 元，其他正品配件价格也得在 150 元左右，再加上厂家的利润，售价最少也应 500 元以上，低价的浴霸为降低成本，只能采用一些低价的原材料，从而降低浴霸的安全性，消费者千万不要上当。

7. 选 3C 认证专业厂名牌产品

一些技术、资金雄厚的专业大工厂，开发出的电器名牌产品，一般工艺都比较精良、性能稳定和安全可靠。选购时应检查是否有我国对家电产品要求统一达到产品质量的 3C 认证标准，获得认证的产品机体或包装上应有 3C 认证字样；还要有国家颁发的生产许可证，有厂名、厂址、出厂年月日、产品合格证、检验人员的号码，以及图纸说明书、售后信誉卡、维修站地址和电话等。

8. 选择售后服务有保障的产品

浴霸专业厂家生产的并被市场公认的名牌产品，一般保修 1～3 年和终身维修，本地有维修服务部网点，做到免费安装、登门维修，取暖灯等零配件失效后，厂家能及时更换和长期供应，并能做到产品免费升级待遇。所以，消费者应该选择售后服务完善的产品。

二、燃气热水器的识别与选购

（一）燃气热水器的识别

燃气热水器又称燃气热水炉，它是指以燃气作为燃料，通过燃烧加热方式将热量传递到流经热交换器的冷水中以达到制备热水的目的的一种燃气用具。

1. 燃气热水器的分类

（1）按所用燃气的种类不同　可分为：人工煤气型（R）、液化石油气型（Y）、天然气型（T）燃气热水器。

（2）按给排气方式的不同　可分为直接排放式、烟道排放式、强制排放式、平衡式和强制给排放式等类型。

① 直排式热水器　燃烧时所需要的氧气取自室内，燃烧后产生的废气也排放在室内。

这种热水器因其不是密封的燃烧室而必须安装在室内，具有很大的危险性，造成沐浴者死亡的现象屡见不鲜。目前，国家已严禁生产、销售这类产品。

② 烟道式热水器　在直排的基础上加了排气管道，燃烧时所需要的氧气取自室内，燃烧所产生的废气通过烟道排向室外。这种热水器安装时必须使排烟管的管道排气通畅，但是遇刮风的时候，风就会容易由排烟管道倒灌入燃烧室产生熄火现象。这种热水器不能安装在浴室，必须分室安装。

③ 强排式热水器　所需空气来自室内，燃烧后产生的废气由机器内的风机通过烟道强制排出室外。这种产品安全性能好，但也必须分室安装。

④ 平衡式热水器　工作所需的空气和排放的废烟气均通过特殊的烟道形成平衡对流，排放于室外。

平衡式热水器较前三类实现了一个很大的飞跃，其外壳是密封的，与外壳联成一体的烟道做成内外两层，烟道从墙壁通向室外，热水器运行时需要的氧气从室外通过烟道的外层供应，燃烧后产生的烟气从烟道的内层排到室外，所以它对室内空气既不消耗，也不污染。这种燃气热水器是最安全的，可以安装在浴室。所以这种燃气热水器也是燃气公司极力推荐的热水器，而且越来越为广大用户喜爱。

⑤ 强制排气式热水器　强制排气式热水器采用强制排风或者强制鼓风的方式将燃烧烟气排出室外。工作所需要的空气和排放的废烟气，通过烟道和排风扇的作用，形成强制对流平衡，均取自于室外并排放于室外。强排式热水器的安全性能更为完善，安装相对简便。强排式热水器有两种典型结构：排风式与鼓风式。

排风式强排热水器是把烟道式热水器的防倒风排气罩更换为排风装置（包括集烟罩、电机、排风机、风压开关等），同时适当改造原控制电路即可完成。其工作原理是：冷水进入冷水入口，流经过滤器、水·气联动阀、进入燃气喷嘴。燃烧空气靠排风机从室内吸入，燃气在燃烧室内燃尽，高温烟气被换热器冷却后进入排风机被强制排向室外。

鼓风式强排热水器的结构与排风式有很大不同。热水器进水经过滤器、水流开关，进入水箱换热器，水经加热后成为热水输出。燃气进入热水器，经过滤器、双电磁阀、燃气调节阀后进入燃气喷嘴。燃烧空气被鼓风机直接从室内吸入，经鼓风机加压进入密封燃烧室，燃气在燃烧室内燃尽，高温烟气经换热器冷却后从排烟口被强制排向室外。

鼓风式强排热水器主要特点：烟气被强制全部排向室外，避免了室内空气的污染，保证了用户的安全；采用微正压密闭燃烧室，鼓风燃烧方式，强化燃烧和强化传热，使燃烧室厚度比同容量的烟道式热水器减小约 50%，实现了大容量热水器的小型化；使用水流开关（电气控制方式）取代了压差盘式水·气联动装置（机械式），控制系统的完善使热水器结构更为简化，体积缩小。

从目前因使用燃气热水器产生的事故来看，因废烟气不能及时排放至室外，造成使用人中毒的现象时有发生，因此掌握以上的知识对选购、安装和使用热水器是至关重要的。

2. 燃气热水器的安装

（1）室外机标准安装　安装在外墙面或者开放式的阳台上，用户根据热水器的安装位置预留好热水管线或者暗管。安装时要注意电源插座位置和线控器安装位置的暗线，用户在装修过程中要提前排好；插座装在雨水淋不到的地方，并且要加装防雨型插座盒，或者机器电源线有足够长度的情况下，要将插座安装在室内。

所需安装材料有冷热水不锈钢波纹管（水管外部需要加装 2cm 厚的保温材料及伴热带）

和开放式阳台。

（2）室外机＋QU-S开放式阳台安装　室外机＋QU-S可以在外墙面或者开放式的阳台上进行安装，也可以将机器安装在外墙，QU-S装在厨房整体橱柜的地柜里。

安装时的注意事项：用户根据热水器或者QU-S的安装位置预留好热水循环管线及冷水管线暗管；电源插座位置和线控器安装位置的暗线，用户在装修过程中提前布好；插座装在雨水淋不到的地方，并且要加装防雨型的插座盒，或者机器电源线有足够长度的情况下，将插座安装在室内，所需安装材料有室外机、开放式阳台、冷水管外部加2cm的保温材料、QU-S。

（3）室内机标准安装　所需安装材料有控制面板、冷热水不锈钢波纹管、燃气专用管、燃气专用阀门、冷热水角阀。

（4）室内机烟管吊顶隐藏安装　所需安装材料：吊顶式铝扣板、不锈钢专用排烟管、烟管接口处专用铝箔密封胶带。塑料扣板安装时需要给烟管做防火隔热处理，吊顶内如果有电线，电线和上下水管道等要与排烟管保持5cm以上的安全距离。

（5）室内机橱柜式安装　用户需要在装修前在机器的安装位置预留好冷热水暗管、电源线插座。电源插座位置和线控器安装位置暗线，用户在装修过程中提前布好。所需安装材料有通风百叶门、烟管、冷热水不锈钢波纹管、燃气专用管、冷热水角阀。

3. 燃气热水器的安全使用

① 使用燃气热水器前必须仔细阅读说明书，并按说明书和铭牌指示的使用方法、注意事项使用、维修热水器。燃气管道宜用金属管，不宜用橡胶管，以免老化后发生意外。使用场所要保持通风换气良好，最好不要长时间连续使用燃气热水器，若有多人洗浴，应有一定的间隔时间。

② 要经常检查气源至热水器的整个管路系统，用肥皂水泡沫在管路及各接头处涂抹，以检查燃气管道及外接胶管是否有裂纹、老化、松脱等故障，要保证无漏气现象。一旦发生漏气，应首先关闭供气总阀，打开门窗通风，切勿扳动照明和电器开关或热水器的电源开关，以防电火花引起火灾。点火或熄火时要注意检查点火燃烧器是否确实点燃或熄灭。

③ 燃气热水器四周应有安全间距，不要密封在吊柜内，上面或周围不要放置易燃物，不要把毛巾、抹布堵挡在热水器的进、排气口上以预防火灾。当燃气热水器出现漏气、漏水、停水后火焰不灭、燃烧状况不良等现象时，应停止使用，并及时通知特约维修单位修理，严禁私自拆卸修理。热水器每半年或一年应请燃气管理部门指定的专业人员对其进行检修保养，保持燃气热水器性能良好。平时也要经常进行自检，如检查进水阀过滤纱网，避免造成进水阀堵塞。清除方法是将进水管路旋开，取出过滤纱网进行清洗。每半年或一年对热交换器和主燃烧器检查一次，看是否有堵塞现象。如果有，应及时进行清洗，否则会引起燃烧不完全，产生有害气体，严重时会发生中毒事件。检查喷嘴与热电偶，长时间使用燃气热水器，喷嘴与热电偶处易积炭，影响顺利点火。

④ 每次使用燃气热水器前都应检查安装热水器的房间窗子或排气扇是否打开、通风是否良好。在使用时，若进水阀打开后，发现大火未点燃而又有燃气逸出，应立即关闭进水阀，稍停一下再开。如多次均不能将大火点燃，应停止使用，进行检修。当开启进水阀大火点燃后，一般45s后即可放出热水，然后再根据需要调节水量。

⑤ 刮风天气发现安装热水器的房间倒灌风或烟道式热水器从烟道倒烟时，应暂停使用热水器。

⑥ 运行时发现火焰逸出外壳或有火苗蹿出，应暂停使用。热水器运行时上部冒黑烟，说明热交换器已经严重堵塞或燃烧器内有异物存在，应立即停用并联系维修。发现热水器有火苗蹿出，可能是燃气压力过高或气源种类不对，应停止使用查明原因。

⑦ 燃气热水器用完后，必须关闭燃气及进水管路的阀门。对未成年人、外来亲朋使用热水器，应特别注意安全指导，教会正确使用方法，切勿大意。

⑧ 排烟管道应注意防止腐蚀，烟道不可漏烟或堵塞。

⑨ 请勿使用过期的燃气热水器，按国家标准 GB 17905—1999《家用燃气燃烧器具安全管理规程》规定，燃气热水器从售出之日起，液化石油气和天然气热水器报废年限为 8 年，人工燃气热水器报废年限为 6 年。

4. 使用燃气热水器的注意事项

① 预防漏气　使用完热水器后一定要将燃气阀门关闭。经常检查供气管道（橡胶软管）是否完好，有无老化、裂纹。注意定期更换橡胶软管，请经常用肥皂水在软管接驳处检查有无气泡出现，判断是否有漏气，设法制止漏气。

禁止放置易燃物品及挥发性物品在热水器周围，禁止放置毛巾、抹布等易燃品在排气口和供气口上。

② 注意保持良好通风　不要在房间的供排气口上悬挂物品，以免引起空气不流通。每次使用热水器前，都应检查安装热水器的房间窗子或排气扇是否打开，通风是否良好。

③ 事故的预防　当闻到燃气臭味时，应立即将燃气阀门关闭，打开门窗，让燃气排走。热水器使用时上部冒黑烟，说明热交换器已经严重堵塞或燃烧器内有异物存在，应立即停用并送去维修。运行时发现火焰逸出外壳或下部有火苗蹿出，应暂停使用。

在北方寒冷地区使用燃气热水器，使用后应该将热水器里面的积水排干，以免热水器当中的积水结冰冻坏热水器。

④ 燃气热水器使用的时候必须保证燃气热水器使用环境空气流通，保证整个环境的通风良好，利于尾气的排放。

⑤ 使用时间不宜过长，特别是家庭使用的时候，应该错开时间，让燃气热水器降温和尾气排放到室外。

⑥ 注意燃气热水器使用的时候，外壳的温度会随之上升，使用的时候注意不要触碰调节手臂以外的地方，避免烫伤，如果发现有异常气味，应该立即停止使用热水器，关闭气阀，打开门窗通风换气，千万不能点火或者使用电器，并且联系专业的单位上门维修查看，切勿自行检查维修。

⑦ 经常保养，由于燃气热水器的发热比较厉害，容易产生污垢，平时要经常注意保养维护，同时需要检查各处接口是否紧密，以及各种配件是否出现老化现象。

经常用湿布把外表的脏物、污垢等擦净，然后用干布抹干，不易清除的污物可用中性洗涤剂擦除。每半年检查一次热交换器是否有尘灰或脏物，并及时清除干净。对于塑料制品、印刷面、喷涂面等不宜用强力洗涤剂、汽油等来清洗。点火电极部位有脏物时应用干布擦干净，以保证点火质量。

间断使用时，要注意最初流出来的热水温度，以免烫伤。使用中以及刚使用完后，热水器本身的温度较高，所以除旋钮外，不要用手触摸其他部位。

5. 清洗保养方法

目前，根据我国的实际情况和使用习惯，燃气热水器清洗保养服务仍是众多消费者的首选。而燃气热水器的使用安全问题一直是人们最关注的问题，能否及时排走有毒气体，就成为燃气热水器清洗保养安全性的关键。由于目前燃气热水器种类繁多，而且功能不一，因此，对燃气热水器清洗保养应该注意以下几个方面。

① 使用燃气热水器清洗保养必须阅读产品使用说明书，并按说明书和铭牌指示的使用方法使用热水器，以及进行初步简单的热水器维修、清洗保养等。

② 必须保证房间通风换气良好。

③ 当燃气热水器出现漏气、漏水、停水后火焰不灭、燃烧工况不良等现象时，应停止使用，及时通知燃气管理部门或生产厂家修理，严禁私自拆卸修理。

④ 定期请燃气管理部门指定的专业人员或生产厂家对燃气热水器清洗保养，并及时检修，保持燃气热水器能够良好工作。

⑤ 请勿使用过期的热水器清洗保养剂，按国家标准 GB 17905—1999《家用燃气燃烧器具安全管理规程》规定，燃气热水器从售出之日起，液化石油气和天然气热水器清洗保养服务判废年限为 15 年，人工燃气热水器清洗保养服务判废年限为 10 年。

（二）燃气热水器的选购

1. 选购与家庭使用燃气种类一致的热水器

消费者要弄清家庭使用是何种燃气气源，再选择相应的热水器。

2. 选购适应住房建筑要求的热水器

由于各种类型的燃气热水器对安装有不同的需求，因此消费者在选择时必须引起注意，如烟道式热水器不得安装在浴室内，可以安装在通风条件较好的厨房里，但必须安装通向室外的废烟气排放烟道。由于易于安装，适用于一般建筑物，但抗风能力较差，所以高屋住宅不太适宜安装。而平衡式强制给排式抗风能力较强，安全性能更高，安装适用的范围更广一些。

3. 注意热水器的容量

一般热水器所指的 8L、10L 或 10L 以上的升数，是指水通过热水器加热后，进水温度和出水温度升温 25℃时每分钟的出水量。使用时并不是升数越大越好，这主要看消费者的需要，一般的淋浴 8～10L 已足够了，如需洗冲浪浴，泡浴缸，则应选择 10L 以上的热水器。

4. 价格决定品质

同一品牌的热水器，升数越大，价格越高。同时安全系数越高的价格也就越高，大致是按烟道式燃气热水器、强排式燃气热水器、平衡式燃气热水器、强制给排式燃气热水器的顺序递增。

三、太阳能热水器的识别与选购

太阳能热水器是指以太阳能作为能源进行加热的热水器，是与燃气热水器、电热水器相并列的三大热水器之一。

（一）太阳能热水器的识别

太阳能热水器把太阳光能转化为热能，将水从低温度加热到高温度，以满足人们在生活、生产中的热水使用。太阳能热水器是由集热器、储水箱及相关附件组成，把太阳能转换成热能主要依靠集热器。集热器受阳光照射面温度高，集热器背阳面温度低，而管内水便产生温差反应，利用热水上浮冷水下沉的原理，使水产生微循环而达到所需热水。

1. 太阳能热水器的组成

太阳能热水器是由集热器、保温水箱、支架、连接管道等组成。

（1）集热器　系统中的集热元件。其功能相当于电热水器中的电热管。与电热水器、燃气热水器不同的是，太阳能集热器利用的是太阳的辐射热量，故而加热时间只能在有太阳照射的时候。

（2）保温水箱　储存热水的容器。因为太阳能热水器只能白天工作，而人们一般在晚上才使用热水，所以必须通过保温水箱把集热器在白天产出的热水储存起来。容积是每天晚上用热水量的总和。

太阳能热水器保温水箱由内胆、保温层、水箱外壳三部分组成。保温水箱要求保温效果好，耐腐蚀，水质清洁，使用寿命可长达 20 年以上。

（3）支架　支撑集热器与保温水箱的架子。要求结构牢固，抗风吹，耐老化，不生锈。材质一般为彩钢板或铝合金。要求使用寿命可达 20 年。

（4）连接管道　将热水从集热器输送到保温水箱、将冷水从保温水箱输送到集热器的管道，使整套系统形成一个闭合的环路。设计合理、连接正确的循环管道对太阳能系统是否能达到最佳工作状态至关重要。热水管道必须做保温处理。管道质量必须符合标准，保证有 10 年以上的使用寿命。

2. 太阳能热水器的优缺点

① 太阳能热水器的优点是安全、节能、环保、经济。尤其是带辅助电加热功能的太阳能热水器，它以太阳能为主，电能为辅的能源利用方式，使太阳能热水器能全年全天候使用。

② 太阳能热水器的缺点是安装复杂，如安装不当，会影响住房的外观、质量及城市的市容市貌；维护也较麻烦，因太阳能热水器安装在室外，多数在楼顶、房顶，因此相对于电热水器和燃气热水器比较难维护。

3. 太阳能热水器的使用常识

① 注意上水时间。

② 根据天气情况，决定上水量，保证洗浴时适当的水温。

③ 定期检查热水器的管道，排气孔等元件是否正常工作。

④ 大气污染严重或风沙大、干燥地区定期冲洗真空管。

⑤ 热水器安装后，非专业人员不要轻易挪动、装卸整机，以免损坏关键元件。

（二）太阳能热水器的选购

目前市场上有大大小小上百种品牌的太阳能热水器，让人眼花缭乱，好坏无从分辨，为了让消费者能挑选到质量优、售后服务好的太阳能热水器，中国太阳能协会和国家质检总局的有关专家建议消费者按照下面的步骤挑选。

第一步：确定用水量。

首先应明确用户常住人数、人均用热水量，然后算出一天的热水总量，再根据热水总量以及 $1m^2$ 太阳能集热器产热水能力 $F[75\sim90kg/(天\cdot m^2)]$，设计太阳能集热器面积 S（m^2）以及保温水箱容量 V（m^3）。根据多年的经验，用户人均用 55℃ 的热水量可以参考以下参数。

① 家庭用户：花洒喷淋用水 $80\sim100kg/(人\cdot天)$，或每人配置 $1m^2$ 的太阳能集热器面积。

② 工厂员工、学校花洒喷淋式用水：$40\sim60kg/(人\cdot天)$。

③ 宾馆花洒喷淋用水：80～120kg/(人·天)。

④ 泡浴缸用水：300～500kg/(人·天)。

确定一天的用热水总量 P（kg），$P \div F$，即可得太阳能集热器面积 S，按每平方米太阳能集热器配 $0.1m^3$ 的保温水箱容量的配比关系，可算出保温水箱容量：$V = 0.1S$。

太阳能热水器的造价与太阳能集热器的面积和保温水箱容积有直接关系，接近于正比关系，从用户长远的、综合的利益角度考虑，适当选择大一点的太阳能集热器面积，对用户有利，因为初次多投资一点，太阳能热水就充足一些，以后15年就更省运行费用。

第二步：选择太阳能集热器及其他配件。

太阳能热水器的面积大小确定后，就应选定太阳能集热器的类型。聚光集热能力的强弱是衡量热水器性能优劣的重要标志，也是影响热水器得热量的重要因素。真空管是太阳能的集热心脏，它将光能转化为热能，让水箱里的水热起来，所以相同外界条件下真空管得热量的多少，直接影响到水温的高低。目前国内市场上用的太阳能集热器的类型主要有：平板式、真空管式、热管式、U形管式四种，四种类型各有优缺点，没有一种是完美的。用户选择太阳能集热器类型应根据安装所在地的气候特征以及所需热水温度、用途来选定。

对于广东、福建、海南、广西、云南等冬天不结冰的南方地区的用户，选用平板式太阳能集热器是非常合适的，因为不需要考虑冬天抗冻的问题，而平板式太阳能集热器的缺点是不抗冻，所以在南方地区使用，该缺点不会表现出来，而平板式的优点却是非常突出的，它的热效率高，金属管板式结构，可免于维护，能保持15年的使用寿命，性价比高。长江、黄河流域地区的用户，因为冬天会结冰，而且冬天气温高于−20℃，所以选用真空管太阳能集热器是比较合适的，既可以抗冻，性价比也比热管太阳能集热器、U形管集热器高，但是真空管的主要缺点是不承压、易结水垢、易爆裂。此外，对于工业用途的热水，最好也选择平板式太阳能集热器。工业热水用量大，需要很大面积的太阳能集热器，要求集热器不易损坏、易维护、可承压，平板式集热器在此方面具有显著的优越性。真空管、热管、U形管集热器都不能用于大工程，例如，真空管集热器平均每年有8‰的破损率，而一根管的破裂将导致整个系统瘫痪。

在东北三省、内蒙古、新疆、西藏地区的用户就必须选用热管型太阳能集热器，因为热管抗−40℃低温，平板式集热器、真空管集热器都无法抵抗如此低温，但是热管的造价很高，而且热效率最低。

综上所述，不同类型的太阳能集热器没有绝对好、坏之分，重要的是要根据使用地区的气候特征和用途来选择最优性价比的类型，不要被某些宣传所误导，多花冤枉钱。

太阳能热水系统中还会用到水管、保温水箱、控制系统等配件，配件的性能也直接影响到整个系统的性能。保温水箱是热水器的热水仓库，它的性能优劣主要体现在保温效果上。好的热水器保温水箱不仅要看保温层厚度，还要看保温材料及工艺。水箱保温层的厚度与材质是影响水箱保温能力的重要参数。特别是在长城以北的地区，建议选购保温层厚度在60mm以上的品牌太阳能热水器。可以选择铜管、不锈钢管和PPR管，而不要选择镀锌管作为水管，其中，PPR管性价比最高；不要选择采用保温棉来保温的水箱，因为保温棉会吸水；集热板底可以用保温棉而不要用聚苯乙烯来保温；控制系统最好选用进口品牌。

此外还要看支座强度，太阳能的支架就像人的骨架，弱不禁风就会影响其质量。目前应用较多的是流线形塔式支座，它采用加强、超高底座，克服了传统细杆式支架单薄不抗风的不足，抗风、抗雨雪、抗冰雹、耐腐蚀能力更强。

第三步：评价设计方案。

评价太阳能热水器的系统设计方案时，应重点评价以下五点，就可以基本上反映出设计方案的优劣了。

① 设计供热水量是否够用，集热器面积、水箱容量是否够大。

② 考虑辅助加热器的功率是否够用，原则上在阴雨天启动电辅助加热应在 3～5h 内就完全满足用水要求，启动热泵辅助加热应在 8～16h 内就完全满足用水要求。

③ 如果用户的用水量、用水时间发生变化，该系统还能否满足用户的要求（因为在实际使用中，用户的用水量、用水时间经常会发生变化）。

④ 在各种天气状况下，在各种用水时间、用水量变化的情况下，该系统是否达到了最大限度的利用了太阳能、最少的消耗常规能源，即是否最大程度节能。

⑤ 性价比是否最高。如果通过各种方案的比较，发现以上问题的答案都是肯定的，则就是很优秀的设计方案了，否则只要有一个问题的答案是否定的，则该设计方案是不完美的，甚至是不及格的，采购者只要对照以上五个方面进行评价，就可以做出正确选择。

第四步：尽量选择品牌。

在品牌的选择上要舍"小"取"大"。品牌是厂家对消费者的一种信誉担保，大品牌意味着更多、更可靠的保障。有些中小企业抱着捞一把就走的心态，产品质量、售后服务都难以保证。太阳能热水器的售后服务非常重要，因为太阳能热水器是耐用消费品，而且通常是安装在楼顶，一旦出了故障，用户很难自己解决，所以售后服务一定要有保障。

一般来说，没有自己品牌的代理商或小店铺只有短期的服务能力，很难有长期的服务能力，因为他们自身的存在就是短期性质的；具有自我品牌意识的公司或其分支机构售后服务较有长期保障。

真正好的品牌很少需要上门售后服务，其上门售后服务费用支出也较低，厂家也较有信心把免费保修期定得较长，从这一点看，在一定程度上也可推测产品的优劣。

评价品牌的另一个重要标准就是公司历史的长短，最好选择历史超过 8 年的企业，历史长意味着该公司发展稳定，生存能力强，实力雄厚，技术领先，产品质量过硬，售后服务有保证。

四、电热水器的识别与选购

（一）电热水器的识别

以电作为能源进行加热的热水器通常称为电热水器。电热水器是与燃气热水器、太阳能热水器相并列的三大热水器之一。

1. 电热水器的分类

电热水器按储水方式可分为即热式和容积式（又称储水式或储热式）、速热式（又称半储水式）三种。容积式是电热水器的主要形式，按安装方式的不同，可进一步区分为立式、横式及落地式，按承压与否，又可区分为简易式（敞开式）和承压式（封闭式），按容积大小又可区分为大容积与小容积式。

（1）即热式电热水器　优点：具有能够即开即热，省时省电，节能环保、体积小巧、水温恒定等诸多优点。

缺点：功率比较大，线路要求高，一般功率都至少要求 6kW 以上，在冬天就是 8kW 的功率也难以保证有足够量的热水进行洗浴。电源线要求至少 2.5m² 以上，有的要求 5m² 以上。

即热式电热水器（行业里亦称为快热式电热水器）一般需 20A、甚至 30A 以上的电流。

开即热，水温恒定，制热效率高，安装空间小。内部低压处理，可以在安装的时候增加分流器，功率较高的产品安装在浴室，既能用于淋浴，也能用于洗漱，一般家庭使用节能又环保。根据市场的需求，即热式电热水器又进一步分为淋浴型和厨用型（多称为小厨宝）。

（2）速热式电热水器　这是区别于储水式电热水器和即热式电热水器的一种独立品类的电热水器产品。速热式电热水器的主要特征是：容量 6～20L；功率：3500～5500W；电源线：2.5～4mm^2；加热时间：3～8min；工作方式：一次预热，即可连续供应热水，无使用人数限制；恒温模式：机械恒温、全自动智能恒温；其他功能：防干烧保护、防烫伤保护、防超温保护、物理防电盾、防溅机体、防漏电保护、水电分离、磁感保护、超压保护、停水防倒流保护以及断电记忆功能。

主要的速热式电热水器有：预即双模电热水器和 3D 速热电热水器。

普通速热式电热水器与双模电热水器虽然体积差不多，但内部结构却大相径庭，速热式电热水器与储水式电热水器比仅仅是体积较小，功率更大，所以在加热速度上确实比储水式电热水器更快，但它在春季、秋季都不能达到即热，还要预热，即需要等待，而双模电热水器在春、夏、秋三个季节可用即热模式，即开即热。

（3）储水式电热水器　储水式电热水器又分为敞开式和封闭式两类。早期的储水式电热水器多为敞开式或开口式的，其结构简单，体积不大，靠吊在高处的压力喷淋，水流量较小，价格较低，适合于人口少，家境不很富裕，仅做洗浴使用的家庭购买。敞开式电热水器由于没有对内胆设计承压性能，故不能向其他管路多处供水，功能有限。封闭式电热水器的内胆是密封的，水箱内水压很大，其内胆可耐压，故可多路供水，既可用于淋浴，也可用于盆浴，还可用于洗衣、洗菜，价格相对较贵，一般在千元左右。储水式电热水器可自动恒温保温，停电时可照样供应热水。目前国内市场上的电热水器主要是封闭储水式电热水器，它不必分室安装，不产生有害气体，干净卫生，且可方便地调温。

封闭储水式电热水器的工作原理非常简单，它使用一根电加热管，通电之后给水提供热量。内胆储存热水并承载压力 0.6MPa（约 6kgf/cm^2），外壳保温。产品间的区别首先体现在加热管上，有浸没型的，即直接与要加热的水接触，也有隔离型的。加热管有 1.2kW、1.5kW 及 2.5kW 等功率可供选择。加热管由一个温控器来控制，能设定所需温度并保持内胆中的水温恒定，且在 40～75℃ 范围内可调。定时产品系列的时间控制系统能带来最大限度的能源节省，再配以分时电表，可节省大量电费。有的产品还具备大屏幕液晶显示屏、单键飞梭的操作界面和实时故障监测功能。电热水器必须安装压力安全阀，以确保超压泄压。为了尽可能减少热量散失，在壳与内胆之间还采用了聚氨酯或高密度泡沫塑料的加厚保温层。

根据安装方式的不同，电热水器壁挂容量从 8L 至 500L 的都有。落地式的容量较大，通常供集体或工业使用；壁挂小容量的还有台下式品种，它们的进出水管接头位于上端而不是下端，所以应当在靠近地面的位置挂墙安装。

优点：安全性能较高，能量洁净。能多路供水。既可用于淋浴、盆浴，还可用于洗衣、洗菜。安装较简单，使用方便。

缺点：一般体积较大，使用前需要预热，不能连续使用超出额定容量的水量，要是家庭人多，洗澡中途还得等。另外，洗完后没用完的热水会慢慢冷却，造成浪费。水温加热温度高，易结垢，污垢清理麻烦，不清理又影响发热器寿命。

2. 使用电热水器注意事项

在使用电热水器时注意以下几点：

① 家庭的室内布线应可靠接地，且接地电阻值不得大于4Ω。家用插座，不管单相电源还是三相电源，其接地必须与电源的地线连接，插座的接地极不允许空着。

② 电热水器配备的插座，应为带地线的固定专用插座，不能使用移动式电源接线板。插座的结构、容量和插孔尺寸应与电热水器电源插头相匹配。插座应置于电热水器出水口水平位置上方，要避免被水喷溅而产生短路危险。

③ 在使用电热水器时，不得通过插座上的开关关断电源，因为关断插座电源后漏电保护插头不能工作，一旦发生地线带电等故障时无法提供保护。

④ 定期（一般每周）检查按动漏电保护插头的"试验"键，确认漏电保护插头能正常工作。

⑤ 保养清洁电热水器外部，应先切断电源，不要用水喷淋，要用软布擦拭。

⑥ 如果电源线损坏，为避免危险，必须使用由厂家提供的专用电源线，并由维修部或类似部门的专业人员更换。

⑦ 电热水器的使用寿命不应超过6年，如超过年限还继续使用，就会存在安全隐患，需要及时更换。

（二）电热水器的选购

1. 电热水器容量的选择

热水器的容量以升（L）为单位，容量越大，热水器的供热水能力就越大。目前，市场上常见的容量有：10L、15L、40L、50L、60L、80L、100L，有少数几个厂家能够生产100L以上的产品。用户可根据用途、家庭人口多少和用水习惯来选择热水器的容量。10～15L的热水器一般用于厨房间洗碗、洗菜或洗漱间洗脸、刷牙用，因此人们将其形象地称之为厨房宝或小厨宝。用于洗浴的热水器宜选择40L以上的容量，1人使用适宜选用40～50L容量的热水器；2人使用适宜选用50～60L容量的热水器；3口之家适宜选用80～100L容量的热水器；3人以上的家庭适宜选用120L以上的热水器；如您习惯用浴盆洗浴，最好选择150L以上的热水器。

2. 电热水器功率的选择

热水器的功率以瓦（W）或千瓦（kW）为单位，通常是指热水器内电加热管的功率，功率越大，单位时间内产生的热量越多，所需加热时间就越少，对电线的负荷要求越高。

目前，市场上常见的热水器的功率有：1000W、1250W、1500W、2000W、2500W、3000W等几种。为了满足人们对热水器产品的多样性的需要，市场上出现了双功率电热水器，有500W、500W、500W、1000W、1000W、1000W、1000W、1500W等几种组合方式供用户选择，用户在使用时，可根据需要选择用一根加热管加热或两根加热管同时加热。热水器的功率大小一般与容量大小相对应，在制造时，已由生产厂家确定。一般情况下，10～15L选择1000～1250W，40～80L选择1250～1500W，100L以上选择2000～3000W。在选购电热水器时，用户应了解电热水器的功率大小，功率大小的选择主要应根据您家里的电表和电源线的横截面大小来确定，1500W以下的热水器所用电源线的横截面不应小于1.5mm²，2000～3000W的热水器所用电源线的横截面不应小于2.5mm²，同时还要考虑到该电源线是专供热水器单独使用，还是与其他用电器同时使用等因素。

3. 关键部件的性能选择

（1）内胆 内胆是热水器的核心部件，直接影响热水器的安全性能、使用性能和工作寿命。

目前商场里所售的电热水器主要有以下三种内胆：无氧紫铜内胆，应用在即热式电热水器上具有不可比拟的良好特性：它具有热传导快，耐压耐腐蚀，延展性好，抗菌抑菌等，无氧紫铜发热系统一般应用在欧美发达地区的即热式电热水器，大多数国际品牌均采用紫铜生产即热式电热水器的加热体，紫铜材料的特殊物理和化学特性，具有加热快速稳定、热效率高的特点，是目前世界上即热式热水器行业中公认的符合环保健康潮流的、最成熟稳定的加热体。不锈钢内胆，材质好，不易生锈，但焊缝隐患不易发现，经多次热胀冷缩后，不锈钢中的铬会被自来水中的氯离子腐蚀，时间长了可能会在焊接处漏水；搪瓷内胆，内胆表面的瓷釉为非金属材料，不生锈，防腐蚀，以厚钢板做胆体，有较强的耐压能力，其中高釉包钢内胆防腐保温性能最佳，寿命更长。消费者可选搪瓷内胆的，大部分厂商承诺五年以上包换。

用户在选择热水器时应关心热水器内胆钢板的材质是否为含钛合金、厚度是否足够厚、焊接工艺是否先进可靠、搪瓷釉料质量是否有保证、涂搪烧结工艺是否先进等。

（2）电加热管 电加热管的质量直接关系到热水器的使用安全。因此，在选购热水器时，除了关心电加热管的功率大小外，更重要的是关心电加热管的电气性能。

（3）镁阳极棒（镁棒） 镁是电化学序列中电位最低的金属，生理上无毒。为了防止内表面受到腐蚀，电热水器内还装有一根镁棒，镁棒在热水器中是作为牺牲阳极使用的。因为镁的金属活性比铁高，在镁棒与普通钢板同时暴露的情况下，镁棒首先代替钢板腐蚀掉，从而达到保护钢内胆的目的。

镁棒的大小直接关系到保护内胆时间的长短和保护效果的大小，镁棒越大，保护效果越好，保护时间越长。

（4）保温层的选择 热水器的保温层的好坏直接影响到热水器的保温性能。决定保温性能的主要因素是保温层材料和保温层厚度。目前常用的保温材料有：石棉、海绵、泡沫塑料、聚氨酯发泡等。在这几种保温材料中，聚氨酯发泡保温性能最好，泡沫塑料保温性能次之，石棉和海绵因其难以与热水器紧密贴合，一般只作为热水器辅助保温材料。

（5）防倒流技术选择 为了防止电热水器因外部停水造成电棒干烧，所有的电热水器均采用了防倒流技术。目前大多数厂家采用的防倒流技术是选用带止回功能的安全阀（俗称为有芯安全阀）来实现的。但这一技术存在的问题是：热水器在工作时，由于内胆中的水的热胀冷缩作用，有部分水会通过阀芯的内泄功能向管路中泄出，泄出时易使热水器管路局部产生振动共鸣而发出异常响声；同时存在的安全隐患是，安全阀的内泄功能常常会因水垢堵塞而失效，从而使内胆的工作压力增高，使热水器的使用寿命下降。

4. 电热水器控制方式的选择

电热水器按其对水加热温度控制方式不同分为机械、数显和数控三种型式。

（1）机械式控制电热水器 机械式控制电热水器温度控制的主要元件为一机械式旋钮调

节的温度控制器，该温控器通常由测温探头、可调式驱动机构和一对电触点组成。当探头处温度上升时，探头内的介质（液体或气体）膨胀，并通过毛细管推动驱动机构，使电触点动作。电触点的动作温度可通过可调式驱动机构进行调节或使电触点处常开状态。

机械式热水器用温控器主要特点是：动作温度可在一定范围内连续调节，操作简单方便，价格低廉，适合一般家庭使用。缺点是温度控制方式单一，只能实现循环加热一种方式。

（2）数显型控制电热水器（SX）　数显型控制电热水器控制系统通常由显示板、主控制板、强电板和温度传感器组成。显示板用于显示现在温度、设置温度、故障代码和定时数的信息，还可以利用控制面板上的按键和旋钮来进行设置操作。主控制板是控制系统的核心，用于对温度信息的处理和对热水器的运行过程实施控制。强电板用于提供系统所需电源、实施强电驱动及漏电检测。温度传感器用于采集温度信息。

（3）数控型控制电热水器（SK）　数控型控制电热水器由显示板、主控制板、强电板和温度传感器组成。显示板上的 LCD 显示屏用于显示工作模式、加热状态、现在温度、设置温度、设置菜单、时钟、定时时段、故障代码等信息，还可以利用板上按键进行设置操作。主控制板是控制系统核心，用于对温度信息的处理和对热水器的运行过程实施控制。强电板用于提供系统所需电源、实施强电驱动及漏电检测。过温检测和常温检测温度传感器用于采集温度信息。

5．出水断电

其作用是在使用时自动切断电源，使用完毕自动恢复供电的一种安全装置。实际并不能避免触电的可能，因为它只是在出水时切断电源，如果此时出现了漏电的隐患，则当关水时由于恢复了供电而导致触电。另外，如果在使用前就已漏电，则在开始使用时由于触到金属截门而触电。安全的使用方法应是电热水器安装可靠的地线，并使用带漏电保护器的电源线。

此外在选择时一定要切忌盲目"崇洋"的心理，在商品日益"同质化"的时代，应该说国有品牌的电热水器与洋品牌在技术上已难分高下，甚至在某些方面还超出了对方。况且，无论从价格、地域文化的熟悉程度和售后服务上，国有品牌都有明显优势。因此，宠信洋品牌、洋技术并无绝对依据，而且这种心理很容易被市场上某些打着"洋制造、洋技术"的劣质国货所利用，从而上当受骗。

本章小结

本章主要以卫浴材料中的坐便器、浴缸、盥洗盆、淋浴房、卫浴家具、浴霸、热水器的识别和选购为要点，要求能够掌握这些卫浴材料的种类、特点及选购注意事项。

复习思考题

1．装修中常用坐便器的种类和特点有哪些？

2．选购浴缸时应注意哪些问题？

3．家装时常用的淋浴房有哪几种？

4. 选择浴霸时要注意哪些问题？

5. 太阳能热水器和电热水器各有何优缺点，装修时应该如何选用？

实训练习

1. 组织学生到装饰材料市场进行考察和调研，学习最新材料知识，同时了解材料的市场行情。

2. 设计不同档次的卫生间装修案例，让学生去材料市场上找到与之相搭配的坐便器、浴缸、盥洗盆、淋浴房、卫浴家具、浴霸、热水器。

第六章

装饰门窗材料的识别与选购

✱ **学习目标**

1. 理解塑钢门窗、铝合金门窗、木制门窗的特点、构造，及其成分与性能之间的关系。

2. 理解普通玻璃、钢化玻璃、中空玻璃、压花玻璃、夹层玻璃的概念、种类、规格、特性及应用。

3. 掌握门窗材料的选购要点。

✱ **学习建议**

1. 将工程和日常生活中所见的不同材质的门窗应用案例与本章内容结合起来学习，加深理解和记忆。

2. 学习时要联系不同玻璃的技术性能特点的形成机理，深入理解其在工程中的应用及应用注意事项，并比照实物，了解其特性及用途。

第一节　门窗材料的识别与选购

一、塑钢门窗的识别与选购

（一）塑钢门窗的识别

门窗是建筑维护结构中的重要组成部分，居民住宅安装的门窗通常分为木门窗、铁门窗、铝合金门窗、塑钢门窗四种，其中最先进的当属塑钢门窗。塑钢门窗是近年来发展起来的新型节能建筑门窗。采用塑钢门窗，室内热量外流损失比其他材料的门窗少得多，节能保温效果十分显著。塑钢门窗采用 UPVC 材料，内衬碳钢龙骨，挤压成型，经过切割、焊接，配以五金件及橡胶密封条制成。因为内衬碳钢龙骨，故而得其名。塑钢门窗不但综合了前几种门窗的优点，而且更胜一筹。塑钢门窗轻便干净、开启灵活、外观朴素大方、抗衰老，质量上乘的塑钢门窗寿命可长达 30 年以上。此外塑钢门窗还具有阻燃、高强度、超强密封的特性。

塑钢门窗是以聚氯乙烯（UPVC）树脂为主要原料，加上一定比例的稳定剂、着色剂、填充剂、紫外线吸收剂等，经挤出成型材，然后通过切割、焊接或螺接的方式制成门窗框扇，配装上密封胶条、毛条、五金件等，同时为增强型材的刚性，超过一定长度的型材空腔内需要填加钢衬（加强筋），这样制成的门窗，称之为塑钢门窗。

UPVC塑钢门窗是一种新型化学建筑材料，是继木门窗、钢门窗、铝门窗之后的第四代节能门窗，是国家建设部推荐使用的优质节能产品。塑钢门窗是用塑料异形材通过切割，装上加强型钢后焊接，然后再装上密封条、毛条、五金件等附件制作而成的。

1. 塑钢门窗的性能

（1）保温节能 塑钢门窗为多腔式结构，具有良好的隔热性能，其传热性能甚小，仅为钢材的1/357，铝材的1/250，可见塑钢门窗隔热、保温效果显著，尤其对具有暖气空调设备的现代建筑物更加适用。

调查比较，即：使用塑钢门窗比使用木门窗的房间冬季室内温度可高4～5℃；北方地区使用双层玻璃效果更佳。据建研院物理所测试，单玻钢，铝窗的传热系数为64W/(m^2·K)；单玻塑钢窗的传热系数是47W/(m^2·K)左右；普通双层玻璃的钢、铝窗的传热系数是3.7W/(m^2·K)左右；而双玻塑料钢窗传热系数约为2.5W/(m^2·K)。门窗占建筑外围护结构面积的30%，其散热量占49%，由此可知，塑钢窗有很好的节能效益。

（2）塑钢门窗的物理性能 塑钢门窗的物理性能主要是指PVC塑钢门窗的空气渗透性（气密性）、雨水渗漏性（水密性）、抗风压性能及保温和隔声性能。由于塑钢门窗型材具有独特的多腔室结构，并经熔接工艺而成门窗，在塑钢门窗安装时所有的缝隙均装有门窗密封胶条和毛条，因此具有良好的物理性能。

（3）塑钢门窗的耐腐蚀性 塑钢门窗因其独特的配方而具有良好的耐腐蚀性能，另外塑钢窗耐腐蚀性取决于五金件的使用，正常环境下五金件为金属制品，而具有腐蚀性的环境下的行业，如食品、医药、卫生、化工及沿海地区、阴雨潮湿地区，选用防腐蚀的五金件（工程塑料），其使用寿命是普通塑钢门窗的10倍。

（4）塑钢门窗的耐候性 塑钢门窗采用特殊配方，原料中添加紫外线吸收剂及耐低温冲击剂，从而提高了塑钢门窗耐候性。长期使用于温度气候变化的环境中，在−30～70℃，烈日、暴雨、干燥、潮湿变化中，无变色、变质、老化、脆化等现象。塑钢门窗在西欧已有三十年之实例，其材质完好如初。

（5）塑钢门窗的防火性 塑钢门窗不自燃、不助燃、离火自熄、安全可靠，符合防火要求，这一性能更扩大了塑钢门窗的使用范围。

（6）塑钢门窗的绝缘性能 塑钢门窗使用异形材优良的电绝缘体，不导电，安全系数高。

（7）塑钢门窗的气密性 塑钢门窗质地细密平滑，质量内外一致，无需进行表面特殊处理、易加工，经切割、熔接加工后，门窗成品的长、宽及对角线均能在±2mm以内，加工精度高，角强度可达3000N以上。

（8）塑钢门窗的隔声性能 塑钢门窗的隔声性能主要在于占面积80%左右的玻璃的隔声效果，市面上有些隔声塑钢门窗产品根据声波的共振透射原理和耦合作用，采用不同的玻璃组合结构。例如中空玻璃塑钢窗，普通双层玻璃，增强门窗隔声效果。在门窗结构方面，采用优质胶条、塑料封口配件的使用，使得塑钢门窗密封性能效果显著。

（9）塑钢门窗的缺点 PVC材料钢性不好，必须要在内部附加钢条来增加硬度；防火性能略差，如果在防火要求条件比较高的情况下，最好使用铝合金材料；塑钢材料脆性大，相比铝合金要重些，燃烧时会有毒排放。

2. PVC 塑钢门窗的日常维修保养

为充分发挥和利用塑钢门窗的优点，延长塑钢门窗的使用寿命，在使用过程中，也应注意对塑钢门窗的维护和保养：

① 应定期对门窗上的灰尘进行清洗，保持门窗及玻璃、五金件的清洁和光亮。

② 如果门窗上污染了油渍等难以清洗的东西，可以用洁尔亮擦洗，而最好不要用强酸或强碱溶液进行清洗，这样不仅容易使型材表面光洁度受损，也会破坏五金件表面的保护膜和氧化层而引起五金件的锈蚀，特别是有些客户在用硫酸清洗墙面时，千万注意不要让门窗受染。

③ 应及时清理框内侧颗粒状等杂物，以免其堵塞排水通道而引起排水不畅和漏水现象。

④ 在开启门窗时，力度要适中，尽量保持开启和关闭时速度均匀。

⑤ 尽量避免用坚硬的物体撞击门窗或划伤型材表面。

⑥ 发现门窗在使用过程中有开启不灵活或其他异常情况时，应及时查找原因，如果客户不能排除故障时，可与门窗生产厂家和供应商联系，以便故障能得到及时排除。

3. 塑钢门窗使用时的注意事项

① 当门窗安装完毕后，应及时撕掉型材表面保护膜，并擦洗干净；否则，保护膜的背胶会大量残留在型材上，沾土、沾灰、极不美观，而且很难再被清理干净。

② 在刮风时，应及时关闭平开窗窗扇。

③ 门窗五金件上不能悬挂重物。

④ 平开下悬窗是通过改变执手开启方向来实现不同开启的，要了解如何操作，以免造成损坏。

⑤ 推拉门窗在使用时，应经常清理推拉轨道，保持其清洁，使轨道表面及槽里无硬粒子物质存在。

⑥ 塑钢门窗产品在窗框、窗扇等部位均开设有排水、减压系统，以保证门窗气密性能和水密性能，用户在使用时，切勿自行将门窗的排水孔和气压平衡孔堵住，以免造成门窗排水性能下降，在雨雪天气造成雨水内渗，给日常生活、工作带来不便。

⑦ 推拉窗在推拉时，用力点应在窗扇中部或偏下位置，推拉效果较好，推拉时切勿用力过猛，以免降低窗扇的使用寿命。

⑧ 纱扇清洗时，用户不宜拆下固定纱网的胶条，拿下纱网，而应将纱扇整体取下，用水溶性洗涤剂和软布擦洗。

⑨ 冬季纱扇不使用时，用户可以根据需要将纱窗自行拆下保管。纱扇应保存放在距离热源 1m 以外的地方，平放或短边竖向立放，不可用硬物压，以免变形。

⑩ 推拉窗的纱扇在使用时，请注意与内侧推拉扇的竖边框相重合，能够保持良好的密封性。

（二）塑钢门窗的选购

由于塑钢门窗具有外形美观、耐腐蚀性强、水密性和隔热性好，维护简便等优点，越来越受到人们的青睐。近年来发展势头极为迅猛，然而发展太快也易使人忽略许多隐藏的问题，并且市场上鱼龙混杂，什么质量水平的都有，一般消费者对其性能了解不够，在没有任何检测工具、又不熟悉其性能的情况下，鉴别塑钢门窗的质量存在着一定的难度。下面提供鉴别塑钢门窗质量的简便方法，供消费者选购产品时参考。

1. 了解塑钢门窗所选用的 UPVC 型材

UPVC 型材是塑钢门窗的质量与档次的决定性因素。好的 UPVC 型材应该是合理设计的多腔体、壁厚、配方中含抗老化、防紫外线助剂。从外表上看，应该是表面光洁，颜色青白。特别要提醒大家的是有很多人认为塑钢门窗都是一样的白色，其实不然，高档的 UP-VC 型材颜色应该是白中泛青，这样的颜色抗老化性能好，在室外风吹日晒三五十年都不会老化、变色、变形。而中低档的型材是白中泛黄，这种颜色防晒能力差，使用几年后便会越晒越黄，直至老化变形脆裂。

2. 不买廉价塑钢门窗

好的塑钢门窗的塑料质量、内衬钢质量、五金件质量都较高，寿命可达到十年以上，因此价格也高；而廉价塑钢门窗使用的型材，$CaCO_3$ 含量超过 50%，添加剂含有铅盐，稳定性差，且影响人体健康。内衬钢是热轧板，厚度不够，有的甚至没有内衬钢，玻璃、五金件也有劣质品，使用寿命只有两三年。

3. 重视门窗的组装质量

主要就是外观是否光洁无损，焊角是否清理整齐，推拉窗是否推拉灵活，平开窗是否开启自如，门窗是否密封严实，五金件是否配齐有无钢衬等。门窗表面的塑料型材色泽为青白色或象牙白色，洁净、平整、光滑，大面无划痕、碰伤，焊接口无开焊、断裂。质量好的塑钢门窗表面应有保护膜，用户使用前再将保护膜撕掉。

4. 玻璃和五金件不可忽视

玻璃应平整、无水纹。玻璃与塑料型材不直接接触，有密封压条贴紧缝隙。五金件齐全，位置正确，安装牢固，使用灵活。高档门窗的五金件都是金属制造的，其内在强度、外观、使用性都直接影响着门窗的性能。许多中低档塑钢门窗选用的是塑料五金件，其质量及寿命都存在着极大的隐患。

二、铝合金门窗的识别与选购

（一）铝合金门窗的识别

铝合金门窗，是指采用铝合金挤压型材为框、梃、扇料制作的门窗，称为铝合金门窗，简称铝门窗。包括以铝合金作为受力杆件（承受并传递自重和荷载的杆件）基材的和木材、塑料复合的门窗，简称铝木复合门窗、铝塑复合门窗。

1. 铝合金门窗的分类

（1）按开启方式　分为固定窗、上悬窗、中悬窗、下悬窗、立转窗、平开门窗、滑轮平开窗、滑轮窗、平开下悬门窗、推拉门窗、推拉平开窗、折叠门、地弹簧门、提升推拉门、推拉折叠门、内倒侧滑门。

（2）按性能　分为普通型门窗、隔声型门窗、保温型门窗。

（3）按应用部位　分为内门窗、外门窗。

2. 铝合金门窗的规格

铝合金门窗有推拉铝合金门、推拉铝合金窗、平开铝合金门、平开铝合金窗及铝合金地弹簧门五种，都有国家建筑标准设计图。

每一种门窗分为基本门窗和组合门窗。基本门窗由框、扇、玻璃、五金配件、密封材料等组成。组合门窗由两个以上的基本门窗用拼樘料或转向料组合成其他形式的窗或连窗门。

每种门窗按门窗框厚度构造尺寸分为若干系列，例如门框厚度构造尺寸为 90mm 的推拉铝合金门，则称为 90 系列推拉铝合金门。

推拉铝合金门有 70 系列和 90 系列两种，基本门洞高度有 2100mm、2400mm、

2700mm、3000mm，基本门洞宽度有 1500mm、1800mm、2100mm、2700mm、3000mm、3300mm、3600mm。推拉铝合金窗有 55 系列、60 系列、70 系列、90 系列。基本窗洞高度有 900mm、1200mm、1400mm、1500mm、1800mm、2100mm；基本窗洞宽度有 1200mm、1500mm、1800mm、2100mm、2400mm、2700mm、3000mm。

平开铝合金门有 50 系列、55 系列、70 系列。基本门洞高度有 2100mm、2400mm、2700mm，基本门洞宽度有 800mm、900mm、1200mm、1500mm、1800mm。平开铝合金窗有 40 系列、50 系列、70 系列。基本窗洞高度有 600mm、900mm、1200mm、1400mm、1500mm、1800mm、2100mm；基本窗洞宽度有 600mm、900mm、1200mm、1500mm、1800mm、2100mm。

铝合金地弹簧门有 70 系列、100 系列。基本门洞高度有 2100mm、2400mm、2700mm、3000mm、3300mm，基本门洞宽度有 900mm、1000mm、1500m、1800mm、2400m、3000mm、3300mm、3600mm。

铝合金型材表面阳极氧化膜颜色有银白色、古铜色。

玻璃品种可采用普通平板玻璃、浮法玻璃、夹层玻璃、钢化玻璃、中空玻璃等。玻璃厚度一般为 5mm 或 6mm。

3. 铝合金门窗的优点

① 自重轻、强度高。密度仅为钢材的 1/3。

② 密闭性能好。密闭性能直接影响着门窗的使用功能和能源的消耗。密闭性能包括气密性、水密性、隔热性和隔声性四个方面。

③ 耐久性好，使用维修方便。铝合金门窗不锈蚀、不褪色、不脱落、几乎无需维修，零配件使用寿命极长。

④ 装饰效果优雅。铝合金门窗表面都有人工氧化膜并着色形成复合膜层，这种复合膜不仅耐蚀、耐磨，有一定的防火性能，而且光泽度极高。铝合金门窗由于自重轻，加工装配精密、准确，因而开闭轻便灵活，无噪声。

（二）铝合金门窗的选购

铝合金材料出现门窗变形、推拉不动等现象屡见不鲜。消费者选购时应注意下几点。

一看材质。在材质用料上主要有 6 个方面可以参考：

① 厚度：推拉铝合金门有 70 系列、90 系列两种，住宅内部的推拉铝合金门用 70 系列即可。系列数表示门框厚度构造尺寸的毫米数。推拉铝合金窗有 55 系列、60 系列、70 系列、90 系列四种。系列选用应根据窗洞大小及当地风压值而定。用作封闭阳台的推拉铝合金窗应不小于 70 系列。

② 强度：抗拉强度应达到 $157N/mm^2$，屈服强度要达到 $108N/mm^2$。选购时，可用手适度弯曲型材，松手后应能恢复原状。

③ 色度：同一根铝合金型材色泽应一致，如色差非常明显，则不宜选购。

④ 平整度：检查铝合金型材表面，应无凹陷或鼓出。

⑤ 光泽度：选购铝合金门窗时要避免选择表面有开口气泡（即有白点）和灰渣（即有黑点）以及裂纹、毛刺、起皮等明显缺陷的型材。

⑥ 氧化度：氧化膜厚度应达到 $10\mu m$。选购时可在型材表面轻划一下，看其表面的氧化膜是否可以擦掉。

二看加工。优质的铝合金门窗，加工精细，安装讲究，密封性能好，开关自如。劣质的铝合金门窗，盲目选用铝型材系列和规格，加工粗制滥造，以锯切割代替铣加工，不按要求进行安装，密封性能差，开关不自如，不仅漏风漏雨和出现玻璃炸裂现象，而且遇到强风和外力，容易将推拉部分或玻璃刮落或碰落，将会毁物伤人。

三看表面复合膜。这种复合膜是人工氧化膜着色形成的，具有耐腐蚀，耐磨损，高光泽度，同时还具有一定的防火功能，所以在选购铝合金门窗产品时要多比较同类产品。在喜好上因人而异，不同业主可根据自己的喜好而选择。

四看价格。在一般情况下，优质铝合金门窗因生产成本高，价格比劣质铝合金门窗要高30％左右。有些由壁厚仅 0.6～0.8mm 铝型材制作的铝合金门窗，抗拉强度和屈服强度大大低于国家有关标准规定，使用很不安全。

此外铝合金门窗的强度主要体现在铝合金门窗的型材的选料上，是否能承受超高压；气密性，主要体现在门窗结构上，门窗的内扇与外框结构是否严密，铝合金户外窗是否紧密不透风；水密性，主要考虑铝合金门窗是否存在积水、渗漏现象；隔声性，主要取决于中空玻璃的隔声效果和其他特殊的隔声气密条结构以及开闭力、隔热性、尼龙导向轮耐久性、开闭锁耐久性等其他门窗配件的耐久性。

三、木制门窗的识别与选购

（一）木制门窗的识别

目前，市场上木门窗树种以进口材为主，国产材价位和销售量均呈下降趋势。我国木门窗生产企业大部分以进口材为原料，通过精加工，包装供应全国各地，也有很多厂家专做原料加工，而不搞营销，实现产销分工。一些大型企业对提高产品质量，提高综合利用率，增加木门花色品种，做了大量卓有成效的工作，从而赢得了消费者的青睐，一些知名品牌正在形成。由于木门窗的原材料日趋紧张，进货渠道越来越远，加工质量越来越好，售后服务越来越完善，价格的上扬已是无可争辩的事实。

由于市场需求大、材料品种繁多、科技进步快、机械设备自动化水平高、信息及物资流通快，大多数企业模仿产品多，自行设计少，企业忙于招工人、买设备、或贴牌生产、不求甚解，造成生产工艺粗糙，相关标准理解不够，行业发展有待引导。

1. 木制门窗的种类

（1）空心夹板　可分为机制的规格品及现场制作品，一般作为室内门，内部为木角材，面为板材。

（2）木雕花门　雕花门可分为空心夹板雕花门，空心单面实木门（另一面为夹板），空心双面实木雕花门及实心木雕花门。一般实木雕花门主要木材为柳桉木、泰国柚木。

（3）木百叶门、窗　木百叶多用于厕所、衣橱、挡风门、柜门。

（4）木编织门窗　多由柳桉木与胡桃木组合，一般规格品高度最大为 210cm，宽度依需要而决定。

（5）积合木门　一般由胡桃木、柚木、白家木混合拼成，由小块木积合板做成，积合木门多做衣柜及柜子之门及室内门。

（6）木摺门窗　木摺门一般单元为实木板门、空心夹板门、木织门、积合木门、木织帘门等，摺门主要做活动隔间、衣柜门、室内门、室内挡风门等。

（7）木框门窗　一般有木框及玻璃、压克力、百叶、纱网，依设计而异，传统为整片玻璃与木框架组合，玻璃由三角形压修固定，厚度为 33～40mm，木料可用柳桉木、桧木、杉木等，尺寸多依实际需要而设计。

（8）木格栅门、窗　利用木格栅为结构体作为半透空屏门，如表面再贴棉纸或障子纸便成日式门。木格栅门多作美化柜门及日式门窗，底亦可为镜面、夹板贴壁纸或壁布等美化。

（9）木心板门　木心板多用作衣橱及柜子，一般用 6cm 厚板面贴木皮油漆或贴防火板、壁布、壁纸、镜子等美化表面。

2. 安装时常见的问题

木门窗安装容易出现的主要问题如下。一是门窗扇与框缝隙大，主要是刨修不准及门窗框与地面不垂直，可将门窗扇卸下刨修到与框吻合后重新安装；如门窗框不垂直，要在框后垫片找直。二是五金件安装质量差，主要是平开门的合页没上正，导致门窗扇与框套不平整。可将每个合页先拧下一个螺丝，然后调整门窗扇与框的平整度，调整修理无误差后再拧紧全部螺丝钉。上螺丝钉必须平直，先打入全长的 1/3，然后再拧入 2/3，严禁一次钉入或斜拧入。三是门扇开关不灵活，主要是锁具安装有问题，应将锁舌板卸下，用凿子修理舌槽，调整门框锁舌口位置，再安装上锁舌板。四是推拉门窗滑动时拧劲，主要是上、下轨道或轨槽的中心线未在同一铅垂面内所致，要通过调整轨道位置，使上下轨道与轨槽中心线铅垂对准。

木门窗套安装容易出现的主要问题如下。一是门窗洞口侧面不垂直，主要是没有用垫木片找直，应返工垫平，用尺测量无差误后再装垫层板。二是表面有色差、破损、腐斑、裂纹、死节等，必须更换饰面板。包木门窗套使用的木材应与门窗扇木质、颜色协调，饰面板与木线条色差不能大，木种要相同。三是用手敲击门套侧面板，如有空鼓声，说明底层未垫衬大芯板，应拆除面板后加垫大芯板。

3. 木门窗行业的发展趋势

木门窗市场的需求量随建筑业的发展必然会导致继续上升的趋势，年增长量约为20%～30%，但也应冷静看到以下几个事实：

① 木门窗和其他产品一样都有一个产生、发展、顶峰、萧条、低谷的发展过程，这是符合优胜劣汰发展规律的。随着时代进步，科技发展，木门窗产品结构会越来越合理，综合质量会越来越高，售后服务保障体系也会越来越完善。

② 木门窗的原料会日趋紧张。为了保护自然资源，维护生态平衡，人们的绿色环保意识在不断加强。

③ 中国经济向全球化方向发展进一步加强了与国际市场接轨。中国的木门窗走向国际市场，国际市场的木门窗涌向中国，这必然会给木门窗市场带来更激烈的竞争，如何使自己的产品符合市场经济规律，应提到议事日程上来。

木门窗发展的具体趋势是：

① 实木门窗由于原材料的限制及其本身天然木材的属性，已不可能成为销售领域的龙头老大。但是它将继续存在于木门市场中，其发展趋势是档次更高，尺寸更稳定，加工质量更好，耐磨性能更高，价格也就会随之上扬，成为高档消费的奢侈品。

② 实木复合门窗在我国相当长的一段时间内销售量的发展会较快，将居首位。其原因是：

a. 实木复合门窗的外观花色品种随着市场发展会更新颖、更时尚、更光洁、尺寸更稳定、防火性能更好。

b. 加快木材综合利用的力度。通常用珍贵木材材种做表面，速生材做内面、背面。此类的木门窗在加工精度、外观品种、防火性能等方面的提高，必然会受到消费者的青睐，市场销售份额也会逐步扩大。

③ 各种非木质的表面装饰材料会得到进一步的扩大应用。表层涂装的光固化涂料使板面丰富多彩，美不胜收，让消费者有更大的选择余地，新型的环保饰面材料将逐步取代PVC饰面材料。

④ 木门窗的安装、施工、验收标准和施工的规范化必然会进一步完善。

⑤ 木门窗行业必然向规范化、集约化、规模化、科技化方向发展。我国的木门窗在国际市场上叱咤风云的同时，国际著名品牌也将涌入我国市场。国内规模小的厂家将会受到排挤，将会出现20％的知名品牌将占领80％的市场销售份额的现象，知名品牌地位会越来越突出。

⑥ 随着质量方面执法力度的增强，木门窗的标准化将得到进一步的贯彻。同时随着人们环保意识的加强，绿色环保的产品必将受到消费者的青睐。

⑦ 木门窗行业协会职能将得到进一步加强，积极参与木门窗行业的管理与监督；协助企业改善经营管理，维护市场的公平竞争；制定并监督执行行业标准及各项规范；协调同行业间的价格争议，积极组织国内外技术交流和合作，承担政府部门委托的各种社会任务。

（二）木制门窗的选购

实木门由于木材与生俱来的内应力，极易带来开裂变形等问题，成品木门表面看起来都是光滑亮洁，而门里的材料、架构到底达到怎样的质量，是目前家装中选用木制门窗，要首先研究的问题。

实木门一般是先做出门的边框，以硬杂木做填充物填实，表面用6mm的天然实木皮做门面，最后经过三遍底漆和五至六遍面漆涂刷制成；原木门一般是由整片木材做成的，表里是同一种木材。非正规企业在做实木复合门时，会用单薄的木板做框架，散木、杂木甚至用蜂窝纸做填充物，门表面的天然实木皮也被澳松板取代，然后贴上一层仿真木纹纸；原木门也被偷工减料，只在门表面用要求的木材，内部用别的木材填充。

鉴别实木门的质量时首先可以敲门体听声音，实心木门的声音沉闷、厚实；空心门的声音听起来较脆、单薄。其次看工艺，仔细观察门表的木纹，天然实木皮的木纹真实自然，而木纹纸的纹理会稍显模糊。再次摸漆面，质量高的实木复合门表面光滑细腻，而质量差的木门则会表面不平整、粗糙。

在选择时应注意以下几点：

1. 款式

建议选择风格相近的木门产品来搭配房间。木门窗的外表要美观，木门窗的表面漆膜要平滑、光亮，无流坠、气泡、皱纹等质量缺陷，没有腐蚀点、死节、破残；包门窗套使用木材应与门窗扇的木质、颜色协调，饰面板与木线条色差不能大，树种应相同。

2. 色系

可先把居室大环境的色相划分为三大色系，墙面、地面、家具软装饰。木门的色彩可以考虑靠近家具色系，在大环境色系上既有对比又保持和谐。如果没有太大把握可咨询专业人员，很多木门的专卖店配备了不同色系的色板，以在购门时对比选择，让您的木门最大程度上与您的居室和谐统一。

3. 品质

木质门产品几乎都是订制的，很少有现货出售，也不可能去厂家盯着看其生产加工全过程，选择一个值得信赖的品牌就显得尤为重要。因此所选择的生产公司要通过ISO 9001、

ISO 14001 体系认证，这样生产的木门产品品质才有保障，消费者可以放心选择。门窗扇要方正，不能翘曲变形，门窗扇刚刚能塞进门窗框，并与门窗框相吻合；如果门窗扇与框缝隙大，主要是因为安装时刨修不准或者是门窗框与地面不垂直，可将门窗扇卸下重新刨修；如门窗框不垂直，应在框板内垫片找直。

4. 木门窗的合页要位置准确，安装牢固

如果合页没上正，就会导致门窗扇与框套不吻合，门窗开关不顺畅。可将每个合页先拧下一个螺钉，然后调整门窗扇与框的吻合度，调整修理无误后再拧紧全部螺钉。如果合页螺钉短，或者上螺钉时一下钉进去，没有拧螺钉，或者螺钉拧斜了，都会导致门窗扇打旷。应更换合适的螺钉，上螺钉时必须平直，螺钉应先钉进 1/3，其余的要拧进去。

5. 木门门锁的开、锁要顺利，锁在门扇和门框上的两部分要吻合

如果门锁装得不合适，会造成门扇开关不自如。应将锁舌板卸下，用凿子修理舌槽，调整门框锁舌口位置后再安装。另外，门的开启方向也要符合要求。

四、防盗门的识别与选购

(一) 防盗门的识别

防盗门的全称为防盗安全门。它兼备防盗和安全的性能。按照《防盗安全门通用技术条件》规定，合格的防盗门在 15min 内利用凿子、螺丝刀、撬棍等普通手工具和手电钻等便携式电动工具无法撬开或在门扇上开起一个 $615mm^2$ 的开口，或在锁定点 $150mm^2$ 的半圆内打开一个 $38mm^2$ 的开口。防盗门上使用的锁具必须是经过公安部检测中心检测合格的带有防钻功能的防盗门专用锁。防盗门可以用不同的材料制作，但只有达到标准检测合格，领取安全防范产品准产证的门才能称为防盗门。

1. 防盗门的种类

① 按照公安部颁布标准 GB 25—1992《防盗安全门通用技术条件》，防盗门可分为栅栏式防盗门、实体防盗门和复合式防盗门 3 种。

栅栏式防盗门就是平时较为常见的由钢管焊接而成的防盗门，它的最大优点是通风、轻便、造型美观，且价格相对较低。该防盗门上半部为栅栏式钢管或钢盘，下半部为冷轧钢板，采用多锁点锁定，保证了防盗门的防撬能力。但栅栏式防盗门在防盗效果上不如封闭式防盗门。

实体防盗门采用冷轧钢板挤压而成，门板全部为钢板，钢板的厚度多为 1.2mm 和 1.5mm，耐冲击力强。门扇双层钢板内填充岩棉保温防火材料，具有防盗、防火、绝热、隔声等功能。一般实体防盗门都安装有猫眼、门铃等设施。

复合式防盗门由实体门与栅栏式防盗门组合而成，具有防盗和夏季防蝇蚊、通风纳凉和冬季保暖隔声的特点。

② 按结构特点来分，主要有推拉式栅栏防盗门、平开式栅栏防盗门、塑料浮雕防盗门和多功能豪华防盗门等几种类型。对一般的消费者来说，居民的防盗安全门主要就是平开式防盗安全门。平开门是目前市场上需求量最大的一种防盗门。有些标准称这种门为分户门或进户门，表示这是区分室内室外的一道门。因此，这种门除了防盗外，还牵涉到保温、隔声、美观等诸多方面。平开门从形式上分为：普通平开门、门中门、子母门和复合门。普通平开门即为单扇开启的封闭门。门中门既有栅栏门又有平开门的优点，它外门的部分为栅栏门，在栅栏门后有一扇小门，开启小门可作为栅栏门通风等用途，关闭小门作为平开门的作用。子母门一般用于家庭入户门框较大的住宅，即保证平时出入方便，也可让大的家具方便

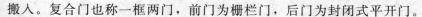

搬入。复合门也称一框两门，前门为栅栏门，后门为封闭式平开门。

2. 防盗门的安装要点

① 防盗门的安装应按照所采用的防盗门种类，采取相适应的安装方法。

② 防盗门的门框可以采用膨胀螺栓与墙体固定，也可以在砌筑墙体时在洞口处预埋铁件，安装时与门框连接件焊牢。

③ 门框与墙体不论采用何种连接方式，每边均不应少于 3 个锚固点，且应牢固连接。

④ 安装防盗门时，应先找直、吊正，尺寸量合适后将其临时固定，并进行校正、调整，无误后方可进行连接锚固。

⑤ 要求推拉门安装后推拉灵活；平开门开启方便，关闭严密牢固。

⑥ 门框与门扇之间或其他部位应安装防盗装置。

⑦ 防盗门上的拉手、门锁、观察孔等五金配件，必须齐全；多功能防盗门上的密码护锁、电子报警密码系统、门铃传呼等装置，必须有效、完善。

⑧ 要求与地平面的间隙应不大于 5mm。

3. 防盗门的安全级别

防盗安全门根据其安全级别可分为甲、乙、丙、丁四个级别，其中甲级防盗性能最高，乙级其次，丁级最低。现在消费者在商场里看到的大部分都是丁级防盗安全门，它比较适合于一般的居民使用。

《防盗安全门通用技术条件》自 2008 年 4 月 1 日起执行新国标。新国标将防盗门的防盗安全级别划分为甲、乙、丙、丁四级，新的防盗安全级别的拼音字母代号分别为 J、Y、B、D。甲为最高级，依此递减。不同防盗等级的防盗门防盗安全性能有所不同，其中，防盗门防破坏时间不得少于 6min。

新标准涉及到防盗门安全性能的条款均为强制性规定，按防破坏时间长短、板材厚度等指标，标准对防盗门产品进行了防盗安全等级划分。新标准将防盗安全级别由原来的 C、B、A 三级，增至甲、乙、丙、丁四级。

不同防盗等级的防盗门防盗安全性能不同。如防破坏时间：甲级防盗门不得低于 30min、乙级不低于 15min、丙级不低于 10min、丁级不得低于 6min；门框与门扇间的锁闭点数，甲、乙、丙、丁级防盗门分别应不少于 12 个、10 个、8 个和 6 个；而门框的钢质板材厚度，甲、乙、丙、丁级分别应选用 2mm、2mm、1.8mm 和 1.5mm 等。消费者可根据需求选择自己想要的防盗门。

按国家标准规定，防盗门的锁具应能在防破坏时间内，即使钻掉锁芯、撬断锁体连接件从而拆卸锁具或通过上下间隙伸进撬扒工具，松开锁舌等，也无法打开门扇；防盗门的主锁舌伸出有效长度应不小于 16mm，并应有锁舌止动装置。

新标准还增加了可以帮助消费者识别防盗门真伪的内容，就是要求防盗门应有永久性固定标记。防盗门标记共由 3 部分组成，标记符号为拼音字母，从左到右分别为防盗安全门代号（FAM）、防盗安全级别和企业自定义特征（包括企业代号和产品代号两部分）。其中，防盗安全级别标记永久固定在内侧铰链边上角，距地面高度为 1600mm±100mm 的位置上。

（二）防盗门的选购

购买时则可根据个人偏好及经济条件来决定。具体消费者在选购防盗门时应注意把握好以下几点：

① 消费者应根据居室的门洞尺寸、开启方向、颜色花纹等实际要求选择合适的防盗安

全门。

② 防破坏功能是防盗安全门最重要的功能，在购买时可以要求销售商出示有关部门的检测合格证明，产品质量应符合国家标准 GB 17565—2007《防盗安全门通用技术条件》的技术要求。

③ 合格的防盗安全门门框的钢板厚度应在 2mm 以上，门体厚度一般在 20mm 以上，应检查门体重量，一般应在 40kg 以上，并可通过拆下猫眼、门铃盒或锁把手等方式检查门体内部结构，门体的钢板厚度应在 1.0mm 以上，内有数根加强钢筋，使门体前后面板有机地连接在一起，增强门体的整体强度，门内最好有石棉等具有防火、保温、隔声功能的材料作为填充物，用手敲击门体发出"咚咚"的响声，消费者用手开启和关闭门应灵活。

④ 检查工艺质量：应特别注意检查有无焊接缺陷，诸如开焊、未焊、漏焊等现象。看门扇与门框的配合是否密实，间隙是否均匀一致，开启是否灵活，所有接头是否密实，门板的表面应进行防腐处理，一般应为喷漆和喷塑，漆层表面应无气泡，色泽均匀，大多数门在门框上还嵌有橡胶密封条，关闭门时不会发出刺耳的金属碰撞声。

⑤ 锁具检查：合格的防盗门一般采用经公安部门检测合格的防盗专用锁，同时，在锁具处应有 3.0mm 以上厚度的钢板进行保护。现防盗专用锁有许多是多方位锁具，其优点是不仅门锁锁定，上下横杆都可插入锁定，对门加以固定。大大增加了门的防撬性能。国家公安部颁发的 GA/T 73—1994《机械防盗锁》中明确规定，机械防盗门锁分为普通防护级别和高级级别，以 A 级和 B 级来表示。A 级锁是指防破坏性开启时间不少于 15min、防技术性开启时间不少于 1min 的锁，B 级锁是指防破坏性开启时间不少于 30min、防技术性开启时间不少于 5min（防技术性开启是指抵抗锁具专业技术人员使用特殊工具运用操作手法打开锁具的能力）的锁。并且在同等情形下，B 级防盗锁的安全性能是 A 级锁的 5 倍。

⑥ 品牌保证：品牌是产品质量与服务的标志，品牌主要指产品品牌和经销商品牌，在市场上购买防盗门时，最好到正规的大型家居建材城购买。购买时还应该注意防盗门的"FAM"标志、企业名称、执行标准等内容，符合标准的门才能既安全又可靠。

⑦ 安装好防盗门后，用户首先要检查钥匙、保险单、发票和售后服务单等配件和资料与防盗门生产厂家提供的配件和资料等是否一致，千万不能出现少钥匙的情况。用钥匙开启已安装于门体的锁具时，锁芯应轻松灵活，无卡滞现象；门在开启 90°过程中，应灵活自如，无卡阻，异响等。

消费者在选购防盗门时，应多方了解，选择有实力、产品质量过硬的知名品牌，并查看经营者提供的产品检验报告；订货时必须在发票上注明"防盗（安全）门"字样，以防假冒；安装时要仔细检查防盗门外观情况，必要时撕下保护膜全面检查，并索要保修卡、发票等单据，以便日后出现问题及时维权。有关行政执法部门也应加大监管力度，力争从源头遏制劣质防盗门充斥市场。大力宣传和推行防盗门安全新标准，提高企业售后服务质量，给消费者创造一个和谐、安全、放心的消费环境。

五、锁具的识别与选购

（一）锁具的识别

1. 锁具的种类

（1）挂锁　分成铜挂锁、铁挂锁和密码挂锁，其主要规格有 15mm、20mm、25mm、30mm、40mm、50mm、60mm 和 75mm。

（2）抽斗锁　分成全铜抽斗锁、套铜抽斗锁、铝芯抽斗锁及左右橱门锁，其主要规格有

φ22.5mm 和 16mm。

（3）弹子门锁　分为单保险门锁、双保险门锁、三保险门锁和多保险门锁。

（4）插芯门锁　也称防盗门锁，分成钢门插芯门锁和木门插芯门锁。

（5）球形门锁　分成铜式球形门锁和三管式球形门锁，还有包房锁。

（6）花色锁　分为玻璃门锁、连插锁、按钮锁、电器箱开关锁和链条锁、转舌锁等。

（7）电控锁　磁卡锁、IC 卡锁、密码锁。

此外还有杠杆锁、叶片锁、旗杆钥匙锁、三簧锁。

2. 锁具的材料和表面处理

（1）锁具的材料　选购锁具时，消费者普遍均担心锁具不耐用或用不了多久表面便生锈或氧化，这个问题关系到使用的材料及表面处理问题。

从耐用的角度看，最好的材料应是不锈钢，尤其是用作表面材料，越用越光亮。其强度好、耐腐蚀性强、颜色不变。但不锈钢也有多种，主要可分为铁素体和奥氏体。铁素体不锈钢有磁性，俗称不锈铁，时间长，环境不好也会生锈，只有奥氏体不锈钢才不会生锈，鉴别办法很简单，用磁铁一试即可鉴别。

铜材是使用最广泛的锁具材料之一，其力学性能好，耐腐蚀和加工性能都不错，且色泽艳丽，特别是铜锻造的把手及其他锁具装饰件，表面平整、密度好、无气孔、砂眼。既牢固又防锈，可以用来镀 24K 金或砂金等各种表面处理，显得富丽堂皇，高贵大方，给人们的家居增添不少色彩。

锌合金材料，其强度和防锈能力就差多了，但其优点是易于做成复杂图案的零件，特别是压力铸造。市面所见的较复杂图案的锁具有很大可能是锌合金做的，消费者要仔细鉴别。

钢铁，强度较好，成本较低，但易于生锈，一般用作锁具内部结构材料，不宜作为外部装饰件。

铝或铝合金，普通铝合金（航空航天用除外）质地软且重量轻、材料强度较低，但易于加工成型。

（2）锁具的表面处理　表面处理是泛指用金属电沉积（俗称电镀）、涂装（称喷涂）、化学氧化（着色）或其他加工方法在零件表面覆盖或形成一层保护膜。该膜主要起防腐作用，同时还增加美观及产品的耐用性，是直接衡量产品质量优劣的一个重要因素。衡量表面处理的常用方法有：覆盖层用厚度测量，结合力检查、盐雾及潮湿试验、外观检查等。涂层则进行涂膜附着力、硬度、潮湿试验及外观检查等方法进行。

（二）锁具的选购

将外装门锁及球形门锁分为 A 级与 B 级两类，基本上明确区分了高级别墅、公寓与商品房、单元住宅的区别。

消费者在购买锁具前应做以下方面的考虑。

1. 所使用的场所及其重要程度

要考虑所使用的场所，如在临街大门、厅门、房间、浴室或通道上使用，以便选择适合所需功能的产品。

2. 使用的环境、条件及其要求

应考虑使用环境的优劣状况，如干湿度、门的结构、厚度、左开门还是右开门，内开门还是外开门，以防买错产品。

3. 考虑与装饰环境的协调

根据自己的喜好，购买产品时应考虑与居室的协调及配套应一致。

4. 考虑家庭成员的状况

考虑家中是否有老人、小孩或残疾人士，选择方便他（她）使用的产品。

5. 考虑经济承受能力

结合家庭经济状况，经济充裕的可购买高档的产品，经济欠理想的可选择档次较低的产品，但注意无论选择高档或低档的产品，均要考虑生产企业的实力是否雄厚，质量是否稳定，建议选择有相当知名度企业的产品，避免造成金钱上的损失及给日常生活带来不必要的麻烦与困扰。

6. 考虑经销商的信誉及服务水准

防止一些经销商从自身利益出发，推荐一些假冒、伪劣的商品给消费者。所以消费者应选择知名度高、质量稳定、售后服务好的企业的产品。先检查所购产品包装的标志是否齐全（包括产品的执行标准、等级、生产企业名称、地址、生产日期），包装物是否牢固，说明书内容与产品是否相符，慎防有夸大而与事实不符现象。

7. 观察产品外观质量情况

外观质量主要包括锁头、锁体、锁舌、执手与覆板部件及有关配套件是否齐全，电镀件、喷漆件表面色泽是否鲜艳、均匀，有无生锈、氧化迹象及破损。

8. 检查产品的使用功能

检查产品的使用功能是否可靠、灵活，应选择两把以上的产品进行对照检查，特别是购买双向锁头产品时，必须用全部钥匙分别对内、外锁头进行试开关。还应检查产品的保险机构情况，建议每把锁至少试三次以上。互开率是锁和钥匙的互开比例，一把钥匙打开的锁越少，证明这把锁的安全可靠性越强。消费者在选购时要尽量去挑选钥匙牙花数多的锁，因为钥匙的牙花数越多，差异性越大，锁的互开率就越低。

9. 按使用环境选择锁具

主要考虑环境的干湿度，门的结构、厚度，左开门还是右开门，内开门还是外开门等。

第二节　装饰玻璃的识别与选购

一、普通玻璃的识别与选购

（一）普通玻璃的识别

玻璃是一种较为透明的固体物质，在熔融时形成连续网络结构，冷却过程中黏度逐渐增大并硬化而不结晶的硅酸盐类非金属材料。普通玻璃化学氧化物的组成为 $Na_2O \cdot CaO \cdot 6SiO_2$，主要成分是二氧化硅，广泛应用于建筑物，用来隔风透光，属于混合物。

普通平板玻璃具有透光、隔热、隔声、耐磨、耐气候变化的性能，有的还有保温、吸热、防辐射等特征，因而广泛应用于镶嵌建筑物的门窗、墙面、室内装饰等。

1. 普通玻璃的特点

好的普通玻璃制品应具有以下特点：

① 普通玻璃是无色透明的或稍带淡绿色的。

② 普通玻璃的薄厚应均匀，尺寸应规范。

③ 普通玻璃没有或少有气泡、结石和波筋、划痕等疵点。

2. 普通玻璃的规格

普通玻璃的规格按厚度通常可分为 2mm、3mm、4mm、5mm 和 6mm；也有厚度为 8mm 和 10mm 的。一般 2mm、3mm 厚的适用于民用建筑物，4～6mm 的用于工业和高层建筑。

3. 影响普通玻璃质量的缺陷

影响普通玻璃质量的缺陷主要有气泡、结石和波筋。气泡是玻璃体中潜藏的空洞，是在制造过程中的冷却阶段处理不慎而产生的。结石俗称疙瘩，也称砂粒，是存在于玻璃中的固体夹杂物，这是玻璃体内最危险的缺陷，它不仅破坏了玻璃制品的外观和光学均一性，而且会大大降低玻璃制品的机械强度和热稳定性，甚至会使制品自行碎裂。

（二）普通玻璃的选购

用户在选购玻璃时，可以先把两块玻璃平放在一起，使相互吻合，揭开来时，若使很大的力气，则说明玻璃很平整。

另外要仔细观察玻璃中有无气泡、结石和波筋、划痕等，质量好的玻璃距 60cm 远，背光线肉眼观察，不允许有大的或集中的气泡，不允许有缺角或裂纹，玻璃表面允许看出波筋、线道的最大角度不应超过 45°；划痕砂粒应以少为佳。

玻璃在潮湿的地方长期存放，表面会形成一层白翳，使玻璃的透明度大大降低，挑选时要加以注意。

二、钢化玻璃的识别与选购

（一）钢化玻璃的识别

钢化玻璃属于安全玻璃。钢化玻璃也叫强化玻璃，它是利用加热到一定温度后迅速冷却的方法或化学方法进行特殊钢化处理的玻璃。钢化玻璃其实是一种预应力玻璃，为提高玻璃的强度，通常使用化学或物理的方法，在玻璃表面形成压应力，玻璃承受外力时首先抵消表层应力，从而提高了承载能力，增强玻璃自身抗风压性、寒暑性、冲击性等。由于钢化玻璃破碎后，碎片会破成均匀的小颗粒并且没有普遍玻璃刀状的尖角，从而被称为安全玻璃而广泛用于汽车、室内装饰之中，以及高楼层对外开启的窗户。

1. 钢化玻璃的特点

① 安全性 当玻璃被外力破坏时，内外拉压应力平衡状态被瞬间破坏，玻璃立刻被拉应力裂碎为较多的小碎块，碎片成类似蜂窝状的碎小钝角颗粒，减少对人体的伤害。建筑用钢化玻璃的主要技术要求（GB/T 9963—1998）规定，试样进行碎片状态试验，在 50mm×50mm 区域内的碎片数必须超过 40 个，虽碎但不易伤人。

② 机械强度高 钢化玻璃抗折强度可达 125MPa 以上，比普通玻璃大 4～5 倍；抗冲击强度也很高，是普通玻璃的 3～5 倍。用钢球法测定时，0.8kg 的钢球从 1.2m 的高度落下，玻璃可保持完好。

③ 热稳定性 钢化玻璃强度高，热稳定性也较好，在受急冷急热作用时，不易发生炸裂。这是因为钢化玻璃表层的压应力可抵消一部分因急冷急热而产生的拉应力的缘故。钢化玻璃最大安全工作温度为 288℃，能承受的温差是普通玻璃的 3 倍，可承受 204℃ 的温差变化，对防止热炸裂有明显的效果。

④ 钢化后的玻璃不能再进行切割和加工，只能在钢化前就对玻璃进行加工至需要的形状，再进行钢化处理。

⑤ 可发生自爆 钢化程度高的物理钢化玻璃，内应力很高，但是偶然因素作用下或在温差变化大时，内应力的平衡状态会产生瞬间失衡而自动破坏，称为钢化玻璃的自爆（自己

破裂），一般钢化玻璃的自爆率在 3‰ 左右。

钢化玻璃的性能见表 6-1 和表 6-2。

表 6-1　建筑用钢化玻璃的主要技术要求 （GB 15763.2—2005）

技术要求		性能指标
弯曲度	实验方法	弓形时应不超过 0.5%，波形时应不超过 0.3%
抗冲击性	610mm×610mm 的试样，直径 63.5mm，表面光滑，钢球自 1000mm 高度自由落下	取 6 块钢化玻璃试样进行试验，试样玻璃破坏数不超过 1 块为合格，多于或等于 6 块为不合格，破坏数为 2 块时，再另取 6 块进行试验，6 块必须以全部不被破坏为合格
碎片状态	小锤冲击试样	取 4 块钢化玻璃试样进行试验，每块在 50mm×55mm 区域内碎片数必须超过 40 个，且允许有少量长条碎片，其长度不超过 75mm，其端部都不是刀刃状，延伸至边缘的长条形碎片与边缘形成的角不大于 45°
霰弹袋冲击性能	质量为 (45±0.1) kg 的装填有霰弹的皮革袋冲击体摇摆冲击钢化玻璃试样	取 4 块钢化玻璃试样进行试验，必须符合下列①或②中任意一条规定：①玻璃破碎时每块试样的最大 10 块碎片质量总和不得超过相当于试样 65cm² 面积的质量；②霰弹袋下落高度为 120mm 时，试样不破坏

表 6-2　钢化玻璃的外观质量 （GB 15763.2—2005）

缺陷名称	说　明	允许缺陷数
爆边	每片玻璃每米边长上允许有长度不超过 10mm，自玻璃边部向玻璃板表面延伸深度不超过 2mm，自板面向玻璃厚度延伸深度不超过厚度 1/3 的爆边个数	1 处
划伤	宽度在 0.1mm 以下的轻微划伤，每平方米面积内允许存在条数	长度≤100mm 时，4 条
	宽度大于 0.1mm 的划伤，每平方米面积内允许存在条数	宽度 0.1~1mm，长度≤100mm 时，4 条
夹钳印	夹钳印与玻璃边缘的距离≤20mm，边部变形量≤2mm	
裂纹、缺角	不允许存在	

2. 钢化玻璃的种类

① 钢化玻璃按形状分为平面钢化玻璃和曲面钢化玻璃。

平面钢化玻璃厚度有 3.4mm、5mm、6mm、8mm、10mm、12mm、15mm、19mm 八种；曲面钢化玻璃厚度也有 3.4mm、5mm、6mm、8mm、10mm、12mm、15mm、19mm 八种。但曲面（即弯钢化）钢化玻璃对每种厚度都有个最大的弧度限制，即平常所说的 R，R 为半径。

② 钢化玻璃按其外观分为平钢化、弯钢化。

3. 钢化玻璃的自爆

钢化玻璃在无直接机械外力作用下发生的自动性炸裂叫做钢化玻璃的自爆。自爆是钢化玻璃固有的特性之一。产生自爆的原因很多，简单地归纳为以下几种：

(1) 玻璃质量缺陷的影响

① 玻璃中有结石、杂质：玻璃中有杂质是钢化玻璃的薄弱点，也是应力集中处。特别是结石若处在钢化玻璃的张应力区是导致炸裂的重要因素。

结石存在于玻璃中，与玻璃体有着不同的膨胀系数。玻璃钢化后结石周围裂纹区域的应力集中成倍地增加。当结石膨胀系数小于玻璃，结石周围的切向应力处于受拉状态。伴随结石而存在的裂纹扩展极易发生。

② 玻璃中含有硫化镍结晶物。硫化镍夹杂物一般以结晶的小球体存在，直径在 0.1～2mm。硫化镍是造成钢化玻璃自发炸碎的主要原因。

③ 玻璃表面因加工过程或操作不当造成有划痕、炸口、深爆边等缺陷，易造成应力集中或导致钢化玻璃自爆。

（2）钢化玻璃中应力分布不均匀、偏移　玻璃在加热或冷却时沿玻璃厚度方向产生的温度梯度不均匀、不对称。使钢化制品有自爆的趋向，有的在激冷时就产生"风爆"。如果张应力区偏移到制品的某一边或者偏移到表面，则钢化玻璃形成自爆。

（3）钢化程度的影响　实验证明，当钢化程度提高到 1 级/cm 时自爆数达 20％～25％。由此可见应力越大钢化程度越高，自爆量也越大。

4. 钢化玻璃的用途

由于钢化玻璃具有较好的力学性能和热稳定性，所以在建筑工程、交通及其他领域内得到了广泛的应用。

平面钢化玻璃常用于高层建筑门窗、玻璃幕墙、室内隔断玻璃、采光顶棚、观光电梯通道、家具、玻璃护栏等，曲面钢化玻璃常用于汽车、火车、船舶、飞机等方面。

使用时应注意的是钢化玻璃不能切割、磨削，边角也不能碰击挤压，需按现成的尺寸规格或提出具体设计图样进行加工定制。用于大面积玻璃幕墙的玻璃在钢化程度上要予以控制，即其应力不能过大，以避免受风荷载引起振动而自爆。

根据所用的玻璃原片不同，钢化玻璃可制成普通钢化玻璃、吸热钢化玻璃、彩色钢化玻璃、钢化中空玻璃等。

（二）钢化玻璃的选购

① 查看产品出厂合格证，注意 3C 标志和编号、出厂日期、规格、技术条件、企业名称。

② 戴上带偏光的太阳眼镜看玻璃，钢化玻璃应该呈现出彩色的条纹斑。

③ 钢化玻璃的平整度会比普通玻璃差，用手使劲摸钢化玻璃表面，会有凹凸的感觉，而且观察钢化玻璃的较长的边会有一定弧度，如果能把两块较大的钢化玻璃靠在一起，就会明显看出来这个弧度。

④ 在光下侧看玻璃，钢化玻璃会有发蓝的斑。

三、中空玻璃的识别与选购

（一）中空玻璃的识别

中空玻璃是将两片或多片玻璃以有效支撑均匀隔开并周边黏结密封，使玻璃层间形成有干燥气体空间的一种玻璃制品。

中空玻璃大多用于门窗行业，设计符合标准的中空玻璃，才能发挥其隔热、隔声、防盗、防火的功效。

1. 普通中空玻璃

普通中空玻璃是由两层或多层平板玻璃构成。四周用高强高气密性复合黏结剂，将两片或多片玻璃与密封条、玻璃条粘接、密封。中间充入干燥气体，框内充以干燥剂，以保证玻璃片间空气的干燥度。可以根据要求选用各种不同性能的玻璃原片，如无色透明浮法玻璃、压花玻璃、吸热玻璃、热反射玻璃、夹丝玻璃、钢化玻璃等，与边框（铝框架或玻璃条等）经胶结、焊接或熔接而制成。

中空玻璃可采用 3mm、4mm、5mm、6mm、8mm、10mm、12mm 厚片度原片玻璃，

空气层厚度可采用 6mm、9mm、12mm 间隔。

（1）中空玻璃的材料

① 玻璃可采用平板玻璃、夹层玻璃、压花玻璃、吸热玻璃、镀膜热反射玻璃、钢化玻璃等。浮法玻璃应符合 GB 11614 规定的一级品、优等品，夹层玻璃应符合 GB 9962 的规定，钢化玻璃应符合 GB 9963 的规定。

② 密封胶应满足以下要求

使用的第一道、第二道密封胶组分间色差应分明，有效期在半年以上；

隐框幕墙用第二道密封胶必须是聚硅氧烷密封胶，必须满足中空玻璃性能要求。

③ 间隔框：使用铝间隔框时须去污，进行阳极化处理。

④ 干燥剂的质量、规格、性能必须满足中空玻璃制造及性能要求。

（2）中空玻璃的长度及宽度允许偏差　见表 6-3。

表 6-3　中空玻璃的长度及宽度允许偏差（GB/T 11944—2002）

长度或宽度	允许偏差/mm
<1000	±2
1000～2000	±2.5
>2000～2500	±3

（3）中空玻璃的厚度允许偏差　见表 6-4。

表 6-4　中空玻璃的厚度允许偏差（GB/T 11944—2002）

公称厚度/mm	允许偏差/mm
<17	±1.0
17～22	±1.5
≥22	±2.0

注：中空玻璃的公称厚度为两片玻璃厚度与间隔框厚度之和。

（4）中空玻璃两对角线允许偏差　见表 6-5。

表 6-5　中空玻璃两对角线允许偏差（GB/T 11944—2002）

对角线长度/mm	允许偏差/mm
<1000	4
≥1000～2500	6

（5）中空玻璃密封胶宽度　单道密封胶层宽度应计算确定，其最小宽度为 10mm±2mm，双道密封外层密封胶宽度应计算确定，其最小宽度为 5～7mm。

（6）外观　中空玻璃的内表面不得有妨碍透视的污迹及胶黏剂飞溅现象。

（7）性能要求　中空玻璃的密封、露点、紫外线照射、气候循环和高温、高湿性能按 GB 7020 进行检验，必须满足要求。

① 密封　在试验压力低于环境气压 10kPa±0.5kPa，厚度增长必须≥0.8mm，在该气压下保持 2.5h 后，厚度增长偏差<15%，渗漏全部试样不允许有渗漏现象。

② 露点　将露点仪温度降到≤−40℃，使露点仪与试样表面接触 3min，全部试样内表面无结露或结霜。

③ 紫外线照射　紫外线照射 168h，试样内表面不得有结雾和污染的痕迹。

④ 气候循环及高温、高湿性能　气候试验经 320 次循环，高温、高湿经 224 次循环，试验后进行露点测试，要求 12 块试样，至少 11 块无结露或结霜。

隐框幕墙选用中空玻璃时，必须做到中空玻璃第二道密封胶一定要采用聚硅氧烷密封胶，并与结构性玻璃装配用密封胶相容，即两者必须采用相互相容的密封胶。当结构性装配使用某一聚硅氧烷密封胶，最好订购的中空玻璃密封胶层也用同一厂聚硅氧烷密封胶。

普通中空玻璃的热传导率是空气的 27 倍，只要中空玻璃是密封的，该中空玻璃就在最佳隔热效果。

中空玻璃的玻璃与玻璃之间，留有一定的空腔。框内充以干燥剂，以保证玻璃片间空气的干燥度。中空玻璃的两层间距一般为 8mm，试验证明，如果 8mm 的间距完全真空，大气压力会将玻璃压碎。故合格的中空玻璃，其夹层亦即 8mm 厚的间距空间必须填充惰性气体氩和氮。充填后，检测显示其 K 值（传热系数极限值），同比真空状态下，还可下降 5％，这就意味着保温性能更好。

普通中空玻璃主要用于需要采暖、空调、防止噪声或结露，以及需要无直射阳光和特殊光的建筑物上。广泛应用于住宅、饭店、宾馆、办公楼、学校、医院、商店等需要室内空调的场合，也可用于火车、汽车、轮船、冷冻柜的门窗等处。

普通中空玻璃主要用于外层玻璃装饰。其光学性能、热导率、隔声系数均应符合国家标准。

2. 高性能中空玻璃

高性能中空玻璃与一般普通中空玻璃不同，除在两层玻璃中间封入干燥空气之外，还要在外侧玻璃中间空气层侧，涂上一层热性能好的特殊金属膜。它可以截止由太阳射到室内的部分能量，起到更大的隔热效果。

(1) 高性能中空玻璃特点　高性能中空玻璃特点见表 6-6。

注意事项：中空玻璃中间封入干燥空气，因此根据温度、气压的变化，内部空气压力也随之变化，但玻璃面上只产生很小的变形。另外，制造时可能产生微小翘曲，施工过程中也可能形成畸变，所以包括这样一些因素在内，有时对反射也相应地有些变化，应予以重视，选用颜色不同，反射也不尽相同。

表 6-6　高性能中空玻璃的特点

较大的节能效果	改善室内环境	丰富的色调和艺术性	高性能中空玻璃用途
高性能中空玻璃,由于有一层特殊的金属膜,可达到 0.22～0.49 遮蔽系数,使室内空调(冷气)负载减轻。传热系数 1.4～2.8W/(m²·K),比普通中空玻璃好。对减轻室内暖气负荷,同样发挥很大效率。因此,窗户开得越大,节能效果越明显	高性能中空玻璃可以拦截由太阳射到室内的部分能量,因而可以防止因辐射热引起的不舒适感和减轻夕照阳光引起的目眩	高性能中空玻璃有多种色彩,可以根据需要选用色彩,以达到更理想的艺术效果	适用于办公大楼、展览室、图书馆等公共设施和像计算机房、精密仪器车间、化学工厂等要求恒温恒湿的特殊建筑物。另外也可以用于防晒和防夕照目眩的地方

(2) 高性能中空玻璃性能　金、铜及银金属涂层在中远红外区，即波长范围大于 $4\mu m$ 时，反射率很高。如金属涂层为典型厚度，全部反射率可达 90％～95％，高红外反射率就相当于低发射率（Low-E），这会减少中空玻璃组件内外玻璃板的辐射转换。另外，如构件中的空气由重气体替代的话，其隔热值是 1.4W/(m²·K)。减薄金属层的厚度，透光率可以增加到 60％左右。此种极薄的涂层具有非常好的保护太阳能的作用，同时还仍有很高的

红外反射率值，在 85％或 75％。空气层为 12mm 中间充以重气体，涂层隔热值可达 1.6～1.9W/(m² · K)。

（二）中空玻璃的选购

1. 看标志查证书

建筑（安全）中空玻璃是指构成中空玻璃的单片玻璃均是已通过 3C 认证的安全玻璃（钢化玻璃或夹层玻璃）。2006 年建筑（安全）中空玻璃被列入安全玻璃类强制性认证产品。自认证实施以来，很多生产企业通过了产品认证获得 3C 证书。企业应该在出售的产品本体上丝印或粘贴 3C 标志，或者在其最小外包装上和随附文件（如合格证书）中加施 3C 标志。选购产品时首先要查看是否有 3C 标志，并根据企业信息、工厂编号或产品认证证书等，通过网络查看该产品的生产企业是否通过了强制性产品认证（有 3C 证书并且有效），产品的型号规格是否在该企业已通过强制认证的能力范围之内，认证证书状态是否有效。

2. 看外观查质量

查看产品的外观质量，中空玻璃不应有妨碍透视的污迹、夹杂物及密封胶飞溅现象，中间间隔层不得有任何异物。密封胶或胶条涂布要均匀连续，与玻璃表面粘接牢固，不得出现气道、气泡。密封胶的宽度和深度不得小于标准 GB/T 11944—2002 的要求。

3. 送样到有资质的检测机构进行检测，确认产品质量

中空玻璃产品的关键原材料和生产工序较多，原材料质量的好坏以及生产工序的控制水平影响了产品的最终质量。并且中空玻璃的关键性能无法从产品的外观上识别，只有通过试验测试才能够进行确认。因此，建议在选购中空玻璃时，特别是批量较大时，一定要抽样送到第三方检测机构进行检验甄别。

4. 中空玻璃节能性能的确认

在幕墙玻璃和建筑门窗设计时，对中空玻璃的可见光透射比、遮阳系数、传热系数、露点等性能参数都有一定的要求。人们为了提高中空玻璃的节能效果，选用不同类型的镀膜玻璃和着色玻璃来合成中空玻璃。中空玻璃的玻璃原片和结构不同，产品的节能性能不同。因此，在选用中空玻璃之前，一定要先将玻璃送至有资质的第三方检测机构进行检测确认，以保证选用的产品性能符合节能设计要求或节能型建筑外窗性能要求。在选用高透 Low-E 镀膜中空玻璃时，因为镀膜面都被放置在间隔腔内侧，不易被辨别和检测。因此，一定要对中空玻璃供应商提供的产品进行抽样送检，请专业检测机构进行甄别，以防以次充好，甚至以假乱真。

5. 中空玻璃的搬运、储存和使用

中空玻璃一般用木箱或集装架包装，玻璃之间应用塑料或纸隔开，玻璃与包装物之间用轻软材料填实，以防玻璃划伤。中空玻璃应垂直放置储存在干燥的室内，搬运和使用时应尽量避免外力冲击。清洁玻璃时注意不要划伤或擦伤玻璃表面。

四、压花玻璃的识别与选购

（一）压花玻璃的识别

压花玻璃又称花纹玻璃或滚花玻璃，是采用压延方法制造的一种平板玻璃，制造工艺分为单辊法和双辊法。

单辊法是将玻璃液浇注到压延成型台上，台面可以用铸铁或铸钢制成，台面或轧辊刻有花纹，轧辊在玻璃液面碾压，制成的压花玻璃再送入退火窑。双辊法生产压花玻璃又分为半连续压延和连续压延两种工艺，玻璃液通过水冷的一对轧辊，随辊子转动向前拉引至退火

窑，一般下辊表面有凹凸花纹，上辊是抛光辊，从而制成单面有图案的压花玻璃。压花玻璃的理化性能基本与普通透明平板玻璃相同，仅在光学上具有透光不透明的特点，可使光线柔和，并具有隐私的屏护作用和一定的装饰效果。

1. 压花玻璃的特征

压花玻璃的透视性，因距离、花纹的不同而各异。其透视性可分为：近乎透明可见的，稍有透明可见的，几乎遮挡看不见的。其类型分为：压花玻璃、压花真空镀铝玻璃、立体感压花玻璃、彩色膜压花玻璃等。厚度为 3～5mm。其规格较多，分为菱形压花，方形压花。安装时花纹面朝向内侧，可防脏污。

2. 压花玻璃的用途

压花玻璃用在隔断、卫生间等处比较多，因其表面有精美的花纹能遮挡视线，且具有一定的透光能力，既保证了室内的光线，又保护了个人隐私。安装时可将其花纹面朝向室内，以增强装饰感；作为浴室，卫生间门窗玻璃时，则应注意将其花纹面朝外，以防表面浸水而透视。

（二）压花玻璃的选购

质量好的压花玻璃每平方米表面气泡必须少于一个，选购时要注意重点观察。

五、夹层玻璃的识别与选购

（一）夹层玻璃的识别

夹层玻璃就是在两块玻璃之间夹进一层以聚乙烯醇缩丁醛为主要成分的 PVB 中间膜。

夹层玻璃即使碎裂，碎片也会被粘在薄膜上，破碎的玻璃表面仍保持整洁光滑，这就有效防止了碎片扎伤和穿透坠落事件的发生，确保了人身安全。

在欧美，大部分建筑玻璃都采用夹层玻璃，这不仅为了避免伤害事故，还因为夹层玻璃有极好的抗震入侵能力。中间膜能抵御锤子、劈柴刀等凶器的连续攻击，还能在相当长时间内抵御子弹穿透，其安全防范程度可谓极高。

1. 夹层玻璃的应用优势

现代居室，隔声效果是否良好，已成为人们衡量住房质量的重要因素之一。使用了PVB 中间膜的夹层玻璃能阻隔声波，维持安静、舒适的办公环境。其特有的过滤紫外线功能，既保护了人们的皮肤健康，又可使家中的贵重家具、陈列品等摆脱褪色的厄运。

它还可减弱太阳光的透射，降低制冷能耗。

夹层玻璃的诸多优点，用在家居装饰方面也会有意想不到的好效果。如许多家庭的门，包括厨房的门，都是用磨砂玻璃做材料，煮饭时厨房的油烟容易积在上面，如果用夹层玻璃取而代之，就不会有这个烦恼。同样，家中大面积的玻璃间隔，对天生好动的小孩来说是个安全隐患，若用上夹层玻璃，家长就可以大大放心了。

2. 夹层玻璃的安全特性

夹层玻璃安全破裂，在重球撞击下可能碎裂，但整块玻璃仍保持一体性，碎块和锋利的小碎片仍与中间膜粘在一起。这种玻璃破碎时，碎片不会分散，多用在汽车等交通工具上。

需要较大撞击力才碎，一旦破碎，整块玻璃爆裂成无数细微颗粒，框架中仅存少许碎玻璃。

普通玻璃一撞就碎，典型的破碎状况，产生许多长条形的锐口碎片。

夹丝玻璃破碎时，镜齿形碎片包围着洞口，且在穿透点四周留有较多玻璃碎片，金属丝断裂长短不一。

夹层玻璃作为一种安全玻璃在受到撞击破碎后，由于其两片普通玻璃中间夹的PVB膜的粘接作用，不会像普通玻璃破碎后产生锋利的碎片伤人。同时，它的PVB中间膜所具备的隔声、控制阳光的性能又使之成为具备节能、环保功能的新型建材，使用夹层玻璃不仅可以隔绝可穿透普通玻璃1000~2000Hz的吻合噪声，而且它可以阻挡99％以上紫外线和吸收红外光谱中的热量。作为符合新型建材性能的夹层玻璃势必将在安全玻璃的使用中发挥巨大的作用。

（二）夹层玻璃的选购

夹层玻璃主要采用PVB胶片作为中间层干法热压工艺生产，是我国国家认证认可监督管理委员会强制性认证的安全玻璃产品之一。在选购产品时，应注意以下两方面：

1. 看标志查证书

自2003年开展安全玻璃产品认证以来，全国大多数的建筑夹层玻璃生产企业都通过了产品认证，企业必须在出售的产品本体上丝印或粘贴3C标志，或者在其最小外包装上和随附文件（如合格证书）中加施3C标志。选购产品时首先要查看是否有3C标志，并根据企业信息、工厂编号或产品认证证书等，通过网络查看购买的产品是否在该企业已通过强制认证的能力范围之内，认证证书是否有效。

2. 看外观查质量

查看产品的外观质量，夹层玻璃不应有裂纹、脱胶；爆边的长度或宽度不应超过玻璃的厚度；划伤和磨伤不应影响使用；中间层的气泡、杂质或其他可观察到的不透明物等缺陷不应超过GB 9962标准要求。

六、镜子的识别与选购

镜子是一种表面光滑，具反射光线能力的物品。最常见的镜子是平面镜，常被人们利用来整理仪容。在科学方面，镜子也常被使用在望远镜、工业器械等仪器上。具有规则反射性能的表面抛光金属器件和镀金属反射膜的玻璃或金属制品，常镶以金属、塑料或木制的边框。

（一）镜子的识别

1. 镜子的种类

镜子分平面镜和曲面镜两类。曲面镜又有凹面镜、凸面镜之分。主要用作衣妆镜、家具配件、建筑装饰件、光学仪器部件以及太阳灶、车灯与探照灯的反射镜、反射望远镜、汽车后视镜等。

2. 成像原理

不论是平面镜或者是非平面镜（凹面镜或凸面镜），光线都会遵守反射定律而被面镜反射，反射光线进入眼中后即可在视网膜中形成视觉。在平面镜上，当一束平行光束碰到镜子，整体会以平行的模式改变前进方向，此时的成像和眼睛所看到的像相同。

3. 镜子的应用

门窗上的镜子主要被用来作为协助化妆、刮胡子、梳头发等整理仪容的工具。

（二）镜子的选购

选购镜子尽量不要太过花哨，有花纹效果的镜子用作装饰可以，但扩大空间感还是选择平的镜子为佳。镜子按颜色区分为灰镜子和白镜子等。购买白镜子时要看镀膜是否有杂色，镜面是否平滑，不能有一丝破裂。

很多门窗在设计时都会在一面门上安上镜子，长长的镜身镶在门上，与门窗合二为一，节省空间，需要特别提醒的是，装镜子时不能在相对的门窗两面都装，以免造成反射。如果镜子位置不好，最好运用家里的装饰布做成帘子，将其遮掩起来。

选购门窗所用的镜子一定要注意是否安装后背板，要用压条把玻璃面固定住。面板用薄木或其他材料覆面时，要求严密、平整，不允许有透胶、脱胶、鼓泡现象。还要注意照一照，看看镜子是否变形走色，检查一下镜子后部水银处是否有内衬纸和背板，没有背板不合格，没纸也不行，那样会把水银磨掉。

本章小结

本章主要介绍门窗材料中的塑钢门窗、铝合金门窗、木制门窗、防盗门的性能和特点，从而使学生全面了解不同材质门窗各自的优缺点，在装修时如何根据不同的风格进行合理的选择，同时掌握不同装饰玻璃在门窗中的应用。

复习思考题

1. 铝合金门窗有哪些特点？一般要进行哪些方面的检验？
2. 塑钢门窗与其他材质的门窗相比，有哪些主要优势，如何选择质量高的塑钢门窗？
3. 中空玻璃的应用特点是什么，适合在什么环境下使用？
4. 什么是夹层玻璃、压花玻璃，简述它们的特点及应用。
5. 选购防盗门时应该注意哪些问题？

实训练习

除了可以利用实验室现有的样品进行样品教学外，组织学生到工地和材料市场收集样品，由此能够较全面和深入地学习到最新的装饰材料知识。

灯具及开关插座的识别与选购

✱ **学习目标**

　　1. 理解照明与灯具的基本概念。

　　2. 掌握各种装饰灯具的概念、特性、技术性能和应用。

　　3. 了解新型节能灯具的特性和应用。

✱ **学习建议**

　　1. 从各种装饰灯具的特性去分析它们的适用环境。

　　2. 认识和掌握各类装饰灯具的应用特性。

　　3. 将工程和日常生活中所见的装饰灯具应用案例与本章内容结合起来，加深理解和记忆。

第一节　灯具的识别与选购

　　灯具，是指能透光、分配和改变光源光分布的器具，包括除光源外所有用于固定和保护光源所需的全部零、部件，以及与电源连接所必需的线路附件。

　　现代灯具装饰已经进入千家万户，通过与其他室内装饰材料的有机组合，以其独特的光色、造型、质感及其组合排列，点缀并强化了室内装饰的艺术效果，并起到突出和渲染室内空间层次的作用。灯具的照明方式通常是通过改变光源和灯罩来实现的。而灯具布置与室内整体装潢风格的协调一致是非常重要的。当前使用绿色环保照明是现代灯具的发展趋势，在家庭装修时也应尽量采用高效、节能、安全、环保、优质的照明电器产品，以创造出舒适、经济、有益的照明环境。

一、灯具的识别

（一）常见灯具的种类

1. 落地灯

　　落地灯常用作局部照明，不讲全面性，而强调移动的便利，对于角落气氛的营造十分实用。落地灯的采光方式若是直接向下投射，适合阅读等需要精神集中的活动，若是间接照明，可以调整整体的光线变化。落地灯的灯罩下边应离地面1.8m以上。落地灯一般放在沙发拐角处。落地灯的灯光柔和，晚上看电视时，效果很好。落地灯的灯罩材质种类丰富，消

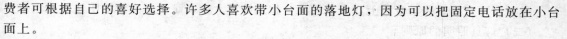

费者可根据自己的喜好选择。许多人喜欢带小台面的落地灯，因为可以把固定电话放在小台面上。

2. 壁灯

壁灯适合于卧室、卫生间照明。常用的有双头玉兰壁灯、双头橄榄壁灯、双头鼓形壁灯、双头花边杯壁灯、玉柱壁灯、镜前壁灯等。壁灯的安装高度要求其灯泡应离地面不小于 1.8m。

3. 台灯

台灯按材质分为陶灯、木灯、铁艺灯、铜灯等，按功能分为护眼台灯、装饰台灯、工作台灯等，按光源分为灯泡、插拔灯管、灯珠台灯等。

4. 筒灯

一般装设在卧室、客厅、卫生间的周边天棚上。这种嵌装于天花板内部的隐置性灯具，所有光线都向下投射，属于直接配光。可以用不同的反射器、镜片、百叶窗、灯泡，来取得不同的光线效果。筒灯不占据空间，可增加空间的柔和气氛，如果想营造温馨的感觉，可试着装设多盏筒灯，减轻空间压迫感。

5. 射灯

可安置在吊顶四周或家具上部，也可置于墙内、墙裙或踢脚线里。光线直接照射在需要强调的家什器物上，以突出主观审美作用，达到重点突出、环境独特、层次丰富、气氛浓郁、缤纷多彩的艺术效果。射灯光线柔和，雍容华贵，既可对整体照明起主导作用，又可局部采光，烘托气氛。

6. 浴霸

按取暖方式分灯泡红外线取暖浴霸和暖风机取暖浴霸，市场上主要是灯泡红外线取暖浴霸。按功能分有三合一浴霸和二合一浴霸，三合一浴霸有照明、取暖、排风功能；二合一浴霸只有照明、取暖功能。按安装方式分暗装浴霸、明装浴霸、壁挂式浴霸，暗装浴霸比较漂亮，明装浴霸直接装在顶上，一般不能采用暗装和明装浴霸的才选择壁挂式浴霸。正规厂家出的浴霸一般要通过"标准全检"的"冷热交变性能试验"，在 4℃冰水下喷淋，经受瞬间冷热考验，再采用暖炮防爆玻璃，以确保沐浴中的绝对安全。

7. 节能灯

节能灯的亮度、寿命比一般的白炽灯泡优越，尤其是在省电上口碑极佳。节能灯有 U形、螺旋形、花瓣形等，功率从 3W 到 40W 不等。不同型号、不同规格、不同产地的节能灯价格相差很大。筒灯、吊灯、吸顶灯等灯具中一般都能安装节能灯。节能灯一般不适合在高温、高湿环境下使用，浴室和厨房应尽量避免使用节能灯。

8. 吊灯

适合于客厅。吊灯的花样最多，常用的有欧式烛台吊灯、中式吊灯、水晶吊灯、羊皮纸吊灯、时尚吊灯、锥形罩花灯、尖扁罩花灯、束腰罩花灯、五叉圆球吊灯、玉兰罩花灯、橄榄吊灯等。用于居室的分单头吊灯和多头吊灯两种，前者多用于卧室、餐厅；后者宜装在客厅里。吊灯的安装高度要求其最低点应离地面不小于 2.2m。

9. 吸顶灯

常用的有方罩吸顶灯、圆球吸顶灯、尖扁圆吸顶灯、半圆球吸顶灯、半扁球吸顶灯、小长方罩吸顶灯等。吸顶灯适合于客厅、卧室、厨房、卫生间等处照明。

吸顶灯可直接装在天花板上，安装简易，款式简单大方，赋予空间清朗明快的感觉。

（二）灯具照明的原则

从某种意义上讲，现代灯具照明已远不是以前那种低层次"一盏明灯照全屋"的内容了；而是要通过各种各样的照明方式的运用来显示居室环境之美，并能给各个活动场所提供足够的亮度。因此在配置灯具时必须遵循以下几点原则：

1. 舒适性

灯具照明不仅要保证各种活动所需不同光照的实现，同时还要保证人们在进行工作、学习、休息、会客、炊事、用餐、沐浴等活动的舒适性。在自然光照不足的地方，无论何种活动都需要相应的灯具发挥作用。这种照明应该是科学的配光，使人从视觉到整个身心都不觉得疲倦，既利于健康同时又能烘托居室环境。

灯具照明的明与亮是一对矛盾关系，太明了，就不亮了；太亮了，也是不明的。有人在布置灯具时，要么太暗，暗而不亮，要么太亮，亮而无层次。也有的人只要天花板上有空位，一定都要填上筒灯，结果成了"满天星星"，反而使空间显得毫无神采，这些做法都是不可取的。

2. 艺术性

灯具照明有助于丰富空间的深度和层次，明确显示家具、设备和各种陈设物的轮廓，要有助于突出表现材料、纹理、质感、色彩、图案的美感。

灯光的可塑性很强，特别是逆光、剪光、侧光、由下而上的倒光等，有时就好像是在空间中相互融合，会造成一种雕刻空间的效果，能给居室带来意想不到的美感和艺术享受。运用灯光，能够达到如下目有：客厅明朗化、卧室温馨化、书房目标化、陈设物重点化。至于灯光如何组成点光源、条光源、面光源，又如何使各种灯光和室内家具陈设配合起来，的确要多动点脑筋实践几次，经过一番调整后会显示出意想不到的效果。

3. 安全性

现代灯具照明涉及的灯具很多，灯具安置在室内一定要保证安全，要绝对防止漏电、短路、起火等事故的发生。为灯具服务的器件、电线也要符合质量安全要求，开关、插座要做到有效、方便、有序，要杜绝乱拉线，乱布开关、插座等现象。

二、灯具的选购原则

（一）灯具照明照度的确定

1. 照度

人们日常的工作、学习和生活都要有一个合适的照度，才能使人感到舒适，照明亮度不合适常使人感到疲劳，影响健康。理论上把受光照的地方的光照强度称为照度，即单位面积上接收到的光通量，其单位是勒克斯（lx）。

各类活动必要的照度是：室内刚能辨别人脸的轮廓，照度约为20lx；下棋打牌的照度为150lx；看小说需要250lx，即25W白炽灯离书30～50cm；书写500lx，即40W白炽灯离笔尖30～50cm；看电视约需30lx，用一支3W小灯放在视线之外就行了。

一般来说，高照度使人愉快，显得气氛活泼，而低照度使人感到轻松、宁静、亲切。下面就不同房间及其使用功能的照度介绍如下，供参考。

卧室：读书、化妆250～700lx，基础照明20～50lx。

客厅：沙发、茶几120～400lx，基础照明20～75lx。

书房：学习、读书500～1200lx，基础照明50～120lx。

起居室：读书、化妆 300～800lx，团聚娱乐 500～1200lx，基础照明 75～150lx。

厨房餐厅：餐桌、烹调、洗涤 200～800lx，基础照明 75～150lx。

卫生间：刮胡须、化妆、洗脸 200～500lx，基础照明 75～150lx。

门厅过道：镜子 200～750lx，脱鞋挂衣 120～200lx，基础照明 50lx。

2. 照度的确定

起居室、卫生间等处对照度要求不高，可根据各人的习惯选用 15～25W 白炽灯或 8～15W 的日光灯；在写字、看书的桌面，应保证有足够的照度，一般要求不低于 100lx。当灯具配置符合以下条件时，桌面上可获得 100lx 的照度。

① 日光灯：灯管距桌面的垂直距离，40W 为 126cm，8W 为 54cm。

② 白炽灯：灯泡距桌面的垂直距离，100W 为 126cm，60W 为 75cm，40W 为 46cm，25W 为 31cm。

③ 台灯：位于人的左上方。40W 白炽灯泡为 40cm，25W 为 30cm；15W 灯泡为 27cm，8W 日光灯管为 33cm。

（二）灯罩的选择

现代装饰涉及的灯具很多，每个房间一般都有主灯、辅灯。种类有吸顶灯、镶嵌灯、吊灯、壁灯、射灯、台灯、落地灯、地脚灯等。

1. 灯罩造型的选择

灯罩的造型必须与灯具的造型相称，线条流畅。如是方形底座的灯具，不宜选用带棱角的灯罩，否则整盏灯具会显得呆滞，如选圆筒形、扇形、梅花形的灯罩就显得比较好。反之，如是圆形底座，则适宜选用带棱角的四角、六角、八角、棱形的灯罩。

2. 灯罩色调的选择

灯罩的色调要考虑到居室的墙面、灯具、家具等，力求取得和谐。大红大紫色调配深色家具有热烈华丽之感；米黄、浅黄灯罩配镀铬灯具以及深色大理石灯具显得典雅大方；果绿、浅蓝的灯罩能给人以幽雅文静的感觉，适宜与浅色家具配套使用。

3. 灯罩大小的选择

灯罩的大小高矮应与灯具的大小趋于一致。一般来讲，台灯灯罩选直径 27～30cm 为宜，落地灯罩以选择直径 42～48cm 为宜。

4. 灯罩材料的选择

白色玻璃灯罩透光性能好，可用于看书写字。吸顶灯要求明亮，应选高质量的白色丙烯材料制作的灯罩。彩色灯罩透光性能较差，它主要用来烘托家庭气氛，改变环境的色调，用彩色乔其纱制作的灯罩最适宜在客厅落地灯上使用。

现在市场还出现了以牛羊皮，仿牛、羊皮材料制作的灯罩，可以与欧式、中式风格的家具搭配，也是别有一番情趣。

（三）灯具照明的位置选择

① 照明的位置与人的视线和距离有密切关系，灯光既要把人们需要看清的东西照亮，又不能产生对人眼造成强烈刺激的眩光。眩光的产生和发光体与眼睛的角度有关，角度越小，眩光就越强烈，照度损失也就越大，人眼也更觉疲劳。例如供人们看书写字用的灯具应布置在与桌面或座位有恰当距离的位置，灯光应从左肩上方射下。可调节亮度的台灯的光线应能直接照射到书本和钢笔上，减少书写阴影的产生。同时还不能直射人的脸孔，否则眼睛将受到刺激。灯具的灯罩既能起到反射光线的作用，又有一定的透光性能，使用时，灯的四

周形成一个半明亮的过渡区域，光线柔和。但在布置灯罩时要确保人们从灯罩外看不到灯泡丝，这样不会产生眩光，有利于保护视力。

② 传统的居室灯光照明以一室一灯为主，而且都把灯具装在居室顶棚的中心，灯具起的作用仅仅是照明。随着人们生活水平的提高，居住者对室内的光色氛围更为关注，灯具也不再是过去简单的"灯头加灯泡"模式，而逐渐成为灯饰。因此灯具布置的位置取决于人们的活动范围、室内陈设布置的范围以及需要创造特定的氛围。

在层高较高的居室里可以使用吊灯，通常是安装在客厅和卧室顶棚的中央，它虽然一般不能成为工作或学习照明之用，但因其位置较高，照明空间又比较大，所以应选用功率大一点的灯泡。房屋较低时，宜采用吸顶灯，与安装吊灯相比，有扩大空间高度感的作用，走廊和楼梯的灯饰应设在易于维修的地方，如采用壁灯照明，则将壁灯安装在楼梯台阶的侧墙位置上，利用墙面反射照亮楼梯。对宽度不大的走廊和楼梯宜采用吸顶灯，安装在顶棚上。书桌照明一般用书写台灯或其他可以任意调节方向和亮度的台灯。有时也可采用投射式壁灯，安装位置应该在书桌的左上方。床头阅读照明的位置应限制在床头附近，人手可以直接操纵开关的范围内，而且不会产生头影和手影遮住工作面，也不会影响他人的休息。沙发上的阅读照明方法可以在沙发旁设置立灯，灯罩的高度不能过高或过低，以免产生不适感觉。

③ 灯具布置的位置应考虑光的效果，如果在室内装上一只建筑工地用的 1000W 碘钨灯，肯定会把人都吓跑，因为太强的照度会使人惶恐不安，且对眼睛不利。

同样的照明光源，其位置定得好不好，对于产生效果好坏有很大关系。如果一个人站在一只吊灯的正下方，直接向下的照明会使人脸变得冷漠、严肃、不真实。如果一盏灯由下而上地照在人脸上，那将更糟，会使人的面孔失态，变得恐怖甚至凶险。所以在客厅、餐室、沙发等处是不能采用直接向上或向下的照明的。如采用侧射照明，即让光线从侧上方投射，就会使人脸线条丰富、明朗；如采用漫射式灯具，让弥散光来投射人脸，就会取得清晰、可亲的形象。

又如梳妆区的照明，光源应自脸的前方照来，而不是从脑后。在镜前的两侧装灯，是很合理的照明位置。在梳妆台两边悬挂小吊灯，下垂到脸前方稍高的位置，也是取光之道。卧室的照明应以美化夜间情调为目的，因此卧室的光线勿太强太白，没有眩光，睡在床上眼睛应看不到灯具。一般卧室都应装床头灯，且能随时调整角度，以免妨碍别人的睡眠。

灯光照亮的对象有时是物，通过光源可以造成强烈和明显的物体影子，也可以增加光源来消除影子。对一些玲珑的雕刻工艺品、剔透的盆景，必须靠光影来显示，射灯的光束打在它们上面更能显出其造型之美。为加强油画的艺术效果而专设的射灯，为看电视而装的背景灯等都是为了取得好的视觉效果而合理地布置光源的位置的。

利用灯光能形成虚幻空间的特点，在不同位置布置灯光能加强空间的立体感。如以书桌为中心安排学习功能区，那么书桌上的台灯会形成一个光明中心；而沙发灯的光照中心又构成了谈心的场所。这样各个局部照明形成一个个虚幻的空间，加上漫射的灯光作用，使室内空间在感觉上有了分割。比如用较亮的直射光将卧室墙壁上的挂画突出，成为全室的视觉中心，将客人进门后的第一注意力吸引到那张画上，而避免来客进门就看到卧床的尴尬局面。

（四）灯光与色彩

1. 灯光与色彩的关系密不可分

从物理概念上看，色彩不过是波长不同的光，通过人的眼睛与大脑对其反应而被感知。因此也可以说色彩是光的产物，有光才能显示色彩。在一间漆黑一团的屋子里，不论是彩色的床罩还是浅色的窗帘，什么都看不见。

光照不仅能显示色彩，还能改变色彩。这是因为不同色彩具有不同的反射系数。灯光与色彩密不可分，处理得好可以相得益彰。

2. 暖色光与冷色光

灯光有两种：暖色光与冷色光。比较明亮的暖色光可以振奋人的情绪；弱光、冷色光可以缓和人的情绪。卧室里为了创造一种温馨、舒适、和谐的气氛，可选择黄色调或粉色调的暖色光。为了创造适合睡眠的空间气氛，也可选择蓝色调灯光，起到安定情绪的作用。书房宜选择白色的荧光灯，可以提高工作效率。餐厅宜选择柔和的暖色光（如橘黄色），以增进食欲配合营造和睦温馨的家庭气氛，并要求光源具有良好的显色性，使人们易于辨清食物的颜色。

3. 灯光色彩的选用

既然灯光与色彩密不可分，那么在灯光色彩的选用上应根据室内功能的不同进行选择。如果墙面是蓝色和绿色，就不宜使用日光灯，而应选择带有阳光感的黄色为主调的灯光，这样会给人以温暖感。如果墙面是淡黄色或米色，则应使用偏冷的日光灯，因为黄色对冷光源的反射最短，不刺激人的眼睛。如果室内摆了一套栗色或褐色家具，适用黄色灯光，会使居室变得开阔一点。如果是娱乐室，可选择丰富多彩的灯光（如彩灯）以创造活泼，富有动感的氛围。如果是卧室就不宜选用过多的灯光色彩，闪烁不停、五光十色的灯光使人烦躁、兴奋甚至精神紧张，妨碍主人休息和睡眠。

（五）居室各功能区的灯具布置

1. 卧室的灯具布置

卧室属于私密性空间，一般兼有休息、起居、阅读、更衣、化妆等功能。休息起居可用普通照明；梳妆、更衣、阅读等需要局部照明，装饰照明则以美化夜间情调为目的。

卧室灯光需要注意光线勿太强太白。要力求避免耀眼的光线和眼花缭乱的灯具造型。40W的日光灯光线太强且显得呆板，没有生气，卧室中不宜常用。不少人喜欢睡前倚靠在床头上阅读书报，所以需要设置床头照明灯具，应以不造成头影、手影、遮住工作面和不妨碍他人舒适的位置为宜，一般选用床头壁灯。不推荐用床侧台灯作为床头照明，因为这类灯具既占用了宝贵的空间，而且灯具高度和光线方向往往不符合标准。床头壁灯可采用双叉摇臂壁灯、长条形暗槽灯、白炽壁灯或射灯等。最好采用可调节亮度和角度的。灯罩宜采用阻燃型材料，使光线能完全照在照射面上，而非照射面则是一片黑暗。其安装高度应略高于一个端坐在床上的人头部的高度（即离地距离必须大于床高加人的标准坐高）。如果使用吊灯，可在房间中央装一盏悬挂式的暖色调主灯，配以合适的灯罩，注意不要吊挂大型豪华吊灯。梳妆区的照明需要有足够明亮的灯光，光源应自面前照来，而不能从脑后过来，且还要在化妆镜的两侧装灯。尤其是更衣时，需要光线从人的前上方均匀地照亮人的全身，以使镜子中得到一个清晰逼真的图像。

卧室的普通照明常用吸顶灯，灯口与天花板衔接，使所有光线均匀向下投射。控制吸顶灯的开关一般需要双联开关，一个设在进门处，另一个设在床头边，以方便晚间休息时随时使用。

卧室中也有装射灯的，它是将白炽灯装在一个体积很小的灯具中集中投射出一束光线，其角度可调，用在衣橱照明中具有特殊的魅力。

落地灯一般安置在沙发旁，常用于阅读、休息、纺织或聚谈，从灯罩的下沿到地面的高度应在1~1.2m。

2. 书房的灯具布置

书房是家庭中带有工作、学习性质的空间，条件好的还可作为家庭办公室使用。

书房的灯光要求照明度较高，以满足工作、学习的功能要求，此外要与书房的文雅格调相协调。书房灯具一般应配备有照明用的吊灯、壁灯和局部照明用的写字台的台灯。此外书房中有床的话还可配一盏小型床头灯，且能随意移动，既可放于组合柜搁板上，也可放在茶几或床头柜上。书房灯泡的色调以单纯为好，在保证照明度的前提下，可配备乳白色或淡黄色壁灯与吸顶灯。

写字台上的台灯，以白炽灯为好，为适应人的视觉功能要求，灯光不宜太刺目。台灯的放置应在写字台的左前方，避免产生眩光，影响视力。另外，台灯灯罩应调整到合适的位置，要使人的眼睛距台灯平面40cm，离光源水平距离60cm，且看不到灯罩的内壁，灯罩的下沿要与眼齐平或在眼下，不让光线直射或反射到人的眼睛里。目前市场已有一种专供书写时使用的护眼台灯，很受消费者欢迎。如在写字台桌面上使用玻璃桌面，其颜色宜选择浅色，不宜用深色。

3. 客厅的灯具布置

客厅是会客、团聚、娱乐的共用空间，灯光设计要求热烈、温馨、稳重、大方。多人聚会时可采用全面照明，用吊灯或吸顶灯、壁灯之类获得华灯初放、满堂生辉的效果。在只有少数人使用时，可用落地灯或壁灯来局部照亮。聊天时照着沙发前茶几上的茶具，而不是照亮参与聊天的人。看电视时，人们的视觉高度集中，持续时间也长，如果室内完全关闭照明，就会因电视机亮度的对比过大而产生相当严重的眩光，刺激人眼，而使人产生视觉疲劳，因此只需要一只节能灯作为背景灯或装置合适的壁灯，取得一些微弱照明即可。如许多人聚会娱乐时，灯光可热烈些，以烘托出兴高采烈的气氛。若客厅中安置艺术品、陈列品等摆设需要重点显示，可用射灯或背景灯。

4. 餐室的灯具布置

餐室是家人用餐的地方，没有专门餐室则附设于客厅之中。许多家庭讲究烹饪，这就少不了对佳肴的色泽进行鉴赏，因而就要求灯光明亮些。在餐桌上方采用可拉伸的悬吊灯具，不仅可伸缩变换灯的高度，其橙红色或其他漂亮色彩的大灯罩还能保证餐桌范围内的食物特别具有诱惑力，令人食欲大增。

如室内高度低或顶上有阁楼，可采用嵌顶灯，多装几个，再用开关来调节亮灯数量。如条件允许可在餐桌下面地板中嵌入几个圆形地灯，发出柔柔的灯光与上面吊灯相辉映。

5. 厨房的灯具布置

目前厨房设备和条件都有很大的改善，厨房电器越来越多，灯具与水槽、柜橱连成一片。厨房中布置的主灯宜亮，设置在顶部，同时还需配置局部照明，以方便洗、切、烹等工作。灯具可选日光灯，其光亮均匀、清洁，给人一种清爽感觉。

厨房的灯具一般是这样布置的：在厨房顶棚中央设置吸顶灯，从而使厨房的照明显得简洁明亮。这类吸顶灯在市面上很常见，造型多，价格低。特别是以环状日光灯为光源的吸顶灯，照度高、瓦数低、节能性能好，应用得很广泛。

当厨房空间较大时，也可在天棚上均匀布置数盏筒灯，以取得舒适、大方的室内空间气氛。然后在靠近天花的墙面上布置条状日光灯或造型简洁的壁灯，以取得雅致的光照效果。若将灯具设置于操作区的上方，则可起到局部照明的作用。

厨房层高较高时，可以结合顶棚采用间接的整体照明方式，即在吊顶的四周沿预留暗藏安装日光灯管的空间，使光线通过墙面反射来映照全室；或在天花吊顶与墙面的结合部，做反光灯槽，使日光灯的光线照亮天棚后再反射于室内。这种灯具的布置使厨房空间处于柔和均匀的光照之中，但这种照明方式易受油烟的污染，且灯具不易清洁维护。为此，要采用这种照明方式，应该选用大功率排油烟设备以加强通风。

在开放式厨房中，由于厨房与餐厅相连，灯光设置比较复杂。一般来说，明亮的灯光能烘托佳肴的诱人色泽，餐厅的灯通常由餐桌上方的主灯和一两盏辅灯组成，前者光源向下、光线充足，后者则可在灶台上、碗柜里、冰箱旁、酒柜中因需要而设，其中装饰柜、酒柜里的灯光强度，以能够强调柜内的摆设又不影响外部环境为佳。餐桌上方装饰的灯具一般距桌面 60cm 左右，以免挡住视线或产生刺眼的眩光。如果是长方形的餐桌，可考虑用两个小吊灯，分别设有开关，这样可根据需要开辟较小和较大的光空间。

如果灯具安放在吊柜底部，则灯管在柜底的位置要尽量靠前，并利用遮光板等挡住灯管，避免光线刺眼。

6. 卫生间的灯具布置

卫生间，一般都兼作浴室、盥洗室等，所以这里的灯光要兼顾各种不同功能区的需要。可用吸顶灯作为主灯，配上射灯为辅灯，也可直接使用多个数量的射灯从不同角度照射，给卫生间带来丰富的层次感。

洗脸、化妆时需侧射光对脸部的照明，为此需要镜子上方及周边安装射灯或日光灯，以方便梳洗、化妆和剃须。当然，在使用时可以根据自己的需要选择光线的照射角度和亮度。

卫生间若安放洗衣机，最好在洗衣机上方设壁灯或与化妆镜旁的灯光兼用。

淋浴房或浴缸处的灯光可设置成两种形式，一种可以用天花板上射灯或浴霸上的照明灯，让主人方便洗浴，另一种方法是使用低处照射的光线营造一种温馨轻松的气氛。射灯照在镀铬水龙头上的闪光和照射在水上的光线形成光影四射的美妙景象。关掉顶上的射灯，打开壁橱里半嵌入式灯或浴室四周的地脚灯，低位置的漫射光线立即会让整个卫生间充满一种温馨舒适的气氛。

卫生间的灯具还要注意防潮性能，主灯的开关一般都安装在门外。

7. 喜庆场合的灯具布置

每逢喜庆佳节、生日宴会时，客厅和餐室还可吊挂"满堂彩"，即在四周墙或高大家具边缘上直接挂上彩灯。注意悬挂时不要让彩灯拉成直线，而是要让它形成一个个半圆形。然后可以在正中挂一只符合时令的主彩灯，再在彩灯之间悬挂一些电化铝彩色纸，这样两者可以相映成趣。

8. 老人房的灯具布置

老人居住环境应以明亮为主，因为稍亮一些的环境可以驱除孤独感。而且老人的眼睛大都老花，更需适当亮一点的灯光。老人床头旁应装壁灯，开关设在床边，便于老人伸手使用。床头柜上则最好不要旋转玻璃灯罩的台灯，以免碰翻造成伤害事故。老人夜间要经常起床小便，可在墙面下部装嵌入式地脚灯，装上小灯泡，通夜点着，也不费电。

9. 儿童房的灯具布置

儿童房的灯具布置要以安全为主，灯具装置要稳当，且不会被手摸着，所有的电源插座都要加防护罩。儿童喜欢天真烂漫的色彩，在造型上也尽可能采用卡通式动物造型的灯具，色彩对比要强烈一些。光线布置既可明亮，又可用调光控制器来调暗。看书写字的台灯，

40W 足够，不能采用荧光灯，以免影响儿童视力。睡觉时可打开一只 3W 节能灯，既能解决孩子夜晚怕黑的问题，又能解决半夜起床方便的问题。

第二节　吸顶灯具和吊灯的识别与选购

一、吸顶灯具的识别与选购

吸顶灯具是在室内使用，安装时灯具主体的安装面与天花板紧贴，用于提供室内环境照度的照明器具。

（一）吸顶灯的识别

1. 吸顶灯的种类

① 吸顶灯按构造分类：有浮凸式和嵌入式两种。

② 吸顶灯按灯罩造型分类：有圆球形、半球形、扁圆形、平圆形、方形、长方形、菱形、三角形、锥形、橄榄形和垂花形等多种。

吸顶灯在设计时，也要注意结构上的安全（防止爆裂或脱落），还要考虑散热。灯罩耐热、拆装与维修都要简单易行。

2. 吸顶灯的选用要点

吸顶灯具可以使用的光源有普通白炽灯泡、荧光灯、高强度气体放电灯、卤钨灯等。不同光源的吸顶灯具适用的场所各有不同，使用荧光灯和白炽灯的吸顶灯具主要用于居家、教室、办公楼等空间层高为 3m 左右场所的照明，功率和光源体积较大的高强度气体放电灯主要用于体育场馆、大商场和厂房等楼层高度在 4～9m 场所的照明。

为了在节能的同时在工作面取得足够的亮度，家居、学校、商店和办公室照明的首选产品是荧光吸顶灯具。被大量采用的荧光吸顶灯具应满足基本的安全要求。

3. 主要安全要求和电磁兼容要求

① 灯具内部接线截面积/外部接线截面积应大于 $0.5mm^2/0.75mm^2$。

② 灯具应能耐久使用。使用荧光灯的灯具，应选用不仅在正常状态能正常工作，而且在出现灯管老化、损坏的情况下仍能提供异常保护的镇流器。白炽灯泡灯具的外壳、灯罩、绝缘灯座等在耐久性试验时应不烧焦、不变形。

③ 足够的爬电距离和电气间隙。

④ 灯具中主要安全部件的绝缘材料应耐热、耐火。

⑤ 灯具应具有足够的防触电保护措施。

⑥ 灯具应具有合理的结构设计和完整的加工工艺。

⑦ 灯具的电磁骚扰应在标准规定的限值以内。

⑧ 灯具的谐波电流应在标准规定的限值以内。

4. 使用灯具注意事项

① 买回灯具后，先不要忙着安装，应仔细看灯具的标记并阅读安装使用说明书，按照说明书的规定安装灯具，按说明书中的使用规则使用灯具。

② 按标志提供的光源参数及时更换老化的灯管，发现灯管两端发红，灯管跳不亮时，应及时更换灯管，防止发生镇流器烧坏等不安全现象。

③ 在清洁维护时应注意，不要改变灯具的结构，也不要随便更换灯具的部件，在清洁维护结束后，应按原样将灯具装好，不要漏装、错装灯具零部件。

（二）吸顶灯的选购

吸顶灯具是家庭、办公室、会议室等各种场所经常选用的灯具，在选购时首先应考虑灯具的安全质量，然后从房间大小、高度、功能方面进行选购。

① 进正规商店，买正规商品，要正规发票，不买价格过于便宜的产品，选购有"三包"承诺的产品。

② 广告宣传仅供参考，查阅检验报告很重要，尤其应查阅检验报告中防触电保护、耐久性试验、耐燃烧等项目是否合格。

③ 选购时应三看。一看产品标识是否齐全，正规产品的标识往往比较规范，至少应标识如下内容：商标或厂名、产品型号规格、额定电压、额定频率、额定功率。核查一下产品型号是否与检验报告和安全认证证书的型号规格相符，电参数是否标识正确。二看灯具电源线，导线截面积应≥0.75mm^2。三看灯具带电体是否外露，光源装入灯座后，手指应不能触及带电的金属灯头。

二、吊灯的识别与选购

（一）吊灯的识别

1. 吊灯的种类

吊灯适合于客厅。吊灯的花样最多，常用的有欧式烛台吊灯、中式吊灯、水晶吊灯、羊皮纸吊灯、时尚吊灯、锥形罩花灯、尖扁罩花灯、束腰罩花灯、五叉圆球吊灯、玉兰罩花灯、橄榄吊灯等。用于居室的分单头吊灯和多头吊灯两种，前者多用于卧室、餐厅，后者宜装在客厅里。吊灯的安装高度要求其最低点应离地面不小于2.2m。

（1）欧式烛台吊灯　欧洲古典风格的吊灯，灵感来自古时人们的烛台照明方式，那时人们都是在悬挂的铁艺上放置数根蜡烛。如今很多吊灯设计成这种款式，只不过将蜡烛改成了灯泡，但灯泡和灯座还是蜡烛和烛台的样子。

（2）水晶吊灯　水晶吊灯有几种类型：天然水晶切磨造型吊灯、重铅水晶吹塑吊灯、低铅水晶吹塑吊灯、水晶玻璃中档造型吊灯、水晶玻璃坠子吊灯、水晶玻璃压铸切割造型吊灯、水晶玻璃条形吊灯等。

目前市场上的水晶灯大多由仿水晶制成，但仿水晶所使用的材质也不相同，质量优良的水晶灯是由高科技材料制成，而一些以次充好的水晶灯甚至以塑料充当仿水晶的材料，光影效果自然很差。所以，在购买时一定要认真比较、仔细鉴别。

（3）中式吊灯　外形古典的中式吊灯，明亮利落，适合装在门厅区。在进门处，明亮的光感给人以热情愉悦的气氛，而中式图案又会告诉那些张扬浮躁的客人，这是个传统的家庭。要注意的是：灯具的规格、风格应与客厅配套。另外，如果想突出屏风和装饰品，则需要加射灯。

（4）时尚吊灯　目前市场上具有现代感的吊灯款式众多，供挑选的余地非常大，各种线条均有，消费者可依据自己的喜好进行选择。

2. 吊灯的安装

大的吊灯安装于结构层上，如楼板、屋架下弦和梁上，小的吊灯常安装在搁栅上或补强搁栅上，无论单个吊灯或组合吊灯，都由灯具厂一次配套生产，所不同的是，单个吊灯可直接安装，组合吊灯要在组合后安装或安装时组合。对于大面积和条带形照明，多采用吊杆悬吊灯箱和灯架的形式。

（1）料具准备　常用的施工材料有以下几种：

① 木材（不同规格的水方、木条、水板）、铝合金（板材、型材）、钢材（型钢、扁钢、钢板），主要作为支撑构件。

② 塑料、有机玻璃板、玻璃作为隔片，外装饰贴面和散热板、铜板。电化铝板作为装饰构件。

③ 其他配件如螺钉、铁钉、铆钉、成品灯具、胶黏剂等。

施工工具：钳子、螺丝刀、锤子、电动曲线锯、电锤、手锯、直尺、漆刷等。

（2）吊杯、吊索与结构层的连接　操作方法，具体操作时主要考虑预埋件和过渡件的连接。

① 先在结构层中预埋铁件或木砖（水砖承重除外）。埋设位置应准确，并应有足够的调整余地。

② 在铁件和木砖上设过渡连接件，以便调整埋件误差，可与埋件钉、焊、拧穿。

③ 吊杆、吊索与过渡连接件连接。

（3）安装注意事项

① 安装时如有多个吊灯，应注意它们的位置、长短关系，可在安装顶棚的同时安装吊灯，这样可以以吊顶搁栅为依据，调整灯的位置和高低。

② 吊杆出顶棚面可用直接出法和加套管的方法。加套管的做法有利于安装，可保证顶棚面板完整，仅在需要出管的位置钻孔即可。直接出顶棚的吊杯，安装时板面钻孔不易找正。有时可能采用先安装吊杆再截断面板挖孔安装的方法，但对装饰效果有影响。

③ 吊杆应有一定长度的螺纹，以备调节高低用。吊索、吊杆下面悬吊灯箱，应注意连接的可靠性。

（4）吊杆、吊索与搁栅连接　吊杆、吊索直接钉、拧于次搁栅上，或采用上述板面穿孔的方法连接在次搁栅上，或吊于次搁栅间另加的十字搁栅上。吸顶灯所用光源的功率：白炽灯泡为 40～100W，日光灯多为 30～40W。

3. 保养清洁

一般较美丽的吊灯通常都有较复杂的造型和灯罩，如果潮湿多尘，灯具常容易生锈、掉漆，灯罩则因蒙尘而日渐昏暗，如果不去处理的话，平均一年降低约 30%，不出几年，吊灯将昏暗无光彩。

灯具最好不要用水清洗，只要以干抹布蘸水擦拭即可，若不小心碰到水也要尽量擦干，切忌在开灯之后立即用湿抹布擦拭，因为灯泡高温遇水易爆裂。

（二）吊灯的选购

消费者最好选择可以安装节能灯光源的吊灯。不要选择有电镀层的吊灯，因为电镀层时间长了易掉色。选择全金属和玻璃等材质内外一致的吊灯。

消费者不要选择太便宜的吊灯。豪华吊灯一般适合复式住宅，简洁式的低压花灯适合一般住宅。最上档次最贵的属水晶吊灯，但真正的水晶吊灯很少，水晶吊灯主要销售地区为广州、深圳等地，北方的销量很小，这也与北方空气的质量有关，因为水晶吊灯上的灰尘不易清理。

消费者最好选择带分控开关的吊灯，这样如果吊灯的灯头较多，可以局部点亮。

对于一些家庭来说，由于室内或餐桌较长，因此，可以考虑用几个小吊灯装饰一下。每个吊灯都应当有开关，这样就可以根据需要开辟较小或较大的光空间。可为空间选购五盏或七盏灯泡或者有纤巧风貌的餐厅吊灯，有玻璃通透的质感，还有陶瓷与玻璃结合，如百合花造型的吊灯，都会令人心醉不已。

选吊灯方法：悬挂的高度、灯罩、灯球的材质与形式均需小心选择，以免造成令人不舒服的眩光。吊灯的高度要合适，一般离桌面大约 55～60cm，而且应选用可随意上升、下降装置的灯具，以便利于调整与选择高度。像塑料材质的米白色吊灯，造型天然无雕饰、随意，灯罩的螺旋造型可随意调整。

第三节　开关插座的识别与选购

一、开关插座的识别

开关插座又称电源插座，是指有一个或一个以上电路接线可插入的座，通过它可插入各种接线，便于与其他电路接通。电源插座是为家用电器提供电源接口的电气设备，也是住宅电气设计中使用较多的电气附件，它与人们生活有着十分密切的关系。居民搬进新居后，普遍反映电源插座数量太少，使用极不方便，造成住户私拉乱接电源线和加装插座接线板，常常引起人身电击和电气火灾事故，给人身财产安全带来重大隐患。所以，电源插座的设计也是评价住宅电气设计的重要依据。

（一）插座的种类

插座的种类主要有以下几种：电源插座、电脑插座、电话插座、视频插座、音频插座、USB 插座等。

电源插座具有设计用于与插头的插销插合的插套，并且装有用于连接软缆的端子的电器附件；固定式插座用于与固定布线连接的插座；移动式插座一般是打算连接到软缆上或与软缆构成整体的、而且在与电源连接时易于从一地移到另一地的插座；多位插座是两个或多个插座的组合体；器具插座一般是打算装在电器中的或固定到电器上的插座；可拆线插头或可拆线移动式插座是在结构上能更换软缆的电器附件；不可拆线插头或不可拆线移动式插座是由电器附件制造厂进行连接和组装后，在结构上与软缆形成一个整体的电器附件。

家庭墙面插座属于固定式插座；排插不带电源线和插头叫移动式插座，带插头形成整体叫做转换器。

（二）连接开关插座的方法

先用试电笔找出火线，关掉插座电源，将火线接入开关两个孔中的一个，再从另一个孔中接出一根 2.5mm² 绝缘线，接入下面的插座三个孔中的 L 孔内接牢，找出零线直接接入插座三个孔中的 N 孔内接牢，找出地线直接接入插座三个孔中的 E 孔内接牢。

（三）电源插座位置要求

电源插座的位置与数量确定对方便家用电器的使用、室内装修的美观起着重要的作用，电源插座的布置应根据室内家用电器点和家具的规划位置进行，并应密切注意与建筑装修等相关专业配合，以便确定插座位置的正确性。

① 电源插座应安装在不少于两个对称墙面上，每个墙面两个电源插座之间水平距离不宜超过 2.5～3m，距端墙的距离不宜超过 0.6m。

② 无特殊要求的普通电源插座距地面 0.3m 安装，洗衣机专用插座距地面 1.6m 处安装，并带指示灯和开关。

③ 空调器应采用专用带开关电源插座。在明确采用某种空调器的情况下，空调器电源插座宜按下列位置布置。

　　a. 分体式空调器电源插座宜根据出线管预留洞位置距地面 1.8m 处设置。

　　b. 窗式空调器电源插座宜在窗口旁距地面 1.4m 处设置。

　　c. 柜式空调器电源插座宜在相应位置距地面 0.3m 处设置。否则按分体式空调器考虑预留 16A 电源插座，并在靠近外墙或采光窗附近的承重墙上设置。

　　④ 凡是设有有线电视终端盒或电脑插座的房间，在有线电视终端盒或电脑插座旁至少应设置两个五孔组合电源插座，以满足电视机、VCD、音响功率放大器或电脑的需要，亦可采用多功能组合式电源插座（面板上至少排有 3～5 个不同的二孔和三孔插座），电源插座距有线电视终端盒或电脑插座的水平距离不少于 0.3m。

　　⑤ 起居室（客厅）是人员集中的主要活动场所，家用电器点多，设计应根据建筑装修布置图布置插座，并应保证每个主要墙面都有电源插座。如果墙面长度超过 3.6m，应增加插座数量，墙面长度小于 3m，电源插座可在墙面中间位置设置。有线电视终端盒和电脑插座旁设有电源插座，并设有空调器电源插座，起居室内应采用带开关的电源插座。

　　⑥ 卧室应保证两个主要对称墙面均设有组合电源插座，床端靠墙时，床的两侧应设置组合电源插座，并设有空调器电源插座。在有线电视终端盒和电脑插座旁应设有两组组合电源插座，单人卧室只设电脑用电源插座。

　　⑦ 书房除放置书柜的墙面外，应保证两个主要墙面均设有组合电源插座，并设有空调器电源插座和电脑电源插座。

　　⑧ 厨房应根据建筑装修的布置，在不同的位置、高度设置多处电源插座以满足抽油烟机、消毒柜、微波炉、电饭煲、电热水器、电冰箱等多种电炊具设备的需要。参考灶台、操作台、案台、洗菜台布置选取最佳位置，设置抽油烟机插座，一般距地面 1.8～2m。电热水器应选用 16A 带开关三线插座，并在热水器右侧距地 1.4～1.5m 安装，注意不要将插座设在电热器上方。其他电炊具电源插座在吊柜下方或操作台上方之间，不同位置、不同高度设置，插座应带电源指示灯和开关。厨房内设置电冰箱时应设专用插座，距地 0.3～1.5m 安装。

　　⑨ 严禁在卫生间内的潮湿处如淋浴区或澡盆附近设置电源插座，其他区域设置的电源插座应采用防溅式。有外窗时，应在外窗旁预留排气扇接线盒或插座，由于排气风道一般在淋浴区或澡盆附近，所以接线盒或插座应距地面 2.25m 以上安装。距淋浴区或澡盆外沿 0.6m 外预留电热水器插座和洁身器用电源插座。在盥洗台镜旁设置美容用和剃须用电源插座，距地面 1.5～1.6m 安装。插座宜带开关和指示灯。

　　⑩ 阳台应设置单相组合电源插座，距地面 0.3m。

　　（四）电源插座使用的误区

　　随着家用电器的普及，家里电源插座的数量也逐渐增多。但如果安装不当，将会成为埋在墙壁中的"隐形炸弹"。公安部的相关调查数据显示，我国近 10 年累计发生的火灾事故中，由于电源插座、开关、断路器短路等原因引发的火灾约占总数的近 30%，位居各类火灾之首。

　　误区一：插座位置过低

　　很多家庭在安装插座时，觉得太高有碍美观，会装在较低的隐蔽位置。但中国科学院电工研究所夏东博士表示，这样容易在拖地时，让水溅到插座里，从而导致漏电事故。业内规定，明装插座距地面最好不低于 1.8m；暗装插座距地面不要低于 0.3m。厨房和卫生间的插座应距地面 1.5m 以上，空调器的插座至少要 2m 以上。

误区二：插座导线随意安装

电源导线必须使用铜线横截面。如果住的是旧房子，一定要把原来的铝线换成铜线。因为铝线极易氧化，接头处容易打火。曾有调查显示，使用铝线的住宅，电气火灾发生率为铜线的几十倍。另外，很多家庭为了美观，会采用开槽埋线、暗管铺设的方式，布线时一定要遵循"火线进开关，零线进灯头"的原则，还要在插座上设漏电保护装置。

误区三：插座缺少防护措施

厨房和卫生间内经常会有水和油烟，所以，插座面板上最好安装防溅水盒或塑料挡板，能有效防止因油污、水汽侵入引起的短路。有小孩的家庭，为了防止儿童用手指触摸或金属物捅插座孔眼，则要选用带保险挡片的安全插座。

另外，一些装修公司在安装三孔插座时，经常让地线形同虚设，甚至直接把地线接到煤气管道上。专业人士指出，这些做法很危险，地线与电器外壳相连，一旦电器漏电，会导致人触电。

误区四：多个电器共用同一插座

这种做法会使电器超负荷运行，从而引起火灾。空调器、洗衣机、抽油烟机等大功率电器最好使用独立的插座。一般来说，卧室里最好安装 4 组插座，客厅每 $2.5m^2$ 一组，厨房每 $1.2m^2$ 一组。

误区五：只有一个回路

老房子只有一个回路，一旦任何线路短路，整个房间的用电会陷入瘫痪。一般来说，插座可选择两三个回路，厨房、卫生间各走一路，空调器使用一个回路。

二、开关插座的识别与选购

据中国消费者协会发布的《中国家庭用电环境调查报告》显示，中国 76% 以上城市家庭用电环境存在安全隐患。其中，插座已经成了家庭用电中最主要、却又最易被忽略的"软肋"。以电视为例，近两年各省市工商抽检合格率均达 80% 以上，而据黑龙江工商总局 2011 年 3 月发布的抽检结果显示，插座转换器的合格率竟低至 35%，两者相较，插座的质量问题触目惊心。

劣质插座火灾隐患巨大，比如内部铜片薄（有的甚至是铁片），结构设计不合理，且铜丝既细又少，易发热；外壳为再生塑料，阻燃性低，甚至还会助燃。

为进一步规范室内布线、减少安全隐患及反复拆装的浪费，与企业共同营造消费者放心、市场秩序良好的消费环境，全国家装电气与智能化合作联盟邀请电器专家，联合推出"电器安全送到家"系列建议，从选材、布线、开关插座设计、电话网络电视线路设计等各方面给予消费者详尽有效的建议，并指导消费者选择适合自己的家装公司以及在家装过程中如何与设计师沟通。

开关插座虽然不像家电一样是"大件"，却关系家庭日常安全，而且是保障家庭电气安全的第一道防线，所以在选择开关插座的时候绝对不能马虎。电气专家特别提醒，不同场所搭配不同种类的开关、插座。

可以从以下几点，来辨别插座质量的优劣。

（一）认品牌

据不完全统计，国内有 1500 多家企业在生产开关插座产品，产品之间的质量差别巨大，由于许多普通消费者并不具备鉴别产品优劣的能力，加上对开关插座品牌的认识有限，给部分不法商人带来生存空间，部分假冒伪劣产品流入市场。当然，不少大企业都是很注意自己的品牌形象的，对产品质量的要求较高，售后服务相对也有保障，品质保证通常都会不少于12年。所以，为了用得放心，开关插座最好选择大公司或信誉较好的品牌。大品牌经过市场重重考验，更值得信赖。如市场销量15年遥遥领先的公牛插座，经过57道检测工序严格把关；而劣质插座缺乏专业规范的品控标准，安全隐患极大。

（二）看外观

面板应该颜色均匀，表面光洁，无凹陷、杂色，无气泡、污渍、裂纹、肿胀、缺胶、变形、刮伤、缩水等缺陷。金属件无毛刺、裂痕、腐蚀痕迹、生锈及螺丝头损伤等不良情况。优质插座接缝处光滑平整，外壳采用优质工程塑料，阻燃性好，有效降低火灾发生；而劣质插座做工粗糙，外壳采用再生塑料，阻燃性差，极易引发火灾。从插孔看进去，优质插座采用优质铜材，十分厚实，镀层均匀光亮，导电好、发热少；而劣质插座铜片多采用劣质铜片，厚度薄，且表面未经过任何处理，极易酿成火灾。

（三）验手感

品质好的开关大多使用防弹胶等高级材料制成，防火性能、防潮性能、防撞击性能等都较好，表面光滑，选购时应该考虑自己摸上去的手感，凭借手感初步判定开关的材质，并询问经销商。一般来说，表面不太光滑、摸起来有薄、脆的感觉的产品，各项性能是不可信赖的。好的开关插座的面板要求无气泡、无划痕、无污迹。开关拨动的手感轻巧而不紧涩，插座的插孔需装有保护门，插头插拔应需要一定的力度，并单脚无法插入。拉动电源线，优质插座电源线手感软硬适中，而劣质插座电源线手感较软。体验插拔感，优质插座的插拔感适中，铜片结构设计合理，插拔5000次不松动，而劣质插座插拔力度则过松或过紧，铜片弹性差，容易导致接触不良。

（四）看分量

购买开关插座时还应掂量一下分量。如果商家选用了薄铜片，感觉会较轻。而好的开关插座选用的铜片及接线端子通常会比较厚实，相对较重。铜件是开关插座的关键部分，也是识别假冒劣质产品的重点部位。消费者在选购时还要注意：有些不良厂家会在产品里加铁板以增加重量，在选购时一定要看清。

（五）辨场所

不同场所应该搭配不同种类的开关和插座。厨房和卫生间的插座面板上最好安装防溅水盒或塑料挡板，这样能有效防止因油污、水汽侵入引起的短路。有小孩的家庭，最好选用带保险挡片的安全插座。

（六）看服务

尽可能到正规厂家指定的专卖店或销售点去购买，并且索要购物发票，这样才能保证能够享受到日后的售后服务。

（七）看标识

要注意开关、插座的底座上的标识：包括产品认证、额定电流电压。

（八）看包装

产品包装面上应该有清晰的厂家地址电话，内有使用说明和合格证。

本章小结

本章以灯具的基本概念为切入点引出照明灯具的分类及照明形式，介绍了常用装饰灯具，如聚光灯、吊挂灯、吸顶灯、壁灯、落地灯、顶棚暗设灯等，适应节约型社会的要求。

复习思考题

1. 灯具按光源可分成几类，列出常用光源的名称。
2. 灯具的照明形式主要有哪几种？
3. 常用灯具主要有哪几种？
4. 吊顶在选择时要注意哪些问题？

实训练习

1. 参观考察灯具市场，了解各种灯具价格。分析同类灯具价格差异的原因。
2. 学生分组，根据老师提供的室内或室外装饰设计的环境及功能要求，提出不同部位的灯具选择方案，各组讨论各自方案的选择理由，并比较各方案的合理性及适宜性。

第八章

室内陈设品的识别与选购

第一节　室内装饰饰品的识别与选购

一、挂饰的识别与选购

随着人们物质基础的上升，人们对精神生活也有了更高的要求，现在，在居室的墙面上，挂上几幅字画，布置几幅壁画，可以使本来比较单调的墙面增加一些吸引人的焦点，既可以陶冶情操，又能创造出一个符合某种主题——热烈的、吉祥的、幽雅的、朴实的、华贵的、优美的生活环境，同时也可调节居室的宽阔高敞和增添居室的"景深"美，给人以艺术享受。

（一）挂饰的识别

1. 挂饰的种类

居室挂饰的种类有很多，它包括一切可见、可识，有鉴赏价值、交换价值的各类书法、绘画、照片、壁挂、镜饰……

（1）中国书画　中国书画是中国书法与绘画作品的统称。书、画虽为两门艺术，但均以笔、墨、纸、砚为基本工具和材料，且画幅形式又相同，所以历来书画被视为基本工具和材料，且画幅在居室装饰中是不可缺少的点缀品，它不仅可以美化居室，而且给人以美的享受。居室内悬挂一幅漂亮的中国书画，会使居室显得端庄高雅，同时在艺术欣赏中获得艺术的熏陶。

中国书画的装裱形式在世界上独树一帜。传统的中国书画一般都要经过托、刺、镶、扶、研光、上杆六道主要工序。即使采用镜框，也必须经过托芯等基本工序。书画经过装裱以后可使画面平整，并使笔墨的层次更加清晰，因此更具欣赏价值。

① 书法　书法是以汉字为表现对象，以线条造型为表现手段的艺术，是中国特有的文化传统之一。书法在居室装饰中的形式主要是条幅、匾额、楹、联等。字体有篆、隶、楷、行、草等。篆书有大篆和小篆，殷商至秦的文字，称大篆；秦统一中国后，由李斯等人整理文字，采用的就是小篆。隶书是从秦代经两汉至三国一直使用的字体。楷书是由隶书演变而来的，始于魏及至唐朝繁荣昌盛。草书分章草、今草两种，章草始于汉代，今草是章草的改进，由于省减了点画且体势连绵一笔落成，也被称为"一笔书"。行书产生于汉代末期，是介于楷书和草书之间的字体，行书又有行楷和行草之分。

中国书法之所以成为艺术，是因为它已不仅仅是单纯意义上的写字，历代书法家是在用字的结构来表达物象的结构和生气。日常生活中人愉快时，面呈笑容；不快时，面色悲哀。这两种内心的情感也能在书法中表现出来。书法的内容可以为名句、格言、诗词等，书法家通过漂亮的字体，给人以启迪，无论是整幅还是其中一个点、一个笔画、一个结构体，都会显示其精神面貌和气势韵味。所谓"以形写神，寓神于形，形神兼备"。

② 国画　中国画简称"国画"，它具有悠久的历史和独特的风格，是中国的传统绘画。中国画以笔墨线条为主要造型手段，以"传神"作为塑造艺术形象最根本的要求，不受焦点透视和时空的限制，使得它在艺术风格上与西方绘画完全不同。国画的题材丰富，有人物画，山水画，花鸟画之分。

（2）西洋画　西洋画简称"西画"，它包括多种画种，其中油画、水彩画、版画在居室布置中使用得较多。

① 油画　油画是用快干油和颜料画成，一般画在布、木板或厚纸板上，其特点是颜料有较强的遮盖力，并能很好地表现物体的真实感和丰富的色彩效果。

② 水彩画　水彩画是用胶质颜料作画的，这种颜料可用水溶解稀释，作画时正是利用水分的互相渗融和画纸的质地特性等条件，表现出透明、轻快、湿润等特有的效果。

③ 版画　版画是运用刀和笔在不同材料的版面上进行刻画，并可印出多份原作的一种绘画方式。按其版面性质和所用材料分为：凸版，如木版画、麻胶版画；凹版，如铜版画；平板，如石版画等。

西画的性质决定了它很难从题材的角度来分析其艺术性，这一点与中国画有很大不同。西画与科技发展的关系非常密切，它远远超过中国画对科技发展的依赖程度。从表现形式看，西画的创作分写实、表现、抽象，也有探索性，边缘性的绘画。从目前看来，中国的写实油画已达到很高水平，因此家庭中收藏和布置此类作品很有价值。

（3）工艺装饰画　工艺装饰画也是居室挂饰的主要品种，有镶嵌画、浮雕画、珐琅画、年画、剪纸、麦秆画等。

① 镶嵌画　镶嵌画是用玉石、象牙、贝壳和有色玻璃等材料镶嵌而成的画。在形式上，有古典风格的，也有现代风格的。

② 浮雕画　浮雕画是用木、竹、铜等材料雕刻而成的各种凹凸造型，嵌入画框进行布置。

③ 珐琅画　珐琅画是以粉和黏着剂混合，以笔画在金属器物上经烧铸而成的。

④ 年画　年画是中国民间的一种绘画体裁，不一定是只在过年才挂的画，是综合绘、刻、印三方面技艺的综合艺术，内容题材包罗万象，有农家生活、历史人物、戏曲故事、节令风俗、四季、吉祥动物等。无论何种题材，都跟中国人的生活息息相关，不仅具备历史渊源，在构图、着色与刻画线条等方面，也都蕴含着乡情、感性的美和对未来的美好憧憬。在我国历史上比较著名的年画代表有：天津杨柳青年画、山东潍县年画、江苏苏州桃花坞年画、四川绵竹年画以及河南朱仙镇年画等。

年画是中国特有的画种，最能体现时代特征，并且有祈福平安、五谷丰登、风调雨顺、驱邪纳福、招祥致瑞、人丁兴旺等意涵，在逢年过节尤能体现欢乐喜庆的气氛。

⑤ 剪纸　剪纸也是我国民间的艺术品。民间艺人只要一张纸，一把剪刀，即可随意剪出表达思想感情的作品来。剪纸也有地域特征，如河北蔚县剪纸，以戏曲人物为主，柔媚细腻、色彩鲜艳，善于夸张；福建泉州的刻纸，刀法挺劲圆润，线条流畅；江苏扬州的剪纸擅剪菊花，秀丽自然；南京剪纸清秀柔媚。

⑥ 麦草画　麦草画是我国传统工艺美术的一块瑰宝。它利用农家麦秆，通过熏、蒸、烫、漂等十几道加工处理工序，在保持麦秆自然光泽和纹理的基础上，大胆地吸收了国画、版画、剪纸、烙画、贴画等诸多艺术表现手法，自成一家。

（4）摄影作品　摄影作品也可作为挂饰进行室内布置。摄影作品的内容可分为两类：一类为艺术性摄影，主要是静物、风景和人物，强调色彩、构图和意境；另一类是历史性摄影，如家庭中有纪念意义的照片，家庭成员外出旅游时留下的旅途风景以及与亲朋好友的合影。在家庭居室装饰中，摄影作品以它"独一无二"的真实性、高清晰度及多种艺术效果集于一身的特点，而逐渐成为挂饰中的一种时尚。风景照拍摄回来后，可请照相馆放大加工成 10 寸约 8cm×10cm 左右的摄影作品，镶嵌于镜框内，四幅一组横列在客厅的墙上，甚是亲切与独特。花卉摄影作品可选几幅装在镜框里，挂在厨房、卫生间的墙上，会使小小空间里充满着生机和活力。好的人物照或结婚照经过放大塑封后挂在卧室或书房里，让回忆更显珍贵感人。把收集已久的老黑白照片用镜框框起来，挂在客厅里，也别有一番情趣。

（5）壁挂　这里所说的壁挂是指除了书画、照片、壁毯以外的各种壁挂装饰物。如中国结、风筝、折扇、脸谱、兽头、兽皮、刀、剑、弓……在制作时可结合编结、折纸、雕刻、铸造、彩印等手工工艺，在形式上采用平面、立体、浮雕、软雕塑、平贴等。对形象和形式的设计没有固定的格式。一般都是反映主人的情趣和风格。

比如传统的中国结是吉祥的象征，因"结"与"吉"是谐音。编织精美的中国结在喜庆的日子里是必不可少的，而它的意义也非同一般，除了有浓浓的"中国情"之外，还象征着"永结同心"之意。可将它挂在墙上或是门上比较显眼的位置，随时都可以看到。中国结最大的特点就是每一个结从头到尾都是用一根丝绳完成的，而且成品的造型是上下左右对称的，因此又叫"盘长结"。据说它作为一种装饰艺术始于唐宋，到了明清人们开始给结命名，赋予它更加丰富的内涵，比如："方胜结"表示方胜平安；"如意结"代表吉祥如意；"双鱼结"代表吉庆有余的意思等。结艺在那时达到鼎盛。

现代结艺早已不是简单的传承，而且由于商品意识的冲击，作为商品的中国结为了自身的生存，开始不断地推陈出新，在设计与制作上不仅注意了结艺本身的装饰性，还与木艺、雕刻、刺绣等多种艺术形式以及景泰蓝等民族工艺相结合，使今天的人们更乐于接受。中国结艺分大型挂件和小型挂件，因其涵义不同所挂位置也不同，家中的家具、墙壁等位置可以选择大型挂件，而一些柜门把手等处可以选择小型挂件，让这些挂件透露出中国结的装饰深意。

风筝，作为一种民间休闲娱乐活动一直延续至今。早春二月，乍暖还寒，是放风筝的大好季节。我国的风筝素有南鹞、北鸢两大流派。品种纷繁，有南通的哨口风筝、阳江的龙头蜈蚣风筝、北京的沙燕风筝、天津的软翅风筝、潍坊的长串风筝等。风筝融雕、扎、书、画、绣等多种工艺于一体，工艺精湛，不仅是放飞娱乐的玩具，而且还可作为喜爱风筝艺术的家庭壁挂，是极具观赏与收藏价值的艺术珍品。

折扇，一般布置在卧室的上方或是客厅的背景墙上。折扇透着古香古色的书香气，上边画着的中国画，无论是写意还是工笔都会给居室增添几许文化气氛。

现代壁挂已不仅仅是艺术家的作品和进入市场的商品，更多的是民间的创作。它集中了不同材料和工艺的精华，用最简单的、原始的、通俗的、综合的手法表现人对家庭的热爱，对生活的理解和认识。壁挂的不同色彩和形式，可以形成不同的情趣和艺术风格。因此，在制作时要考虑到民族审美心理习惯，避免人们所忌讳的形象和色彩搭配，追求吉祥的形象，简练大方的形式，亲切而温和的色彩，把壁挂与人的感情融为一体，形成主人个性、生活习俗和思想情绪的缩影。

（6）镜饰　作为整容、整装之用的镜子，是家庭中司空见惯的日常生活必需品。由于现代科技的发展，不断推出镜面玻璃、镜面金属等新产品，使镜面的应用日趋广泛，镜面的尺寸也日趋扩大。镜面的利用已不局限于带框的小尺寸镜子，在当今的室内设计中常常将整片墙面、柱面或天花板等用镜面玻璃或镜面金属装饰。因此，可以说镜面已成为"镜饰"，居室中采用镜饰以后，为居室环境增添了艺术感染力。

简单地说，镜饰是指把镜子挂于墙面上，既能拓宽房间又能美化其环境。比如挂于梳妆台前或玄关处都是起到整容、整装的作用。居室内的挂镜，对其大小、造型以及边框的材质、色彩都要仔细挑选，精心设计，使之与家具、陈设等周围环境在风格上达到统一，在色调上取得协调。

室内的挂镜不可过多，否则显得零乱。悬挂的位置更需推敲，应把它视为室内墙面构图要素之一来考虑。墙面设置化妆镜的卧室，镜面与梳妆台、床头靠板组成墙面的主要装饰，不再需要其他多余的挂饰、画幅，这样显得大方、宁静。镜面对着窗户，让窗外的花草也映入室内，会使卧室空间绿意盎然。富于艺术性的车边镜子，不但成像清晰逼真，而且镜子边缘车边磨光饰边、雕花后极具装饰性，使人赏心悦目。

当然，镜饰也有它的不足之处，会产生冷冰冰的感觉，形成耀眼的眩光等。因此，对于镜饰的运用要因地制宜，发挥其优点和长处，便会有相得益彰之功。

2. 挂饰的选择原则

选用什么样的挂饰，要根据不同的房间，不同格局，墙壁的空余面，以及经济条件、文化素养和个人爱好等不同因素而定。一般来说，在选择安排时要注意以下几个原则。

（1）一间房可配一种风格的挂饰，也可选择几种不同风格和内容的挂饰　一般来说，传统的中式格调的房间宜配挂中国的字画和古朴典雅、韵味悠长、艺术气氛浓厚的传统工艺画（如竹编画及木刻画等）；西式格调的房间则宜选用油画、版画或大型彩色摄影作品等来装饰；现代风格的房间则适合选用现代派抽象画、装饰画及水彩画布置。

（2）挂饰的色彩要与居室整体色彩相配　比如室内整体色彩确定为蓝色调，那么挂饰的色彩必须在蓝色的邻近色中选择，只能在冷暖、明度、纯度上加以调节变化，这样室内色彩将非常调合统一、端庄大方。当然在应用同类色的同时，并不排斥少量的对比色的存在，如挂饰本身仅起点缀作用，并不需要细细观看，则可选择对比强烈的、色彩艳丽些的作品，以改善室内色彩的深沉感。若挂饰本身有观赏价值，特别是一些书画作品，那些黑白分明的画（不加框的书画）就不宜挂在墙上。黄色墙上悬挂一幅以蔚蓝色调为主的海天风光图，会令人视野开阔，精神为之一振。淡绿墙面上挂黄绿色调的画；黄色墙上挂一幅嫩黄的日出图或金色秋天之类的风景画，这样就显得格外统一、协调。如果画面是色彩艳丽、强烈的，最好用大的底板衬画，使画面有明显的周界，从而使画面更显突出，或者把图用画框框起来，这样的画面就不会有溢出的感觉了。

（3）挂饰选用要显示主人的个性特点　选用挂饰时切忌刻意模仿。并不是所有的挂饰都是可以随便挂的。有的人对书法一无所知，却弄来一幅名家的草书挂在客厅中，客人一问则不知其所以然，便十分尴尬。所以选择挂饰无论品种、形式都要符合主人的职业与身份，体现主人的爱好与修养。在客厅中挂上劲松翠竹的书画会显示主人对高风亮节品质的赞美；在书房里挂上松、梅、竹、菊的国画或以古诗词为内容的书法能很好地表达出主人的深刻寓意。新婚房选用并蒂莲，鸳鸯戏水等彩画表达夫妻恩爱、永浴爱河的意愿。反之，如在客厅中挂一幅人体艺术画，则会显得俗不可耐。新婚卧室挂一幅《最后的晚餐》的油画，则与欢乐喜庆气氛相悖，显得不甚吉利。

（4）挂饰要根据房间大小有所选择　若居室较小，可选风景画以增加室内的空间感，使房间感到敞亮扩大。小房间里布置字画应将小幅书法装入深色的镜框内再悬挂，则小中见大、玲珑剔透。室内墙面较空时可悬挂一幅尺寸较大的挂饰，或一组排列有序的小尺寸美术作品。

中国画和书法条幅格调高雅，是一类个性很强的艺术品，它对张挂环境的要求比较高。如果在一个很不理想的环境部位张挂，便不能很好地体现其应有的装饰艺术效果。因此，中国画以及书法条幅宜挂在淡雅的客厅和书房。油画、水粉、水彩画等的墙挂则有较大的灵活性。

环境气候变化也是决定挂饰内容的一个方面。夏天宜挂冷色调的江河海景或翠竹、荷塘、瀑布之类的画，冬天宜挂暖色调的花、果、动物或满山枫叶之类的画。在干燥的地区，画面内容应多些水的滋润，在潮湿地区，则宜挂沙漠风光的彩照或写意画。室内阳光充足，温度较高，可选择冬景、雪景画，让人触景生"凉"。

背阴、温度不高的场所，可选挂春色、夏景、阳光充足的风景画，以"调节"室内气温。如果条件允许，应多准备几幅画，可以按季节变化而随之更换。室外绿化环境很好，就不宜布置有树木的大幅画面，因为和实景相比，画会显得逊色，没有生气。

（5）挂饰宜少而精　挂饰缺则乏味，多则太俗，因此挂饰应坚持少而精的原则，不宜太多太密，墙面还是应留有一定的空壁。墙上的挂饰一多就会形成多中心，使人无所适从，又是油画又是照片，还挂上许多的挂历、挂件……虽很热闹却俗不可耐，如果有很多精品，可以根据不同时间、不同节日轮流挂出。

3. 几种挂饰的悬挂

挂饰的效果，除了本身的作用外，很大程度上取决于悬挂的技艺。不同的挂饰有不同的悬挂技巧。

（1）书画的悬挂　中国书画很有特色，除了考虑与居室整体格调相一致外，在张挂书画之前应考虑以下几个问题。一是用什么画框相配。二是张挂在什么地方。三是张挂的方法。

① 画框的选择　画框的选择是个不可轻视的问题，它不仅本身具有一定的装饰效果，而且能烘托画面，使整个挂画显得大方、考究。中国字画大都以墨色线条为主、底色洁白，所以画框要用深色。造型线条要流畅，宜带小圆角，以使框与画相配。

中国书画所用的传统型镜框一般为红木或楠木框，上有铜铸挂件。现代型的镜框除简洁的淡色木框外，近年来也有用铝合金材料制成的深色框。木制画框显得朴实稳重，金属画框显得轻巧大方。书画在装框时应注意画芯的位置以及画框的比例关系。长方形的画框最为常用，因其长度有对比，一般都用"黄金分割"比例，大致是长：宽＝1.618：1，或是 8：5。这种比例无论在美学和数学上都是最合适的。但是有些太宽、太窄的墙面宜挂正方形或近似正方形的画框，这样可以调整视觉上的比例差异。

中国字画如长期挂在墙上容易破损，因此尽可能不要长期裸露悬挂。可先将字画托裱好，四周用绫或绢镶边，再根据字画大小配上镜框，这样就可避免日久风华和灰尘污染。

② 挂画的位置　挂画又称"补壁"。所谓补壁，其含义就是在空荡冷落的墙面进行某种补充。挂画的位置很重要，不可随意悬挂。

挂画的高度也要根据具体的场合调整适中。悬挂太低不利于画面的保护和照顾众人的视线；悬挂太高，会使观众仰视造成不便，同时画面可能产生透视，影响效果。书画的最佳悬挂高度是画幅中心至下沿与人站立时的视线持平或接近，这样高度的画框可平贴墙面，需仰面观看的画可稍向前倾，与墙面成约 10°的夹角，以保证画面与视线垂直和避免反光。通常情况下书画最好置于室内右墙壁（右墙壁与窗户成 90°角），使窗外自然光源与画面上的人为光源互相呼应、和谐统一。从整体效果出发，一个房间至少有四个墙面，作为景观点应有主次之分，主墙面应该是室内空间最大，视线最容易集中的地方。如客厅中一组沙发构成的聚谈区，那么这个区域的一块大墙面即是主墙面，作为主墙面要给予强调，其他墙面就不能与之"分庭抗礼"。因此处于主墙面的书画要做强调处理，其办法是加强对比。

有人以为空白大的墙面要挂大画幅，这是十分片面的。殊不知，大画幅还需大空间和大家具相配才合适。用多幅较小的绘画组合悬挂，能获得更多的变化和均衡的构图。在墙正中挂一幅书画固然显得庄重，但根据家具的轻重感觉和线条趋向进行构思，更有轻松感和艺术性。色彩淡雅、内容平静的画应挂在卧室里；色彩强烈、场面激昂的画应挂在客厅。层高较低的居室，宜挂横幅字画，但在窗口两侧或在一块空阔墙面上也可以取直幅，以增加空间的高耸感觉。

在居室中挂置直幅书画，它的底边一般离地面 150cm 左右较为合适。如果是成对布置，两者之间的距离一般在 40cm 左右为好。若采用高低错位布置，两者的高低距离不要超过挂饰本身长度的一半。横幅书画的底边悬挂高度略超过水平视线 10cm 左右，较佳的离地距离为 175cm 左右。正方形或长宽尺寸相差较小的书画，其底边悬挂高度要略低于水平视线。张挂书法字轴，上面不要顶天，下面不要垂地。有时还应露出长长的挂线，这样别有一番特殊情调。

③ 挂画方法　一般有倾斜式、贴墙式两种。贴墙式就是挂画的背面紧贴墙面。中国书画大都采用平贴悬挂，但用镜框装置的书画有时也用略向前倾的方法悬挂，但前倾角度不宜太大，一般在 10°左右。镜框挂置高度一般在 2m 左右较为合适。层高超过 2～2.4m 的高度比较适当，最好是钉装挂镜线木条或其他材料制成的类似木条的挂镜线条。居室内装置挂镜线除了可以吊挂随主人喜好的字画及其他墙饰品外，还可增强居室内的主体感。尤其是室内

净高较高的房间，装置挂镜线可有效地防止空旷感。如果室内装了挂镜线则挂画就非常方便，只要在镜框两端系上细绳，再用金属挂画钩吊挂在挂镜线的槽内便可。

（2）油画的悬挂　油画的悬挂与保藏有密切的关系，油画比起其他画种在陈列方面有一定的局限性。如用平涂笔法完成的作品容易反光；用厚涂法强调画面肌理作用的油画，因有起伏面而容易积尘。因此在悬挂油画时应根据画法的不同而有所区别。

① 油画外框的选择　古典写实的油画，通常采用比较厚实宽边的画框。现代风格的油画则以简洁的金属条画框为主。油画外框一般都不用玻璃，这样可避免不必要的反光，以充分显示油画的真实效果，同时也可避免油画画面与玻璃粘连。个别的油画也有采用玻璃镜框的，但一定是双层框，画角与玻璃有间隙。油画外框的颜色常用的有金、银、白、黑、棕、黄、灰、木纹本色等，没有外框的油画不宜挂出陈列。在装入镜框前，要将画纸的四边剪裁整齐，在背后裱一层白色的纸边（每边外露约半厘米即可）。也可以在镜框中直接用白色衬纸衬托。油画入框前，应将玻璃擦拭干净，以免因玻璃上的脏物影响画面。未干透的油画不宜装入镜框。

如果需要制作专门的镜框，就要求认真设计镜框的结构、造型和色彩。既要求美观，又要求实用，便于展示。镜框里的衬纸要求平整，颜色适当，能起衬托画面的作用。如有两幅以上的作品同时挂出，衬纸的颜色要尽可能达到单纯一致的要求，不宜将各种颜色杂陈在一起。油画配框，有时可到专业镜框商店去咨询或挑选合适的商品镜框。

② 油画悬挂的位置　油画悬挂的位置与光源的关系非常密切。油画一般面对着正面光时视觉效果都较差，比较适合侧前上方光线，且尽可能做到悬挂处的光源与作画时的光源相一致，即作画时是在左侧光源的室内，悬挂时也应与此光源一致，将画置于右墙壁。窗外的自然光源即能与画面上的人为光源互相呼应、主体突出，而且立体感强，有真实感。

多幅画的陈列，要考虑到画与画之间的距离，宁疏勿密。同时要照顾到远视的大效果，尽可能将色调相近、内容相近的画幅隔开，不要并列在一起，以使整个墙面的画幅之间有轻重、冷暖起伏等方面的节奏变化。画幅尺寸一致的作品要注意整齐，间隔一致。画幅大小相间不一的作品要注意底边的整齐及画面的倾斜度一致。悬挂较大的画幅应选择观众所要求的空间距离，大幅的画要在较远的距离看才有整体效果。

油画装入玻璃框陈列对保护画面是有利的，但效果比没有玻璃的差。无论怎样展出，都要避免阳光直射和强烈的灯光照射。因此陈列油画的房间，悬挂窗帘是十分必要的。

③ 悬挂油画的方法　悬挂油画应有固定挂画设备，即固定在墙壁上边的挂画木条，将油画通过结实的挂画绳和挂画钩连接在挂画木条上。若无挂画设备则必须用水泥钉悬挂，应将水泥钉隐于画幅的背后，钉子不宜外露，天气潮湿的地区应多检查挂画有无因锈蚀或钉装不牢而发生坠落的危险。

（3）摄影作品的悬挂　摄影作品通常又叫"照片"，它也是一种室内挂饰艺术品，它的性质和挂置方法与绘画作品比较相似。

① 摄影作品的布置　过去，许多家庭把大大小小的黑白照片集中在一个镜框里，挂在居室的主要墙面上，这种情况现在几乎销声匿迹了。这固然是因为黑白照片多为彩色照片代替，小照片的存放也多被精美的影集所代替，但更主要的原因是人们有了新追求：让自己的居室更有文化韵味。这样，几寸的小照片已被 25cm 以上的摄影作品所替代了。在居室中展示自己的摄影作品在很大程度上反映主人的阅历、性格、爱好和艺术修养。

居室客厅中宜选以静物为主、人物为辅的大幅风光照片，使大幅照片与具有现代气息的家具配套。卧室中宜选用具有历史意义的生活写真照，如结婚照、孩子的成长照，夫妻亲密无间的合影或全家团聚的"全家福"。书房内宜选用花卉、风景以及记录自己工作历程的工作照。儿童卧室可布置一幅色彩明快、充满意趣的娃娃照或是描绘瓜果蔬菜的静物写生照。

② 悬挂位置　悬挂照片的高度以低于室内最高家具为宜。居室狭小，照片悬挂高度应略高于正常人的视平线。如照片较多，可用以下几种排列方式。

中心对称排列：可用于多个照片镜框排列，这种方式简洁明了，主题突出，可依墙壁面积、家具尺寸、房屋结构而定。

纵向排列：多用于门廊、窗边、立柱的镜框悬挂方式，用丝带和色彩装饰串联镜框，使不同镜框内容有形式上的统一感。

平行排列：以外沿、内沿或四周边框平行为依托，将大小不一的画框顺势摆放，是一种适合于客厅和走廊的镜框悬挂方式。

上述多个镜框排列需要提醒的是：最好选择那些在主题、色彩、材质、风格等方面有相似感觉的镜框或内容组合在一起，哪怕只是一个方面类似，都会有协调感。借助钩子、链条墙体装饰等辅助措施把你最想强调的照片突出出来，用细节为居室增添活力。

③ 悬挂方法　悬挂照片最好采用镜框平贴悬挂法，前倾角在20°左右，注意挂绳及挂钉要隐蔽。如居室内装置挂镜线，则可用专门的挂镜钩来悬挂照片。

悬挂照片时，应视所需挂镜框的高度，在墙上钉一钉子，在镜框背后的左右纵向框的中心处各钉一枚钉子，也可用螺纹圈（即"羊眼"）代替。由于镜框本身的重力作用，加上墙面的支托，镜框便会平稳而自然地固定在墙上。此外还可用易拉罐的小拉手，先在墙上钉一个钉子，然后在镜框背后的横向上框的中心处钉一个钉子，然后用易拉罐小拉手，同时套在镜框背后的钉子上和墙上的钉子上，一幅照片镜框就挂好了。

（二）挂饰的选购

① 装饰油画要和自己的装修风格协调，简约的居室配现代感强的油画会使房间充满活力，可选无外框油画。欧式和古典的居室选择写实风格的油画，如人物肖像，风景等。最好加浮雕外框，显得富丽堂皇，雍容华贵。

② 色彩上和室内的墙面家具陈设有呼应，不显得孤立。如果是深沉稳重的家具式样，画就要选与之协调的古朴素雅的画。若是明亮简洁的家具和装修，最好选择活泼，温馨，前卫，抽象类的。

③ 最重要的一点就是要选择自己喜欢的，相比之下其他都是次要的，能给居住者带来心灵愉悦和放松是巧手装饰油画的最大价值。

④ 尽量选择手绘油画，现在市场有印刷填色的仿真油画，时间长了会氧化变色。一般从画面的笔触就能分辨出：手绘油画的画面有明显的凹凸感，而印刷的画面平滑，只是局部用油画颜料填色。

⑤ 无框画是装饰画的一种，作为最流行的装饰画的表现形式，无框画的无拘、无束、无框的表现形式受到越来越多的人们的喜爱。

此外，挑选装饰画时还有以下几个小技巧。

技巧1：抽象装饰画提升空间感

过去，很多家庭室内不讲究摆装饰画，觉得那是画蛇添足，即使有些家庭摆装饰画，画的内容也会选择花草鱼虫。随着人们审美情趣的提高，挑选装饰画时也要符合室内整体装修风格。眼下，越来越多的人喜欢简单明快的现代装修风格。

抽象画一直被人们看成是难懂的艺术，不过在现代装修风格的家庭中却能起到点睛的作用。很多人尽管看不懂画中的内容，但却知道画是否好看，对于普通家庭来说这样足矣。现代风格的家装配上简单的抽象画，能够起到提升空间的作用。

技巧 2：视线第一落点是最佳位置

进家门视线的第一落点才是最该放装饰画的地方，这样你才不会觉得家里墙上很空，视线不好，同时还能产生新鲜感。

技巧 3：角部装饰画改变视线方向

过去人们以为装饰画只能摆在一面墙的正中部，然而在现在的设计中，很多设计师喜欢把装饰画摆放在角部。角部所指的就是室内空间角落，比如客厅两个墙面的 90°角。就像近年来比较流行的沙发组合方式 L 形沙发，角部装饰画也有异曲同工之妙处。角部装饰画对空间的要求不是很严格，能够给人一种舒适的感觉。在拐角的两面墙上，一面墙上放上两张画，平行的另一面墙放上相同风格的一张画，形成墙上的 L 形组合，这种不对称美可以增加布局的情趣，室内也不会有拘束感。

另外，角部装饰画还有通过视线转变提醒主人空间转变的作用。比如从客厅到卧室的途中摆放装饰画，就能起到指路的作用。

技巧 4：楼梯装饰画可以不规则

假如一上楼梯，你正对的墙面面积很大，那么可以请专业人士直接在墙面上画图案。这种方法很有创意，可以按照自己的想法设计画样。另外，如果面积不大，可以在楼梯转弯处随着楼梯的形状摆放不很规则的装饰画，这样的效果也很好。

技巧 5：色彩选择有忌讳

装饰画不但可以摆放在客厅内沙发后面，电视机后的墙面上，卧室内，还可以摆放在厨房、阳台、别墅外面的墙壁上。不过值得注意的是，在摆放时要根据不同的空间进行颜色搭配。一般现代家装风格的室内整体以白色为主，在配装饰画时多以黄红色调为主。不要选择消极、死气沉沉的装饰画，客厅内尽量选择鲜亮、活泼的色调，如果室内装修色很稳重，比如胡桃木色，就可以选择高级灰、偏艺术感的装饰画。

技巧 6：装饰画形状要与空间形状相呼应

如果放装饰画的空间墙面是长方形，那么可以选择相同形状的单一装饰画或现在比较流行的组合装饰画，尤其是组合装饰画，不同的摆放方式和间距，能实现不同的效果。不过，如果有些地方需要半圆形的装饰画，只能在画面上做文章了，比如可以留出空间，因为现在市场上还没有半圆形的装饰框。

技巧 7：装饰品要与装饰画细节相呼应

选好装饰画后，还可以配一些比较有新意的装饰品，比如小雕塑、手工烟灰缸等，在细节上与装饰画相呼应，也能达到意想不到的效果。

**技巧 8：装饰画的配饰还要按照当地的气氛，周围环境的格局和变化，结合主人的风格和喜好，配饰不同效果的装饰画，也许能反映出令人意想不到的意境。

二、装饰品识别与选购

装饰品即室内摆设（也叫摆件或小品），是指摆放在各类柜、橱、桌、几、架以及其他室内平面上的工艺美术品。装饰品的种类很多，一般分为两大类。

一类是实用类装饰品，这类工艺美术品既具实用价值又有观赏价值。如陶器、瓷器、玻璃器皿、漆器制品、茶具、文具、花瓶、酒具、餐具、化妆品等。

另一类是欣赏类装饰品，这类工艺美术品主要是以观赏为主，如木雕、石雕、砖雕、牙雕、贝雕、椰雕、玉器、翡翠、玛瑙、水晶、料器、珊瑚、景泰蓝、古陶、青铜器、唐三彩、刺绣等。衡量装饰品的价值，首先要懂得鉴别，如现代工艺品，主要看其制作工艺和艺术性，而原料质地次之。玉石、翡翠、玛瑙，则以质料为主，工艺制作次之。古玩文物，主要看其年代，其次是艺术档次。

1. 装饰品的种类

装饰品的种类繁多，现就家庭居室常见的装饰品介绍如下。

（1）陶瓷制品 用陶瓷作为装饰品主要分为实用型和美术型。实用型陶瓷制品包括餐具、酒具、茶具、盛具等，这类用具会给居室会客、就餐营造优雅的环境。而美术型陶瓷制品称为陶瓷艺术品，主要有瓷瓶、瓷盆、瓷画、瓷盘、瓷像、瓷塑、陶盆、陶壶、陶钵等。

我国陶瓷工艺有着悠久的历史，各具地域特色：景德镇的白瓷（也包括青花、五彩和特彩瓷）、广东的彩瓷、醴陵的瓷器、龙泉的青瓷、宜兴的紫砂陶、博山的陶器等。它们有的洁白如玉、有的五彩缤纷、有的典雅素静、有的朴实浑厚、有的古朴洗练、有的艳丽夺目、各具风格特色、富有艺术感染力。如景德镇的白瓷、彩瓷，有的色彩浓艳、富丽堂皇，有的轻描淡写、高洁素雅，有的镶金嵌银、豪华珍贵，美不胜收，历来为中外人士所赞赏。宜兴的紫砂陶以紫砂壶为最，其造型奇巧、古色古香、典雅精美、气质独特，有相当高的艺术欣赏和实用价值。

传统的陶艺品造型比较讲究，形态线型的抑扬顿挫、线条婉转流畅且富于变化，它比较适合于装点古朴、典雅的家具环境，而现代陶艺品的造型则趋于简洁、明了、单纯，它可对现代感较强的家居环境饰以点睛之笔，而那种纯粹的陈设性的陶艺品的造型则对追求新奇的消费者有着强大的吸引力。还有许多造型各异的陶艺或以动物、人物组合，或以花草、树木组合，抽象派、卡通式等都在选择之列，只要色彩、形状搭配得当，都能使居室显得高雅。

无论是观赏的陶瓷艺术品，还是实用类的陶瓷器皿，通常都可以单体陈列或成套陈设于桌面、台面等处，也可采用框架集中陈设，各种器皿的不同质感会给人带来不同的视觉感受和心理感受。

（2）玻璃器皿 玻璃器皿有玻璃茶具、酒具、花瓶、果盘以及其他极具装饰性的玻璃制品和玻雕料器等。它们最主要的特点是玲珑剔透、晶莹透明、造型多姿、工艺奇特。摆放在室内，即能流露出一份亮丽醒目的感觉。当光线照射在玻璃器皿上，那份闪烁耀目的感观效果是其他材料所无法提供的。当精致的玻璃器皿放在玻璃格架上，顶部的射灯光线通过层层玻璃板透射到柜体内，就显得更加透明晶莹、华丽夺目，会大大增强室内感染力。

在配置作为装饰用的玻璃器皿时，特别要处理好它们与背景的关系，要通过背景的反射和衬托，充分呈现玻璃器皿的特性。布置时切不可把玻璃器皿集中陈设在一起，以免互相干扰，互相抵消各自的个性和作用，玻璃茶具造型千姿百态，纹饰图案百花齐放，究竟选择哪一种，要根据个人的审美情趣及居室装饰风格而定。比如，在现代风格及欧洲风格的家居中摆上一套精致的玻璃茶具或咖啡具更显神采。

（3）花瓶 花瓶是一种最常见的居室装饰品，其材质有玻璃、陶瓷、景泰蓝、紫砂、铁、木、竹、藤等。它古朴典雅、精光内蕴或飘逸流畅、神韵天成。这其中以玻璃和瓷器类的花瓶点缀居室最能营造出高雅、祥和的文化氛围。

就功能而言，花瓶可分为鲜花花瓶、艺术花瓶和观赏花瓶三种。

鲜花花瓶的外形特点是瓶身较大，瓶颈较粗，瓶口呈喇叭状。这种形状能容纳足够的水，使鲜花不致因脱水而过早枯萎。从花瓶的色质造型上看，有的人喜欢色调深沉、外形古朴庄重的传统式样，而目前较流行的是五色透明或浅色的明料玻璃花瓶。

艺术花瓶又称"花插"，是一种插置塑料花、绢花、涤纶花等人工制作的艺术花的花瓶。其外形特点是瓶颈细长、瓶口较小，适合插入少量花形较大的艺术花。这类花瓶造型多姿、形态别致，与插入的艺术花相互辉映，富有艺术情趣。

观赏花瓶是一种纯粹作为艺术品观赏用的花瓶，尽管也称它为花瓶，但由于其本身的艺术性较佳，故一般都将其置于装饰柜或显眼的案头作为一种装饰，以提高室内装饰的格调。

这类花瓶造型变化较多，材料各不相同，如景泰蓝花瓶、漆雕花瓶、细瓷花瓶和高级刻花玻璃花瓶等。只要摆设得当，观赏花瓶就能显示出它特有的艺术风姿。

在居室内摆设花瓶是有一定讲究的。总的来说，必须使花瓶的造型、色彩和风格与室内的家具、书画、工艺品等相互协调。如以线条简洁挺括为特点的组合家具中摆放一只艺术花瓶，会使室内更显简洁明快而富有时代感。客厅面积较大的，可选择体积较大的艺术性很强的观赏花瓶，则会使客厅显得更加高雅华丽。

（4）雕塑品　雕塑也是我国的传统工艺之一，是环境艺术的构成要素之一。从其风格上有写实雕塑和抽象雕塑之分。主要有玉雕、牙雕、石雕、木雕、泥塑、面塑等。

① 玉雕　有翡翠、白玉、碧玉、松石、玛瑙、珊瑚、岫岩玉、水晶等。

② 牙雕　用象牙雕刻的产品在我国分布较广，主要有北京、广州、上海等地。北京牙雕以各种仕女和艺术观赏品为主。

③ 石雕　福建寿山以雕刻各种动物和民间故事为主，生动活泼，富于生活情趣；浙江青田以山水花卉居多，也有装饰和日用相结合的石雕台灯、书架和花瓶等。

④ 木雕　如古建筑上的木雕、旧家具的木雕和各种装饰摆设品。广东潮州木雕，工艺秀美，以镂空、多层次、高浮雕擅长；东阳木雕以镂花、雕箱著名。其他还有海南的椰雕茶具、糖罐，四川、湖南、浙江、江苏的竹刻等。

⑤ 泥塑和面塑　泥塑是我国流传广泛的民间工艺品，以天津"泥人张"的彩塑最有名。

面塑艺术的特点是颜色丰富；体积较小、便于携带；材料便宜，制作成本比较低廉。经过面塑艺人长期摸索，现在的面塑作品不霉、不裂、不变形、不褪色，因此为旅游者喜爱，是馈赠亲友的纪念佳品。外国旅游者在参观面人制作时，都为艺人娴熟的技艺、千姿百态栩栩如生的人物形象所倾倒，交口赞誉，称面塑为"中国的雕塑"。

在选择雕塑装点居室时，要以艺术风格的协调为原则。追求稳重庄严的古典风格的居室适宜放置写实雕塑，追求浪漫新潮的现代效果的居室宜用抽象雕塑。

（5）漆器　以天然大漆为主要原料，利用其良好的黏性和防护性，将它涂抹在特别的木、竹等胎体上而成。早在战国时期，我国的漆器就相当发达。艺人用推光、雕填、彩画、嵌宝石、嵌螺钿等技艺，制造出各种精致美观的工艺品。主要产地有北京、天津、上海、福州、扬州、江都、重庆等地。福州的麻布脱胎木胎漆器闻名中外，产品轻巧，光亮如境。北京和扬州的漆雕，具有传统的剔红风格，产品多用铜胎或木胎；北京雕漆刀锋毕露，色彩鲜红；扬州雕漆深厚圆滑色多丹红，以螺钿镶嵌和玉石镶嵌著称。此外大方的皮胎漆器、天水的雕填漆器、潍坊的嵌金银丝漆器、新绛的云雕填漆器等，都具有浓厚的地方风格。

现代漆器的品种很多，如漆画、漆盘、漆屏风、漆家具、漆雕塑等，还有的用新的工艺，将绘画、书法、诗词等艺术形式融合在一起的漆器作品。漆器以其重量轻、形美、华贵、防潮、耐热、耐光照、抗腐蚀等特点深受百姓的喜爱，在居室中观赏漆器时，总会油然而生一种强烈的神圣的怀古情愫。

（6）金属工艺品　在居室中摆设的金属工艺品，实际上指的是金属雕塑艺术品，它包括古代金属工艺品和现代金属工艺品两类。

古代金属工艺品历史悠久，早在我国夏、商、周到春秋战国时期，青铜器的造型和雕刻技巧就已达到很高的水平。居室中陈列的古代金属工艺品大多是青铜器的复制品。

随着现代工业革命的大力推进和科学技术的迅速发展，金属工艺品无论在制作工艺和创作手法上都有了极大的提高，从而产生了多种形式和类别的现代金属工艺品。比如上海、北京、广州等地的金银制品，哈尔滨的酒具、咖啡具，还有少数民族地区的火镰、刀鞘、银碗、银壶等。此外还有闻名中外的景泰蓝，它是以紫铜做胎，用彩釉做装饰的特种金属工艺品，入炉烤结后，打磨光亮，再镀上黄金，具有珠光宝气、金碧辉煌的装饰效果。

（7）唐三彩　所谓唐三彩，实际上有多种颜色，主要有红、黄、白、绿、褐、蓝、黑等颜色组成，以红、绿、白三色为主，因创于唐代而得名，故称"唐三彩"。它是用高岭石做胎，经过素烧后，将铜、钴、铁等元素加入铝釉中，施于器物表面，再入窑炼制而成。当釉料融入后显得晶莹剔透、赏心悦目。居室内放上几款唐三彩，不经意间让人感受到怀旧情怀。

（8）竹、藤、草编工艺品　竹、藤、草编工艺品在居室装饰中具有神奇的作用，它不仅能美化居室，还能创造出一种自然、亲切、雅致的装饰情趣。

竹、藤、草编制品种类很多，有各种盛放水果的小篮、小盘，各种桌、几上的隔热垫，盛放盆栽花的花篮，还有竹、藤、草编的装饰小品。

竹、藤、草编制品本身都是自然之物，经过制作者的艺术加工，就有了质的升华，不仅保留了自然的风韵，而且有了各类造型的形式美感。在居室中摆设竹、藤、草编制品要根据居室空间的大小，各类家具、墙面的色彩来选择适当的品种。

（9）工艺屏风　工艺屏风是陈设在室内用来挡风或作为屏障的实用工艺品。既是景观的点缀，又起到屏障的作用，能使有限的空间不致一览无余，从而获得藏而不露，小中有变，乃至以小见大之妙。作为室内摆设的屏风，在实用性的基础上，又在造型上不断美化，饰以各种字画或镶嵌珠贝玉雕，就能作为一种艺术欣赏品出现。由于屏风具有艺术美化作用，加之具有张折灵活和搬移容易的特点，历来为人们所喜爱，被视为布置居室的一种重要摆设。屏风分为落地型和多扇折叠型两种，其表现形式有透明、半透明、封闭式及镂空式等。用以间隔的常采用封闭式，高度一般在人的视平线之上；用于围角的，可采用镂空式；若用来遮挡视线，最好做成90°直角形；若仅仅用作装饰，则透明或半透明的效果会更佳。

屏风的体积根据需要而定，可大可小，大的除了传统的立地式，多扇折叠式屏风外，还有小的挂屏、插屏、台屏、火炉屏、电话屏等。屏风中画面装饰除用木雕、彩绘和玻璃雕刻外，还有竹帘画屏、绢画屏、麦秸贴画、篾丝屏、骨木镶嵌屏、泥金漆屏、竹贴画屏等。

（10）时钟　时钟是一种应用相当普遍的陈设品和计时工具。时钟不仅能起到报时作用，还可以装饰居室环境。时钟分为电子、石英、机械等几种，以摆设形式分为挂式、座式和立式，从款式看有古典座钟、现代时钟与旧式时钟之分。

古典时钟一般常以某物为参照，雕琢出极具艺术表现力的饰物，其造型雍容华贵，色彩丰富多样。现代时钟一般外形很少受约束，以几何形态为多，力求线条简练明快，材料运用颇具现代特色，颜色搭配突出色调感，以求得与造型构思上的完整统一。旧式时钟外表华丽，并有很多装饰图案，有的旧式时钟本身就是一件古董。不论它是仿古式样还是传统的机械装置，都具有收藏和鉴赏价值。

时钟与环境关系非常密切，起着点缀美化的作用。时钟一般都布置在居室较为显眼醒目的地方。在现代组合式家具布置的房间，若墙面空阔可采取现代派挂钟，以略高于人的视平线为准，若壁面充实则可摆放座钟，高大的立式红木座钟放在较大的客厅中顿时显得至尊华贵，气派不凡。儿童房间则宜选择适合儿童个性的玩具钟（如动物卡通造型）。

目前家庭中的时钟摆设除了一些可爱的充满着童趣的闹钟之外，还有配合古典、豪华装饰的红木座钟。一块四方形的水晶中间是一块圆形的钟面，钟内设计颇显功力。有的水晶座钟用大理石作为点缀装饰，一只座钟顿时变得不寻常。圆弧形的底盘，四方形的水晶平面上方有一块小四方形的钟，只有手腕表那么大，却越发显得精致。两根细长的指针、四个主要时间标志，设计得再简单不过。另外，钟面可以成不同角度摆放，不固定式地嵌在水晶底座上，时间在精致的透明水晶里看起来更加尊贵。西洋韵味十足的座钟在欧陆风格的装修中恰到好处，自由女神像，手中举起一挂金钟，钟摆长长地垂下，很是气派。

在节奏紧张的都市生活中，时钟不仅扮演着它那带有一点冷酷色彩的监督者角色，而且还起着点缀美化居室的作用。

（11）化妆品 化妆品分为霜、蜜、膏、粉、脂、油、水、发胶、摩丝等类。各类化妆品的外形包装设计丰富多样，有长方形、方形、椭圆形、扁圆形、三角形、梯形、圆锥形等，布置时通常不能随意组合摆放，应该有曲直大小、高低错落的次序，并形成浓淡艳素、明暗深浅的色彩组合。如果不经过精心构思，布置出来的只能是一堆瓶瓶罐罐，毫无艺术可言。

在化妆品的布置中，特别应注意利用原设计包装，也可让其瓶体展露出不同的颜色。把一些不同色彩的瓶体，根据色彩的对比和互补的原理，精心搭配，在日光或灯光的照射下，会产生晶莹的彩光，以收到意想不到的效果和无限的情趣。

用化妆品装饰房间还要考虑季节的变换。春冬季应选用鲜艳夺目的对比色调进行布置，可造成艳丽多彩的喜庆气氛；在夏季可选用翠绿、天蓝、浅紫等冷色调的色彩进行装饰，会给人一种凉爽舒适之感；秋季的色彩布置应该浪漫一些，选择金黄色的化妆品搭配一两片枫叶，别有一番情趣。

（12）书籍 书籍杂志是室内陈设的佳品之一。书籍的科学、合理摆放，会使房间更加美观、典雅。尤其是大册书籍散布在装饰器物之间效果更佳。

如果书籍杂志数量较多，最好采用简洁的木制或钢木制的书架，书籍摆放在开敞的书架上使用非常方便。布满书籍的一列书架整齐地排靠在墙面上，不仅整洁美观，而且给居室带来浓厚的阅读气氛。书架的位置可选择在不同方向的墙面上，但是最好不放在开窗的背光墙上，因为把书安排在背光的地方，视力容易受到窗外射光的干扰，不利于书籍的查找。

为了保持珍贵书籍清洁、防虫蛀，应将这类书籍摆放在带门的书柜里，安装玻璃门的书柜既美观、卫生，又便于查找。书柜内书籍的布置不一定都严格地按高矮排列，不一定都保持整齐的"一般高"。因为这样会使不同性质、不同类别的书刊混杂在一起，使用上和审美上都不尽恰当。正确的方法是按题材编排；在同一类别的书籍中，再按书籍高矮排齐。不同宽窄的书籍，陈列时应使前沿取齐。相同装帧的成套书籍可集中陈列。现时在看或经常要看的书籍可以随意摆放于书桌上、茶几上或床上。书柜里的书籍安排好后，还可以运用装饰小品，例如陶瓷器皿、玻璃皿、银器和各种小型雕塑来美化、点缀，一般可将此类饰品放在柜内的空格里或点缀在陈列书籍的前方。

(13) 水族箱　当前各种类型水族箱已成为居室装饰不可忽略的摆设之一。五光十色的水族箱在布置居室方面已逐渐受到人们的青睐，那些雍容华贵的金鱼、锦鲤，色彩斑斓的热带鱼已不单是陶冶人的情趣的宠物，而且成为美化居室环境的装饰品。

水族箱可以自制或是根据自己的居室环境到花鸟市场购置。水族箱有大有小，大的可盛放 1m³ 左右的水，小的就是以前的小金鱼缸。大的水族箱一般安置在玄关处，放在专门为水族箱设置的柜上（此柜下不可作为鞋柜使用）。在面积较大的客厅里水族箱也可安置在沙发旁，以便人们休闲时观赏。清澈碧绿的水中点缀着珠珠水草，水族箱上部设置的荧光灯映照在水中的礁石上，优哉地游弋着几尾鱼儿，为居室平添了几多温馨舒适。

除了美化居室环境的作用，水族箱更大的功能在于调节居室的小气候。在初秋季节里，一只 80cm 长的水族箱一夜可自然蒸发水分 2～3mm 水位；而在冬季有暖气的居室中，所蒸发的水分会更多一些。湿度的增加可给人们带来意想不到的益处。同时，湿度的增加对保护木制家具尤其是竹藤家具有很大好处。

水族箱的内部布置，不但要在形式上考虑与缸内鱼儿相衬相配，更要注意不能伤害到鱼儿。

水族箱中最突出的是供观赏的鱼。金鱼是第一代家庭饲养观赏的鱼，人们早已熟悉。第二代为热带鱼，品种有红剑尾、金菠萝、王子、红绿灯等 50 多种；箱内水温要求在 15℃ 以上，加个过滤器即适宜鱼儿生存。第三代则是观赏价值极高的海水鱼，品种有两类：一为碟鱼头，有目光碟、火箭碟、人字碟等；二为海水神仙鱼类，有五彩鳗、青龙、皇帝神仙等。水族箱中一般都设置假山，主要是为了使水族箱产生立体感、层次感，以克服内布景观的单调乏味。假山的种类很多，有太湖石、砂积石、水晶石、斧劈石、钟乳石等，而水族箱的假山要尽量挑选石面比较光滑、没有尖锐锋利的尖突，且含石灰质较少的石料。其体积不宜过大，起到点缀层次的效果即可，这样可避免金鱼在追逐嬉戏时鱼体被石面划破擦伤而引发感染。如果水族箱中放养的金鱼是水泡、珍珠等珍稀品种，或是即将繁殖的亲鱼，最好还是不要放置假山。

水族箱中的水草不仅可烘托活泼多姿的观赏鱼，而且有助于提高水中溶氧量，纯化水质。但在夜间，水草会与鱼儿争夺氧气，所以水草也不宜多放，只要稀稀地植几枝即可。可栽植的水草种类有不少，常见的有金鱼藻、面条草、灯笼草等。需注意的是，投放水草前要仔细检查，看有无寄生虫卵，并要在充分漂洗和使用高锰酸钾溶液或淡盐水浸泡数分钟消毒后才可投放。寄生虫卵一旦带进鱼缸，将增加鱼病的发生。

点缀水族箱的装饰品除假山、水草外，还有用来增氧的气头，造型如小天使、河蚌、闪光转轮、海狮滚球、潜水员、荷花等，以及各种活动的彩色灯具、各种布景装饰画等，名目繁多。水族箱中华美的装饰品加上娇贵的观赏鱼，不啻是一幅大自然的微缩景观。

(14) 文具、烟具、玩具　文具既是学习用品，也是书房桌面上高雅的装饰品，传统的文具主要有文房四宝——笔、墨、纸、砚等。随着科学、技术、文化的发展，文具市场上出现了丰富多彩的笔筒、笔架、文具盒、文件夹、印泥盒、调色盘、笔洗、滴水皿、台历架等。选择文具，花色不能太过斑斓繁杂，以色彩淡雅静穆，造型秀丽大方，或遒劲雄浑者为好。文具不可追求多而全，以免显得拥挤而杂乱。

烟具也是一种实用性和装饰性兼而有之的物品，尽管社会不提倡、不鼓励吸烟，但在社会交往中终究还是有吸烟的人存在的，平时也难免会有一些吸烟的朋友来家串门做客，所以配备一个价格合理而造型优美的烟缸也是必要的，烟缸的选择要强调造型的艺术性，是它成为一件室内小摆设，切忌信手拈来，用可乐罐或纸茶杯、香烟壳来替代。烟缸宜放在茶几上，一来使用方便，二来也可充实、装饰茶几桌面，烟缸应保持清洁，不能将装满烟蒂、烟灰的脏烟缸拿来接待客人。

玩具类摆设以它们独特的造型和童稚味受人青睐。合金小汽车模型，若做工细致，不但小孩子喜欢，就连大人都会爱不释手。长毛绒玩具，许多人喜欢放在床上，其实放在光滑且深色的台面上效果也相当不错。那些不用能源，用手动一下可以自由晃动的不锈钢平衡球，还有插上电源后能变幻出各种花样与光彩的光纤灯，电子遥控的仿真汽车、坦克、飞机、摩托等玩具，以及会爬会唱的宠物狗、猫，还有芭比娃娃、蝙蝠侠、魔方及智力拼装玩具等，都是带有科技气息的玩具，能给人以某种启迪，摆放在居室中能引人注目，会给居室带来生气，也会成为主客间的热门话题。

2. 装饰品的选择原则

装饰品是居室陈设的重要内容。一件选择得当的摆设又放置在得当的位置，就会成为居室的中心与主题。一般来说，选择摆设应注意以下几个原则：

（1）应与整体环境相协调 装饰品的选择必须服从于室内空间的需要。当居室中的家具、灯具以及墙面、地面装饰等布置停当之后，要审视一下居室环境，主要要确定景点是否确立，是否有空间不适当地空闲着。如果存在着不平衡，看起来很别扭，就可用摆设来填补。室内空间高大宽阔，可布置大一些的摆设，太小了则显得空荡孤寂。室内空间较小则应布置小一些的摆设，太大了会喧宾夺主，极不协调。走廊与门厅，人们一般只是匆匆而过，所以此处的陈设要强调轮廓明显、体态突出，色彩对比强烈，而不必太注意细部的处理。反之在客厅、卧室、餐厅等人们长时间停留的地方，就要采用精致细腻值得回味的摆设。摆放空间的尺度与摆设本身大小应相适应，一只小写字台上摆设一匹大号彩陶马，显然不妥；大陶瓶放在小茶几上，既不协调，又不稳当，就是这个道理。

（2）应与居室风格相配合 装饰品布置要体现居室主人的爱好和文化特点，反映居室主人在精神方面的追求。室内摆设在不同的手段和理念控制下，会形成迥异的风格。根据各种室内环境气氛特点来进行摆设布置，应成为一种原则。居室风格有欧式的、中式的、古典的、现代的……与其风格相配的摆设也应有所区别。

在统一风格的前提下，可选择一些造型、色彩、质感呈对比的装饰品，但这时装饰品的数量必须少而精，而且体量不宜太大，不同民族、不同地域特征各不相同，反映在室内摆设的布置上也是不同的。传统的中式风格房间可选一些古色古香的玉器、木雕、漆器等，书房里摆放一些文房四宝及具有文人趣味的摆设。现代居室里采用造型简洁、线条流畅的艺术玻璃或抽象派造型不锈钢雕塑等，与现代设计风格相适应。

（3）色彩对比要恰当 装饰品所使用的原材料十分繁杂，色彩、肌理也各不相同，因而会产生不同的视觉效果与心理感受。木质装饰品亲切自然；玻璃装饰品光滑坚硬；丝绒装饰品华贵柔软。对材质的感觉更是通过对比而产生的。它可以是摆设之间的对比，如精美的玉雕配上线条简洁的木底，借以突出精美华贵；也可以是摆设品与背景之间的对比，如金属雕塑与红色丝绒幕帘背景。在居室中要求静谧舒缓的氛围，采用同类色摆设，往往十分奏效。因为同类色彩的摆设有调合安定情绪的作用。若需打破室内空间的冷漠和单调，选择对比色彩渲染就能使居室活泼热闹起来。色彩明亮的摆设可布置在室内光线稍暗的地方，冷色调的摆设宜放在光线较亮的地方。摆设品的色彩与家具颜色相近就不易表现出特色，这时可在摆设下衬上不同于家具和摆设的颜色的草编、竹编或塑料垫。

（4）装饰品与光线关系密切　装饰品不宜放在背光的地方，要利用侧光的光照，充分表现装饰品的形状美、色彩美。如在梳妆台和食品（酒）柜以上的适当位置设置灯光，利用反光照射摆设品往往会产生较好的艺术效果。对于晶莹剔透的玻璃器皿、花球、玻雕、料器等适当用灯光配合会给人以光彩夺目、美不胜收的感觉。

3. 装饰品的布置方法

有了合适的装饰品而没有把其放在适当的位置，是不会产生好的效果的，所以装饰品的位置和布置方法十分重要。具体地说，装饰品的位置方法大致上有以下几种：

（1）对比映衬法　单件装饰品的布置常采用对比映衬法。大墙面作为背景放置单件装饰品具有画龙点睛的效果，一般都是把具有点睛效果的装饰品放置在最易被视线扫及的显著位置上，用对比方式突出单件摆设品。具体来说，黄、红、橙等暖色调的装饰品可用冷色调的墙面作为背景；色彩丰富的唐三彩可用素静的墙面作为背景；深色的家具应选浅色的装饰品，浅色家具则选深色的摆设品。当橱架与装饰品的色彩相近时，应用丝绒作为衬底或用不同色的托盘予以分隔。对于一些体积较小但又引人注目的摆设；如雨花石、钱币等，要放在低矮处的浅白容器内，借容器的奇特外形来吸引注意力。居室中摆放的纪念品要与强烈对比的色彩鲜艳的物品或盒子放在一起，当客人因色彩对比的强烈而被吸引时，自然会注意到主人放在一旁的纪念品。

（2）对称平衡法　两件装饰品的布置，除考虑对比映衬的因素以外，在布置上还可用对称和不对称的方法。对称则稳重，不对称则活泼。在布置装饰品时，要大兼小、高兼低，有呼有应、有实有虚，轻重均衡。这里指的轻重均衡并非一般意义上的同等重量，而是要求从观感上有均衡的感觉。同样质地同样大小的摆件，给人的观感是色深的重，色浅的轻；吸光的重，发光的轻；实体的重，镂空的轻。不同轻重感的摆设并列布置，可以通过左右前后的移动来求得构图的平衡。比如，在方桌上放上一对精致的花瓶，放置角度稍有变化，会使人觉得自然舒畅。又如在几架上放置一盆高高的插花，旁边以小动物作为陪衬，高低相间，动静结合，给人一种不对称的活泼感。

（3）橱窗陈列法　如果家中装饰品较多，或者个人有收集某些装饰品的爱好，可以专门设置玻璃橱窗，将自己所喜爱的摆件陈列出来。制作精美的橱窗，正面敞开，橱身的两侧、上、下底及橱板均采用厚玻璃及连接件组合而成。底座用木料制成并铺上丝绒，有的还在背景处设置大块镜子玻璃或顶上装置射灯，用灯光来衬托摆设品的艺术效果。

（4）轮流出台法　如果家中装饰品较多，不摆可惜，全摆出来又显得杂乱无章。这时，可将摆设品分成几组或按季节编成春、夏、秋、冬四部分轮流摆放，每季更换一次。用艺术摆设来更新空间，这是一种有效的装饰手法。摆设的可变性比较强，对空间的感染力也较强。轮流出台摆放艺术品可增添居室空间的新鲜感。

此外还可采取适当更换装饰品的相互位置，通过位置变化来充分发掘摆设品的美化作用。摆设品在更换时要注意到高兼矮、大顾小，千万不能把高大的集中在一起，低矮的堆放在一边，这样会给人造成一种呆板、俗气的印象。

三、室内装饰植物的识别与选购

用绿色植物点缀、装饰居室，既美观又经济，在当代居室环境中起着美化居室、净化空气、吸声隔热、陶冶情操的作用，还能合理地组织空间，形成视觉中心，起着过渡、引导的作用。居室植物装饰以前通常的叫法是居室绿化，现代的叫法叫绿饰。每个家庭在进行居室软装饰时，一般都喜欢布置一些绿色植物和插花、盆景等。但把它们提高到艺术的高度，真正起到美化却不是人人都能做得好的。

（一）室内装饰植物的识别

1. 居室绿化装饰的作用

居室绿化装饰是室内环境设计中不可分割的组成部分，是提高居室环境质量、满足人们生理和心理需求不可缺少的因素，其作用是多方面的。

（1）美化居室　花草，美丽而动人。人们爱赏花，又爱种花。在一定意义上，花卉园艺和植物装饰的水平是衡量一个国家或地区物质文明和精神文明发达程度的标志之一。居室绿化可以使室内保持与自然界紧密相连的优美环境，形成绿色视野。植物具有不同形体美、线条美和色彩美以及那种充满生机的力量，尤其在高度都市化的环境中，室内布置绿化饰品可以给人以幽静、宽松的感觉和无限美好的遐想。植物的形态自然多姿，与室内建筑环境形成了鲜明的对比。室内环境的色彩人工痕迹较强，而植物的色彩以绿色为主调，加上各种色彩的花卉所形成的效果，是室内其他人工色彩所不能比拟的。植物的绿色千变万化，而鲜花怒放、硕果累累又会呈现出艳丽的、殷实的色彩效果，加上花卉树木的香味，更为居室增添不少韵味。室内环境中的墙面、地面、家具等质地都较细腻、光滑，而大多数植物有一种粗糙的质感，光滑和粗糙产生对比的效果，增强了室内空间造型形式多样的美感。

（2）组织空间　植物装饰，可以组织空间、填补空间，起着过渡、引导的作用。将绿化引进居室，使室内空间兼有自然界外部空间的因素，有利于内外的过渡，同时还能借助绿化，使室内外景色互渗互借，扩大室内空间感。

此外，还可以通过对室内空间进行再组织，使各部分既保持各自的功能特点，又不失空间的整体性。居室绿化用于室内不同功能之间的空间的过渡，比用其他装饰材料更为活泼。如门厅是居室内外的过渡空间，门厅较大的可使用高大耐阴的观叶植物略加遮挡，可以使门厅富有人情味；如门厅较小，可使用小一些植物花卉，直接摆放在地上，也可放在矮花架或鞋柜上；如门厅走廊较长，可在壁面上或墙根处设花架，搁花盆，起着引导宾客的作用。

居室绿化还可以增加室内空间的层次，改变室内的空旷局面。利用绿化带或博古架对室内进行限定和分隔，以增加空间的层次，在家具或沙发的转角和端头，窗台或橱柜周围以及难以利用的空间角落布置绿化饰品，可以填补剩余空间，使整个居室富有生气、景象一新。

（3）净化空气　环境学家称室外大面积的绿化为"城市之肺"，而室内亭亭玉立的植物可被誉为"居室环境的卫士"。植物在光的作用下能使空气变得新鲜，并能调节室内温度、湿度，给人们提供新鲜、湿润的室内环境。绿色植物还可以给大脑皮层以良好的刺激，使疲劳的神经系统在紧张的工作和思考之后，得以放松和消除疲劳。植物在呼吸过程中，吸入室内有害气体后进行新陈代谢并放出新鲜的氧气，例如天竺葵和夹竹桃能"吃掉"二氧化硫；矮牵牛和金鱼草会"吞噬"氟化氢；吊兰、常春藤能"消化掉"苯、尼古丁等有害气体；菊花和月季更是消毒的多面手；有些植物如天竺葵、鸭跖草、虎尾兰、兰花、海棠等还具有杀菌作用。花木对烟灰、粉尘也有明显的阻挡、过滤和吸附作用。一些人认为植物夜间呼吸需要吸入大量氧气，放出二氧化碳，导致室内氧气不足，而大量二氧化碳的增加对身体有害。实际上这是误解，植物在夜间放出的二氧化碳仅是它吸入氧气的 $1/20$，每株室内植物在夜间排出的二氧化碳仅约为人呼出的 $1/30$，而这个量绝不会影响人体健康。还有一些仙人掌等多浆植物，白天为避免水分散失，会关闭气孔，光合作用产生的氧气在夜间打开后才放出，更不可能与人类争氧气。

室内植物吸收水分后，经叶片的蒸腾作用向空气中散失，可起到湿润空气的作用。另外，植物可以增加室内负离子。据测定，如果在一间屋内放置 20 株植物，负离子数目会增加 4～5 倍。负离子的增加会使人感到清新愉悦，而负离子如果减少，会使人感到憋气和窒息。

（4）吸声隔热　由于植物叶片上的大量纤毛和叶片排列方向各异，一部分声波在叶片之间反射，使其扩散减弱。据科学家测定，叶片能减少 26％左右的噪声。如在门窗口放几盆较大的阔叶植物，可有效地阻挡噪声、灰尘，并能吸收太阳辐射，起到隔热作用。

（5）陶冶情操　植物装饰不仅具有美化、改善环境的作用，而且还能对人的精神和心理起到良好的作用。它能使人赏心悦目、陶冶人的情操、净化人的心灵。植物装饰的精神功能往往与"联想"联系在一起，如兰花使人想到高洁；松柏使人想到刚劲；翠竹意味着高风亮节；荷花出污泥而不染，象征纯洁；金橘给人丰收、吉祥的联想。

此外植物装饰还有表达各种情谊的作用。比如，当约好的宾客进入你家，看到门厅的迎客松以及餐桌上的鲜花，一种宾至如归的亲切感油然而生。

（6）促进智力发展　水仙和紫罗兰往往使人感觉温和，茉莉、丁香会使人产生沉静、轻松和无忧无虑的感觉；玫瑰、橙子和柠檬的香味，则会使人精神愉快、思路敏捷、产生遏制不住的求知欲望；桂花的香气能唤起人们美好的记忆和联想。头痛目眩、视力模糊，常闻菊花之香颇有好处；天竺花香可促进睡眠；薄荷花香能使人清醒明目。

但是，植物香味过于浓烈有时反而会影响身体健康，夜来香和鹰爪兰之类，如长时间处于这种浓烈气味的包围之中，会令人难以忍受。

2. 居室装饰植物的类型

居室绿化植物有观叶、观花、观果三大类型。

（1）观叶植物　观叶植物大都原产于热带多湿、阳光不足的原始雨林中，适合室内生长。观叶植物的叶片面积大、青翠可人，与鲜花之艳丽多姿相比，更显居室的风雅。目前在居室中摆放观叶植物大有超过摆放观花植物的势头。如棕榈、南洋杉、苏铁、万年青、文竹、吊兰、五针松、小叶女贞等常年碧青，使居室春意常驻。此外观叶植物还有长青藤、橡皮树、龟背竹、仙影石、仙人掌、波丝草等。

（2）观花植物　观花植物有很多，如月季、米兰、茶花、菊花、水仙、兰花、杜鹃、梅花等都可点缀居室。

（3）观果植物　观果植物有金橘、石榴、五色椒、金枣、枸杞等。这些植物每到成熟季节就硕果累累，或金黄、或红色，一派丰收富足兴旺的气氛。

居室绿化品种还可以根据其对日照的不同要求大致分为以下三类：

第一类是光照好、通风好的地方，如阳台、天井。可种一些观花为主的月季、石榴、菊花；也可选观叶为主的松、柏、杉；还可选有花香的米兰、茉莉、夜来香或观果为主的金橘等。

第二类是光照不够好，但还能经常晒到太阳的地方。可选一些喜阳耐阴的植物，如天竹、铁树、万年青、黄杨、长青藤等，可以使这些地方绿叶葱郁、婀娜多姿。除每日给这些植物浇水外，只需春秋各施一次氮肥即可。

第三类是很少有日照的室内，应选择喜阴的植物，如以观叶为主的吊兰、文竹、水竹、长青藤、君子兰、棕竹、龟背竹等。

一般放在卧室里的植物，被人观看的时间主要在夜晚，且通常是在暗淡的光线下，所以那里的植物以芳香类为好，如丁香、米兰、兰花等，且体积不宜太大。

3. 居室绿化装饰的形式

居室绿化装饰的形式主要有盆栽、盆景、插花、吊花和壁花五种。

（1）盆栽　根据观赏习惯和植物的品种，盆栽植物大致可分为盆树、盆草、盆花和盆果四种。

① 盆树　是在盆内栽种的木本类观赏植物，如五针松、铁树、棕竹、南天竹、龟背竹、黄杨、黄洋杉等。

② 盆草　是在盆内栽种的草本类观叶植物，如文竹、万年青、鸭跖草、吊兰、柚叶藤等。

③ 盆花　是在盆内栽种的以观花为主的植物，有木本也有草本。草本的有菊花、水仙、兰花、君子兰、天竺葵、紫罗兰、风信子、海棠、百合等；木本的有茶花、桃花、月季、杜鹃、茉莉、腊梅等。

④ 盆果　是指盆内栽种的观果为主的植物，如石榴、金橘、葡萄、佛手、香元等。

（2）盆景　有人称盆景是"无声的诗、立体的画"、"有生命的艺雕"。它在室内装饰中与书画、工艺品的装饰效果不同，可以使人足不出户便能体会山林野趣，春华秋实，四季不同的景象。盆景在室内装饰的运用中，符合人们返璞归真、崇尚自然的审美情趣。盆景是一种造景艺术，将大自然的景物浓缩于咫尺盆景之中，树石清流可观，可触摸，更接近自然，更符合人们进行室内装饰的原意。况且现代建筑中有许多阳光直射于室内，书画等饰品长久摆置会有褪色的危险，而盆景则最为适宜。

盆景作为我国传统艺术，有着悠久的历史，一般分为树桩盆景、山石盆景、树石盆景、花草盆景等。

① 树桩盆景　一般是选株矮叶小、茎干虬曲、苍老、易造型、寿命长的树桩，通过剪切或借助其他辅助材料，绑、扎、压、弯，而使植物按主观设计生长，逐步形成体态优美、风格奇特的艺术造型。树桩盆景姿态千变万化，大致可分为若干类型。按其造型可分为直干式、斜干式、悬崖式、横枝式、露根式、枯峰式、藤蔓式、贴式、连根式等；按盆中植株的数量分为单干式、双干式、多干式及树林式等；按地方流派分为浙江盆景、上海盆景、扬州盆景、苏州盆景、南通盆景、四川盆景、岭南盆景、徽州盆景等。

② 山石盆景　主要以石块为主，辅以小草、青苔；通过效仿大自然峻山奇峰，青山秀水，再现于盆中。山石盆景对石块的要求较高，一般选用质地坚硬的太湖石、斧劈石、钟乳石等，也可选取能长苔藓、质地疏松的砂积石、珊瑚石、浮石等。

山石盆景的造型可分为：将形态奇妙玲珑的孤石置于盆中的摆石式，将石片散立于土盆或碎石盘中的散立式，用两组、三组或三组以上的山石组成的开合式，将山石偏置于盆之一边的偏重式，还有适宜竖挂壁上或屏风上的壁挂式等。

③ 树石盆景　以树桩为主，将山石作为陪衬。这种盆景有旱盆、水盆之分。按造型又可分为三种类型：使树木的根系抓住拳形石块的拳石式，在树根下垫片状山石的片石式，将树木种植在形状呈弯曲的山石顶上的曲石式。

④ 花草盆景　以花草为主，适当配置山石等小件而成，通常以小型、微型盆景出现。

（3）插花　插花是一种剪切花材进行重新组合和造型的艺术。插花按盛器不同可分为瓶插、盆插和篮插三种。

① 瓶插　瓶插是将花枝插在各种形式的瓶内。花瓶可任意选择，有直口形、坦口形、圆形、长柱形，也有瓷器花瓶、紫砂花瓶、玻璃花瓶等。

② 盆插 盆插比瓶插复杂一些,一般使用浅口、不渗水的瓷盆或釉陶盆。将花枝插在浅盆中需要用插座来固定。插座可用平底的金属块,上面是一批金属刺,也可用花泥。花枝插在插座上,通过精心的造型设计及组合,一盆姿态优美、充满生机的盆插就呈现在面前。

③ 篮插 篮插是室内绿化和馈赠亲友的珍品。它是选用各种形态的竹花篮、藤条篮、柳条篮等作为盛器。插入花篮中的鲜花,最好选用花朵较大、色彩艳丽和形态优美的,能用名贵花卉则更好。篮插的制作方法非常简便,只要将花枝和叶做适当搭配,插入花篮中预先安置的花泥块上即成。

(4)吊花 随着人们物质文化水平的提高,人们已不再满足于把盆栽、盆景罗列置放于台桌几案、花架窗台式的平面绿化方式,开始重视用悬吊式绿化来美化点缀居室,以达到立体绿化的目的,并逐渐形成一种时尚。悬吊式绿化称"吊花",又称"垂直绿化",它是一种利用一定的容器种植较耐阴或稍耐阴的花卉,然后将花卉悬吊在居室内适宜的空间,以达到垂直绿化和美化居室的目的。悬吊用的花盆也可多姿多彩,吊绳也要与花卉和花盆配套,以增加情趣和美感。例如,在窗梁上悬挂一盆吊兰或小叶长青藤,那么在浅色的窗帘上,就会映出斑斑点点的花影,使窗景格外美丽,更具幽雅风格。

悬吊绿化的设置,一般是将种植容器直接悬吊于空中或吊在窗梁处或窗外廊檐下;也可用绳将藤吊篮吊在天花板上用于悬挂花盆。

凡属蔓性、匍匐性植物都是悬吊绿化的最好材料。长下垂型的植物有长青藤、抽叶藤、竹柏草、金钱豹、麋角蕨等;短下垂型的植物有鸭跖草、吊兰、球根海棠、文竹、吊钟花、天竺葵、垂盆草等。此外,马蹄金、天门冬、三叶草、蟹爪兰、冷水花、牵牛花、迎春、凌霄、紫藤等,均为悬吊花卉的佳作。这些悬吊植物枝叶下垂,随风飘荡、姿态自然,别具一番超凡脱俗、雅静别致的艺术情调。用这种方式装饰居室,可使居室变得绿意浓浓。

悬吊花卉不宜吊在门的入口处,也不能悬吊过低,以免碰坏花卉或弄伤人的头部。吊花也不宜悬吊在人们经常驻足处和书桌、床的上部,以免对人产生心理威胁。还有,悬吊植物浇水后应将滴水沥尽,然后再悬挂,以保持居室的清洁。

(5)壁花 目前在居室中摆设盆花、盆景、插花已很普遍,但是应用壁花来装饰室内环境对许多人来说还比较陌生。所谓壁花,是指专门用来美化室内墙壁或柱壁的一种花卉装饰。它能使墙壁装饰增添新的内容,使居室变得更加丰富多彩和生机盎然。壁花选用一种便于在墙壁或柱壁挂置的特殊容器,它用黑陶、玻璃瓷和玻璃材料制成,造型经工艺大师设计,高雅大方、款式别致。无土栽培的基质是由小陶粒、蛭石和塑料等制成,按一定比例混合,保水、透气性能均优于土壤,却又不污染环境。营养液是农艺师根据植物生长需要而配制的液体肥料。目前花卉市场可供在墙上栽培的植物有大叶榕、绿萝、紫叶珠蕉、白鹤芋等,其中有的品种栽种一年以上,依然青翠欲滴。壁花不仅清洁卫生,且可经常更新花卉品种,而且安装方便,操作起来也很省事,只要定期浇灌营养液即可。

壁花种类一般均以较耐荫的花卉为主,特别是许多观叶花卉或枝叶呈垂挂形的花卉尤其适合。通常可供选用的有花叶常春藤、花叶绿萝、吊兰类、垂盆草、爆竹花、金银花、虎耳草、铁线草、凤尾草、石斛类、兰花、洋兰、旱金莲、水栀子、天门冬、枸杞、迎春等。有些阳性花卉待其开花时也可作为壁花装饰,只是在室内供观赏的时间不长。

这种集花卉培植和造型艺术于一体的壁挂花卉,冲破了传统的盆栽土养、花不离地的养花方法,为墙壁的装饰增添了一道绿色的点缀,使人在居室中就能感受到大自然的风情。

(6)干花 近年来,居室植物装饰又有新的内容,几年前还是很罕见的干花,如今已进入寻常百姓家。一枝一叶经过物理或化学等特殊的工艺处理的干花，似鲜花一样娇艳，却比鲜花更耐久、更好看、更香浓。这些干花大多来自广州、深圳等一些南方城市，品种众多、造型雅致。它们经过整枝、烘烤、熏香等工艺处理，既保持了鲜花自然美观的形态，又具有其独特的造型、色彩和香味。使用干花装饰室内，可避免盆花摆入需人管理养护的麻烦，比较适合工作繁忙或家人长期出差在外的家庭。

干花是以自然植物经干燥处理而制成的，能够长期保持其天然的形态和色泽，或加以染色后形成的干燥花卉。蝴蝶兰、翠雀、天竺葵、孔雀草、情人草、麦秆菊、补血草、霞草、千日红、玫瑰等都是很好的干花材料。常用的干燥方法有以下几种。

① 自然干燥法　此法的实质是将鲜花材料放在凉爽、避光、干燥、洁净和空气流动的条件下令其自然风干。注意一定要在早晨露水干后采集花材，切勿在花朵盛开时采取，以免花瓣散落。采后把茎切成所需要的长度，除去少量叶片和多余的以及损伤的部分。然后将花材用细绳扎成小花束，花朵朝下悬挂在铁丝上，任其自然风干。对于一些花瓣单薄柔嫩，悬垂倒挂容易翻卷变形的花材或花穗较重的植物材料，可用金属网或有孔的平板材料，如竹、藤、织物等，将花材下端由上而下垂直穿过网眼，使花朵或花穗端正舒展地平托在网片之上，让其自然干燥。注意花材摆放时不能重叠，以免相互挤压造成干花变形，还有就是在自然干燥过程中要注意避光。黑暗是使花色保持鲜艳的重要条件之一。

② 常温压制法　此法是制作平面干花常用的一种方法。只要将花材分层放入吸水纸内，上面压以重物，如书等，将其放置于空气流通处，让其自然干燥即可。如要大量制作干花时，可用标本夹代替重物。在压后的1～3天需及时更换吸水纸。此法也可与加温快速干燥结合进行，即在花枝压后的第二天，用电熨斗将夹花的吸水纸轻轻烫几下，然后再照常压好，待其彻底干燥。此法应注意，有些花卉，如兰科植物等遇到高温时，花朵会褪色，故不宜使用加温的方法。

③ 加工干燥法　选用颗粒状变色硅胶干燥剂将鲜花与干燥剂混装在玻璃瓶或密封的容器里，一般经一周左右干燥，就能成为干花，色泽鲜艳如初。干燥剂变色后可放入微波炉或煤气炉上烘烤还原，以备下次再用。

干花插制的方法与鲜花插花原理相同，它不仅可以制成新颖美观，经久耐看的花束、花篮、插花等饰物美化居室，也可用细铁丝将花朵串在一起，制成花环状花饰吊挂在墙上。还可制成镜框式立体花、钟罩花以及国画型精美工艺装饰品等。

4. 居室绿化装饰的原则

利用花卉植物来装饰已成为一种时尚，然而由于人们大都缺乏植物装饰的一般常识，致使植物装饰的效果不能得到理想的发挥。居室植物装饰必须遵循以下几点原则：

（1）整体协调、合理布局　居室植物装饰必须就居室环境、空间色彩、家具摆设及其陈设物的数量等诸多方面进行全面考虑，做到整体协调、合理布局。避免在各个布局中出现同类植物或等量的重复，以形成一个富有变化的自然景观，使人感到有节奏感或韵律感。通常在沙发的端头、转角、书桌、书架的侧面，以植物花卉盆栽设施连接或充填边角，构成富于生机的气氛。同时根据植物的光合作用的需要，巧妙地与阳光、照明结合，有机地利用墙面、窗台、阳台、天井、转角等空间区域，做到整个室内设计融为一体、相得益彰，使绿色植物与居室的内部设施彼此之间比例恰当、色彩和谐、富有节奏感和整体感。如摆放在地面上的植物，高度应以地面至天花板的3/5为最佳，摆放在桌台上的植物高度和宽度应在40cm以内为宜，其体积应与桌台面积成比例，长方形桌台宜选用展开型的植物。悬吊植物的摆放注意其外形在视觉感受上的和谐。面积较大的房间应选大、中型枝叶下垂、茎叶扶疏的植物，着地而放或置于几架上，较小的房间选小型艳丽的盆栽花卉，对于突出的柱子可栽植长青藤、抽叶藤等藤蔓植物，或缠绕或垂下，或沿着横梁攀援。

（2）突出中心、展示个性　居室植物装饰要突出中心，通常利用珍稀植物或形态奇特、姿态优美、色彩绚丽的各类植物，以加强主景的中心效果。主要是植物装饰的核心，必须突出；而配景是从属部分，用来烘托主景并与主景相协调。在居室中有卧室、客厅、厨房和卫生间等许多房间，应重点装饰客厅，以展示主人的风貌，反映主人的文化素养。在植物装饰中使用的植物要注意其特性应与室内气氛相协调。要展示个性，追求情调。例如竹类盆景暗示坚韧不拔性格，兰花类盆栽体现高雅脱俗气质，羽状叶的蕨类植物以其温柔多姿显示亲切感，文竹、五针松象征高风亮节，梅花使人想到清廉高傲。

（3）简洁明快、宁精勿滥　居室植物装饰不在多而贵于精，重质不重量，宁精勿滥。如果在斗室之中塞满家具和各种植物花卉，反而显得杂乱无章，俗不可耐。室雅何需大，花香不在多。在选择植物饰品之前要先确定其摆放的空间位置和空间的整体角色定位。植物饰品在设计定位中，可作为主景也可作为衬景，但一般情况下植物饰品都是作为衬景使用，因此尽量利用室内周边死角来衬托室内其他物品或与其他物品共同形成视觉中心。

（4）选材适当、适时轮换　室内空间有限，光照弱、通风差，因而选择那些抗逆性强、栽培容易、管理方便、观赏效果好，并能适于室内长期摆放的观叶植物，如袖珍椰子、龟背竹、文竹、一叶兰、金边虎皮兰、假槟榔、散尾葵、巴西木、发财树等，插花各类也应选那些色明、耐插的类型，如菊、康乃馨、满天星等。光照是居室植物进行光合作用制造养分的最重要的条件。在光照和通风好的阳台、天井，可选择月季、石榴、菊花、金橘、松、柏、米兰、茉莉等摆放。在光照不够好，但还经常能晒到太阳的地方，可选一些喜阳耐阴的植物，如天竹、铁树、万年青、黄杨、常春藤等摆放。光照还与窗的方向有关，南向的自然光最强，北向的最弱，东西向的窗口中等，但西向比东向的强。另外天气和一年四季气候的变化也各不相同，在室内绿化布置时都要有相应的变化。一般植物最适宜生长的温度为25℃，仙人掌可在50℃下生长，热带、亚热带植物可耐5℃的低温。在我国北方，冬季不供暖时室内温度在5℃左右，用较抗寒的植物绿化布置即可越冬。南方住户的室内绿化，则要选择一些耐热植物，以度过炎热的夏季。盆花比较脆弱，长期被禁锢在室内条件下就无法健康生长。一般来说，只有冬季可让盆花久留室内，而在春、夏、秋三季，室内盆花摆放天数不宜太久，通常以七天左右为限，即应撤至室外保养，并适时轮换。其实，在室内陈设期间，也最好每晚都要将盆花移置室外或阳台，于人于花都有利。总之，无论是观叶植物还是盆栽花卉都应随时注意植物的生长情况，一旦发现枯黄、病萎都应及时更换。久留成疫的植物花卉放在室内反而不美，真所谓"以花养人，花赖人养"，这是相辅相成的。

5. 居室绿化装饰的布置方法

居室绿化装饰的布置方法，大致可以分为四种：

（1）点状布置　点状布置是指独立放置的盆栽、乔木和灌木。它们往往是室内的主景，其特点是灵活自由，具有观赏价值和较强的装饰效果。

安排点状植物装饰则要求突出重点。要从形、色、质等方面精心选择，不要在它的周围堆砌与它高低、形态、色彩类似的物品，以便使点状布置的绿化植物更加醒目突出。

点状植物布置是家庭中用得最多的布局方式。用作点状布置盆栽可放在地上，也可放到几、架、柜、桌上，具有填补空间和渲染气氛的作用。它会使色调单一的居室平添光彩，往往会收到"万绿丛中一点红"的效果。

（2）线状布置　线状布置是指用盆栽整齐地排列成线的一种放置形式，其特点是可以均齐围边，做隔断和构成图案。如过道的两边用盆栽作为线状围边；餐厅内屏风式的花架作为线型分隔；用吊兰悬吊在空中，或置于组合柜顶端拐角处，与地面植物产生呼应关系。因为吊兰这种植物枝叶下垂，或长或短、或直或曲，形成了线的节奏韵律，与搁板、柜橱的直线相对比，能产生一种自然美和动感美。

（3）面状布置　面状布置是指植物形成块面来调整室内的节奏。在家具陈设比较精巧细致时，可利用大的观叶植物形成块面进行对比，来弥补家具由于精巧而带来的单薄感，同时还可以增强室内陈设的厚重感。此外，在天井、阳台或较大面积的客厅，将多种形态的盆栽集中排列，形成各种几何形的花坛，以形成各种层次和不同内涵的图案。由于植物多，或含苞欲放，或垂瓣叠艳，或绿叶摇曳，最能突出其勃勃生机或者达到热烈喜庆的气氛效果。

（4）立体布置　居室进行软装饰时往往需要动用绿化来补缺、分隔、遮蔽，这时使用的方法往往是点、线、面综合构成的混合布局，这就叫立体布置。经过大小搭配、点面结合，从面突出主题。立体布置需要考虑一定的背景，要与居室的墙壁、家具及大面积的布饰相配。植物本身色彩丰富，对背景色彩十分敏感。如果有条件，最好使植物的主色与墙壁的背景色成互补色，会使人感到舒适，而花卉也更显其艳丽。

总之，室内植物装饰是以点、线、面、体的形式出现于室内的。至于具体运用何种布置方式则要根据房间的具体陈设和空间的需要进行选择。植物装饰的背景处理除了配色以外，还可用照明烘托和反射的方法。当植物处于室内暗处时，可用射灯打光。当植物处在较小的室内，不仅可在盆栽背后置镜，还可在平顶上平放或斜放镜子，这样在镜子的互相映照下，一颗植物变成好几棵，使空间感扩大，也会收到意想不到的效果。

6. 居室各功能区的绿化装饰

绿化是"城市之肺"，室内亭亭玉立的植物可誉为居室环境的"可靠卫士"。钢筋水泥的住宅大厦，自我封闭意识较强，人们在居住中多养些花草植物，可把大自然的气息"移植"到家庭生活中来，增加了生活的情趣，减少了枯燥感，而且从卫生学的角度说植物的叶子犹如精巧高效率的空气洁净器，一片叶子就有成千上万的纤毛，能截留住空气中的飘尘微粒和细菌。一般情况下，充分的绿化能减少 20％～60％ 的尘埃，空气中细菌数也能降低 40％ 左右。

用显微镜观察叶片，可以看到无数不断开合着的气孔，这些气孔在植物呼吸过程中吸入二氧化硫、氟、氯等有害气体，植物把这些"毒品"吸入体内进入新陈代谢，不让它危害人类，并放出新鲜的氧气，以利于人的身体健康。

由于植物叶片上的大量纤毛叶片排列方向各异，室内绿化还有显著的吸声效果。一部分声波能量消耗在纤毛的震动上，一部分声波在叶片之间反射、扩散减弱。据测定，叶子能减弱噪声 26％ 左右。

让绿色植物美化家庭，日益吸引着越来越多的城乡家庭。花木花费不多，但它能调节气温、湿度，净化室内空气，消除人们在室内长时间活动所造成的疲劳，并能改善那些居住环境并不理想的室内空间。用花木的自然生长所形成的自然色调和格局，与现代家具等装饰用品有机地联系起来，可形成一个变化多样、丰富多彩的立体空间。所以，家庭绿化不可小看，正是由于它，"绿色家居"才具有现实而生动的意义。

对于不同功能房间的绿化装饰，具体也有不同的绿化办法，可以有以下几种考虑：

（1）门前绿化　在较透光的门两边，可各放置一些绿萝、仙客来等，表示喜迎宾之意；在较宽的门前，可放置两盆观音竹、西洋杜鹃；在较狭小的门前，可利用角隅和板壁摆上盆栽观叶植物，以小巧玲珑为佳，或者利用雨棚、立管吊一些吊兰、垂盆草、鸭跖草等植物。

（2）玄关绿化　居室的大门入口，是开门后给人第一印象的重要场所，也是平时家人出入必经之地，若是门厅比较宽大，可在此配置一些观叶植物。叶部要向高处发展，使之不阻碍视线和出入。摆放小巧玲珑的植物会令人觉得明朗化。如果利用壁面和门背后的柜面，放置数盆观叶植物，或利用天花板悬吊抽叶藤（黄金葛）、吊兰、羊齿类植物、鸭跖草等也是较好的构思。至于柜台上，可放置菊花、樱草、仙客来、非洲紫罗兰等，但容易有灰尘，要时常清洗，或每周与室内窗户装饰的花卉对换一次，转换环境。玄关如果比较小且很少有直射的阳光，摆设盆栽植物，可选小一些的，萌生或耐阴的植物，如万年青、兰花及一些小盆花。

（3）客厅绿化　客厅的绿化装饰，不宜太复杂，因为是接待来客或是家人聚会的地方，应抓住重点，力求朴素美观，同时进应斟酌家具与墙壁的色彩。简单清雅的绿化装饰是在矮桌上插花，用竹皿的插花方式，或配合羊齿类植物，较为合适，因为其他植物要多浇水，常会弄湿地面。若客厅属西式，也可以放置大型观叶植物。客厅沙发椅的旁边也宜放置大型观叶植物。

较大的客厅，如光线较强的话，可落地放置发财树、巴西铁等喜阳植物，光线稍差则选择帝王、绿萝、散尾葵、南洋杉等喜阴植物。一般应放置在沙发旁、墙角或近窗处。客厅是布置植物装饰的重点，最好能根据季节变化更换盆景或花卉，装饰上要突出欢迎宾客的热情气氛。应以常绿的大、中型花木为主，并辅以观花、观果植物，如蒲葵、龟背竹、棕竹、松、柏、竹、梅花、腊梅、山茶等，应避免放置有刺的植物如仙人掌等。花木品种要多而不乱，并利用博古架、花篮、花格架，使绿化向空间发展，如茶几、窗台可安置小巧艳丽的观果盆栽，墙角可放置报岁兰、梅花、腊梅等，博古架可放小型盆花或盆景。矮桌上布置插花，或配合羊齿类植物，较为合适。客厅中放置植物应注意切勿阻挡出入走动的路线，且旋转植物数量不要太多，以免造成拥挤。还有，植物浇过水后一定要注意不要弄湿地面。

（4）卧室绿化　卧室是睡眠休息的地方，要装饰得令人感觉轻松，能够松弛紧张的神经。卧室内有矮柜的，可以在上面放置较小型的观叶植物。靠近窗的矮柜上可随季节转换装饰植物。例如，春季用蝴蝶花，夏季用鸭跖草，秋季用石蒜，冬季用秋海棠或天竺葵。装饰卧室的植物，一般属于小型，以叶色淡绿为佳，不能用太浓的红紫色，花香味也不宜太浓。此外，卧室的装饰应避免用悬吊盆栽植物。总之以小型盆花和叶色淡绿的盆栽为佳，不宜放置大叶面植物。因为叶型巨大，多显生硬，单调，且可能令人产生恐怖感。小叶、柔软的观叶植物可展示在床头柜和小衣柜上。

另外，卧室内摆放植物宜少不宜多，尤其颜色不应太杂，以小而精且带有淡淡香味者为佳。松、柏、梅、竹、佛手、棕竹、文竹和山水盆景、树桩盆景均适宜卧室摆放。如使用花木几架，一般以古朴型的为好，但也应考虑与家具格调相配。

（5）书房绿化　书房布置得舒适合宜，可使人能够更加聚精会神的研读。用鲜花、竹筒或其他花器，挂于书房墙壁上，可形成幽雅的环境。书柜上摆一两盆小品盆景，能增加书房的宁静感。盆景宜取耐久性的松柏类、铁树类，以矮小、短枝、常绿、不宜凋谢及容易栽种者为好。如书房空间较小，可在写字台上放一盆微型盆景，也可用盆株不大、秀丽轻盈的文竹或娇小雅致的碗莲、伞草、花叶芋等；窗台上可放一两盆稍大一点的虎皮兰、仙人掌以及君子兰，用以活跃书房内的气氛；在书架上一侧可放置一盆小巧玲珑的黄杨盆景，另一侧可放一两盆枝条下垂的观叶植物，如吊兰、常春藤等，形成一种具有动感活力的绿色瀑布，给书房注入一些生动活泼的气息；在靠近墙壁的地面上，可摆一两盆中型观叶植物，如铁树、橡皮树、绿萝、棕竹，用以增加房内的总体绿量。

此外，书桌上可放置小型的观叶植物或放置小花瓶，插上几朵时花，随季节而更换，如玫瑰、剑兰、菊花等，花色以白色、黄色为宜。红色太浓，会扰乱读书者的情绪。

（6）餐厅绿化　餐厅内的植物也要做到少而精，3～5盆已经绰绰有余。餐厅四周可摆放凤梨类、棕榈类、变叶木等叶片亮绿的观叶植物或色彩缤纷的大、中型观花植物。可按季节更换，如春用春兰、夏用紫苏、秋用秋菊、冬用一品红。餐桌上则不宜繁杂，并且要注意四季变化，早春用报春、桃花；夏置芳香花卉如百合、马蹄莲、荷花；秋以秋菊或菜蔬瓜果为主，冬以月季、康乃馨、剑兰为主。墙角、窗边可放大型观叶植物，逢喜庆宴会时摆上圣诞花、秋海棠之类植物即可。

（7）厨房绿化　厨房是油烟水汽密集之地，也是植物生长大忌之地，摆放植物难度较大，可选择一些适应性较强的多肉类植物，如仙人掌、蟹爪兰、令箭荷花等，而且要经常更换，轮流养息，始终保持植物青翠碧绿。厨房内布置植物饰品要利用窗台、橱柜、工作台的空间或者采用壁挂或悬吊上空的办法，蕨类、鸭跖草、吊兰是比较适宜的种类。在垃圾筒边放置一些如天竺葵、柠檬之类的植物，让人感觉绿色已渗透到每一个死角，并能利用植株的特异功能杀死细菌。也可以利用一些蔬菜兼做观赏，如将南瓜、番茄、辣椒、羽衣甘蓝、胡萝卜、白菜等带叶的茎端部分放置于浅水碟、盆中，或将葱、蒜盆栽于窗台上。注意厨房内切忌摆放彩叶芋、玉树珊瑚、曼陀罗等有毒植物，以免不慎引起中毒。

（8）卫生间绿化　卫生间是湿气与温度甚高的地方，对植物生长不利，故必须选择能耐阴暗的小株植物，如羊齿类植物、抽叶藤、蓬莱蕉等。由于卫生间墙壁多用白瓷砖，所以搭配浓绿色观叶植物，更觉显眼悦目。大多利用墙面挂靠，也可摆放在放置用品的几架上。卫生间的管道也可利用来吊挂一些悬垂植物。总之，卫生间应选冷水花、蕨类等适应性强的植物。

（9）阳台、露台的绿化　阳台是联系室内外的空间。对绿化而言，这里是最宜种植的地方。有条件的可以利用金属、木材、玻璃板、塑料片、毛竹搭成架子与植物一起组成花坛。这样可以变成家庭的小型苗圃，培植花木。从室内望去，郁郁葱葱，还可陶冶心情。

阳台绿化可分上、中、下三部分。阳台绿化的上，即阳台上空。选用牵牛花、长青藤、葡萄等藤本植物，用竹竿、木架、绳牵引伸向空中；或悬挂多盆吊兰。

阳台绿化的中，即栏杆处。扶手栏杆处可自制金属盆箍，使花盆置于室外。如栏杆空隙大，可在地下沿栏杆设扁形花箱，使植物根在内而叶在外。

阳台绿化的下，即地面。在阳台一端或两端设计梯形花架，占地小而绿化面积大，且可作为室内花卉的"轮换集散地"，应重点布置。在花坛或盆中种植各种花卉及盆果植物，使一年四季都有花、有果可欣赏。

高层建筑的室外空间，可供种花植草的地方首推露台，因露台接受阳光的机会最多，是沟通室内与户外的桥梁，也是最宝贵的一块小园地。尤其是一些新建商品房都设计了带有间隔的开门式露台，并设有栏杆，面积也较大。利用露台作为"植物园"，有许多不同的方式。但方法的变化不大，即都是用盆栽种植花卉，也有在适当位置中选用砖块砌成花坛，或用木板建成棚架，做成花圃。使用木架材料时还要小心防火。此外，高层建筑的露台，因风力强大，花盆之间还要做好固定工作，并要设置防风围栏。露台上还可适当选取较高植物作为装饰，但植物太高时，就会遮蔽影响室内的光线。若露台对面没有其他建筑物阻挡光线日照时，可把露台建成日光浴室，使之与室内的植物绿饰衔接，变成更合理的绿化世界。

（10）窗台绿化　窗台的采光条件比室内好，可以选一些喜阳的植物放在窗台沿上。如果是向阳的窗户，可选喜阳耐旱的植物，如迎春、六月雪、紫薇、仙人掌、半支莲等，也可选攀援植物，如金银花、牵牛花等。窗台上摆盆花以选低矮植物为宜，不得影响窗户的开启，更不能让花盆从空中坠下，必要时还应搭设围护或不锈钢窗台架，以防不测。

7. 花盆、几架及置花技术

室内置花，除注意和所植花卉相协调外，还应和整个室内的布置相适应，这样才能显得美丽大方，所以在进行绿化布置时，对花盆、几架、托盘等辅助用品的形状、色彩及表面的字刻书画图案都应有所选择。

（1）花盆　目前市场上供应的花盆品种花式较多，形态多样，一般以泥瓦盆、陶盆、瓷釉盆为多，近年还出现了不少塑料盆和竹篮、藤器皿及金属丝制的编织套盆等。其色彩绚丽多彩，高矮有别，深浅不同，应有尽有。不少花盆的表面还刻绘着各种花鸟鱼虫等图案和古今中外名人的诗词，书法刚健、古朴雅致。

泥瓦盆渗水透气性能较好，价格也比较低廉，适合所有花木的养植，如在泥瓦盆外再套一只质地细致的瓷釉花盆，布置在客厅或书房，既美观雅致，又能满足花木生长的需要，两者兼顾。紫砂陶盆，虽然雅致大方，但其渗水透气性能不及泥瓦盆，可植以杜鹃、兰花等。瓷釉盆，美观、精细，但它的透水透气性能差，一般都植以耐湿花木。如植物布置在走廊两侧或露台庭院，应选陶盆为好。若培植盆景则以浅型的陶盆为美。盆钵的大小，高低深浅，还应根据栽种什么样的花木而定。植株大的花木，选大一点的花盆，以免出现头重脚轻的感觉，植株小的花木，则应选小的花盆。有些花木适合选用高筒盆，有的则应选用奇形怪状的花盆。山石盆景有时还可用大理石盘和水磨石盘。

（2）几架　陈设盆花和盆景的几架，通常有红木几架、斑竹几架、树根几架、花凳、博古架等几种。适用于比较宽敞的客厅及书房中摆设。常用的几架高度约为80cm，用于摆设较高大盆花时，其高度应适当低些，约为20～60cm，而陈设较大的悬垂性的盆景几架时，其高度约为120cm。在布置中应注意花卉、树石、盆钵和几架之间的对比与和谐，即要做到"一景二盆三架"。大型盆景通常放在琴桌、条案或专门的几架上，小型盆景通常放在花凳、博古架上。花凳一般高度为50cm，大小与茶几相仿。它与茶几的不同处在于几面的一端有一只种植箱，以便种植一般花草。凳脚下面装有脚轮，可方便移动。博古架形状略似书架，分格高低错落、大小不一，通常置于书房、客厅的近窗处，或者近门处兼起屏障作用。

（3）托盘　盆花摆设时用托盘直接垫在盆底，以免浇水时多余的水分渗溢至盆外面污染台面或地面。托盘用塑料、陶、瓷等材料制作，也有用水泥、水磨石等做的，目前大多采用塑料托盘，因其成本低、重量轻，使用起来比较方便。

花盆的色调宜素雅淡泊，以衬托主体——花卉与树石，在选购花盆时要力戒花哨。花盆尽可能与花型协调。比如水仙叶子长，颇有弱不胜衣之态，用浅平横向的扁盆补其娇弱；下垂花束用高筒；花枝短而多的用圆肥罐；花枝修长的则不应用高瓶。盆景用盆更有讲究，常连盆购置。插花的花器大多用陶瓷和玻璃器皿，有瓶、盆、盂、钵之分，也有的用竹编、藤编以及石头及金属器皿。

（4）置花技术　室内置花讲究摆放位置。高处宜放下垂花枝，低处宜置外展型花卉。室内置花最忌边上有大小、高度相似的物品，如盆景置放与墙上画框相叠，花卉置放与等高的家电相叠或放在等高的台灯旁，这样会显得很不协调。

另外，绿饰还要与挂画很好地配合。如在中国山水画旁放一个松树盆景，在花卉画边搁一瓶真花，会相得益彰，富有情趣。将半圆形花篮贴壁而挂，其效果不会比书画作品逊色，且更有新鲜感。书画是平面艺术，挂得不好会有变形反光之虑，而花卉盆景是立体艺术，其放置位置比书画的要求就宽泛得多。

总之，绿饰的原则是宜少、求精、求宜。居室花卉布置得过多，就不称其为点缀，况且也于空气卫生不利。至于"精"，是指对花卉、盆瓶、几架的选配要力求三位一体，使其色、形与比例都协调，成为一个有机整体。所谓"宜"是指植物的选择要得体，该大则大，应小则小；该艳则艳，应素则素；宜高则高，宜低则低。

现代居室中的绿色装饰要力求贴近自然，突出覆绿缀红。应根据时节合理利用花期，经常更换品种增加新鲜的感觉和观赏的兴趣，使居室环境始终处在生机盎然之中，给居住者带来清新舒适的惬意和耐人品赏的韵味。

（二）室内装饰植物的选购

室内植物的应用在我国有悠久的历史。它的功用不仅仅体现在单纯的环境美化，还以其净化空气，调节温度，陶冶情操，有益于身心健康等特有功能，逐步深入人们的日常工作及生活中。近年来，人们为了美化环境，丰富精神文化生活，对室内植物的数量和质量要求不断提高。人们渴望创造一个具有大自然情趣的生活环境，以便能从生机盎然的绿化环境中驱除疲惫。因此，室内植物的应用和发展，远远超出其他室内装饰材料。

室内植物装饰如同园林布置一样要有艺术感。在进行室内植物装饰时应力求做到：

1. 整体和谐

办公楼、宾馆、居民住宅对室内植物的装饰都有不同的要求，但必须整体和谐，布局合理，以形成一个富有变化的自然环境。在进行装饰布置时，合理组织空间，使室内空间在植物的装饰下，成为更加协调的统一体，真正使室内环境成为一个既有自然情趣，又舒适优美的生活和工作场所。

2. 主次分明

在同一空间，要有主景和配景之分。主景要选用形态奇特、姿态优美、色彩绚丽的植物，以吸引人的视线，加强主景效果。配景为从属部分，有别于主景，但又必须与主景相协调，这样才能主次分明，中心突出。

3. 色彩调合

色彩作为一种视觉刺激，能使人产生各种各样的感情变化。室内植物色彩各异，应根据不同室内环境和人们的生活要求，选择不同植物的色彩组合，以满足人们的审美要求。如人们的起居室，由于主人在其中活动时间较短，流动性大，植物色彩配置可对比强烈，宜选择一些颜色较深，花色鲜艳的植物；书房由于主人在其中生活时间较长，植物布置注意色彩淡雅，不宜布置颜色太鲜艳的花卉，以免影响人的注意力。但在大的场所如宾馆，要有热烈、盛情好客的迎宾气氛，才能给人留下美好深刻的印象。因此在植物材料的选择上，应主要注重高大、珍奇、色彩丰富的植物种类，或经过一定艺术加工的盆景。为突出主景，可再配以色彩夺目的小型观叶植物。

家庭室内植物的应用，往往因家庭成员的社会地位、文化修养、年龄、性格、兴趣爱好以及居住条件、环境差异而有所不同。客厅的植物布置既要呈现浓郁、盛情的接待气氛，又要求大方朴素，宜选择一些姿态优美、色彩浓重、具有较高观赏价值的植物，如龟背竹、彩叶草、橡皮树、秋海棠等，也可按季节调换一些档次较高的室内植物。卧室植物宜选择、文竹等叶形纤巧、柔软、颜色淡雅的种类，这样能令人产生轻松舒适感。

办公楼植物的应用与设计应做到雅俗共赏。门厅是人流集散处，此处绿化应强调热烈欢迎的气氛。宜选择散尾葵、大茶花等，而配景植物可根据季节选用小型观叶植物。在走廊栏杆处可布置悬垂的蔓生植物如天门冬、常春藤等，打破墙面的单调，增添情趣。会议室，若是一个中型会议室，植物布置上应体现出严肃认真和充满活力的气氛，宜用高大挺拔、姿态潇洒的种类，再适当配以低矮种类，效果会更好。办公室的植物布置要考虑其使用功能，窗台上可布置一些悬垂植物，办公桌上布置一两盆文竹，给人以简洁舒心的感觉。

随着人们物质生活水平的提高，对优美环境的追求也不断提高，室内植物的选择与布置体现了人们对于美的追求与渴望。

具体选择时应掌握植物的以下特性。

1. 能吸收有毒化学物质的植物

① 芦荟、吊兰、虎尾兰、一叶兰、龟背竹是天然的清道夫，可以清除空气中的有害物质。有研究表明，虎尾兰和吊兰可吸收室内 80％ 以上的有害气体，吸收甲醛的能力超强。芦荟也是吸收甲醛的好手。此外，如果装修业主想测试自己的家装环保情况，可以在家居的不同位置摆放文竹。它的生命力在植物中是最脆弱的，文竹健康生长说明家装没有污染。

② 常春藤、铁树、菊花等能有效地清除二氧化硫、氯、乙醚、乙烯、一氧化碳、过氧化氮、硫、氟化氢、汞等有害物质。

③ 含烟草、黄耆属和鸡冠花等一类植物，能吸收大量的铀等放射性核素。

④ 天门冬可清除重金属微粒。

2. 能驱蚊虫的植物

如果植物能驱蚊，一定比蚊香安全环保得多，蚊净香草就是这样一种植物。另外，一种名为除虫菊的植物含有除虫菊酯，也能有效驱除蚊虫。

3. 能杀病菌的植物

① 玫瑰、桂花、紫罗兰、茉莉等芳香花卉产生的挥发性油类具有显著的杀菌作用。

② 紫薇、茉莉、柠檬等植物，5min 内就可以杀死白喉菌和痢疾菌等原生菌。

③ 仙人掌等原产于热带干旱地区的多肉植物，其肉质茎上的气孔白天关闭，夜间打开，在吸收 CO_2 的同时，制造氧气，使室内空气中的负离子浓度增加。

4. 攀爬植物

在家居周围栽种爬山虎、葡萄、牵牛花、紫藤、蔷薇等攀爬植物，让它们顺墙或顺架攀附，形成一个绿色的凉棚，能够有效地减少阳光辐射，大大降低室内温度。

5. 举例说明

丁香花散发的丁香酚，杀菌能力比碳酸还强 5 倍以上。因此这些花能芳香健脑，还能预防某些传染病，对牙痛也有止痛的作用。

吊兰：据了解，有一种吊兰也叫"折别鹤"，不但美观，而且吸附有毒气体效果特别好。一盆吊兰在 8～10m² 的房间就相当于一个空气净化器，即使未经装修的房间，养一盆吊兰对人的健康也很有利。

芦荟：芦荟有一定的吸收异味作用，能除去苯系物，且还有居室美化的效果，作用时间长。

仙人掌：大部分植物都是在白天吸收二氧化碳释放氧气，在夜间则相反。仙人掌、虎皮兰、景天、芦荟和吊兰等都是一直吸收二氧化碳释放氧气的。这些植物都非常容易成活。

平安树：目前，市面上比较流行的平安树和樟树等大型植物，它们自身能释放出一种清新的气体，让人精神愉悦。平安树也叫"肉桂"。在购买这种植物时一定要注意盆土，根和土结合紧凑的是盆栽的，反之则是地栽的。购买时要选择盆栽的，因为盆栽的植物已经本地化，容易成活。

若想尽快驱除新居的刺鼻味道，可以用灯光照射植物。植物一经光的照射，生命力就特别旺盛，光合作用也就加强，释放出来的氧气比无光照射条件下多几倍。

第二节　窗户装饰品的识别与选购

一、窗帘杆的识别与选购

（一）窗帘杆的识别

窗帘杆的材料以金属和木质为主，材质不同，风格也各有不同。铁艺杆头搭配丝质或纱质的窗帘，用在卧室中，有刚柔反差强烈的对比美。而木质杆头，给人以温润的饱满感，使用范围和搭配风格不太受限制，适合于各种功能的居室。

窗帘杆可以分成两大类：明杆和暗杆。明杆就是可以看到杆子颜色和装饰头（俗称花头）造型的窗帘杆。因为它符合现代社会中"轻装修，重装饰"的流行趋势，正被越来越多的家庭所欢迎和接受。暗杆与明杆相反，往往放在窗帘盒中，人们轻易看不到杆子本身。这种装修方式已经越来越落伍，正在逐渐被时代所淘汰。

选一根木质的窗帘杆，搭配一块单色或是线条简单的窗帘布，是不变应万变的乡村风格搭配。用大格子图案做窗帘，仍要搭配木质的窗帘杆，一个不错的英式田园风情尽显眼前。另外，印有碎花的窗帘布搭配略显粗犷的铁铸窗帘杆，视觉印象一定闲适而大方。

简约的线条，是现代主义的主旨，也是当今装饰艺术的主流，更是年轻人喜爱的风格。想要营造出充满现代风情的窗景，金属材质的窗帘杆则是最佳选择。

（二）窗帘杆的选购

现代都市生活忙碌而紧张，一个温暖的家能带给每个人最放松的休闲时光。可是如何才能让家变得温暖舒适呢？只要掌握一些小技巧，就能轻松打造宜人家居。

1. 风格和颜色的搭配

窗帘杆的选择主要是颜色和风格的选择。根据家居装修和窗帘布的主色彩搭配不同颜色的窗帘杆，此外选择的窗帘杆要与整体风格相搭配，使居室整体色彩美感协调一致。例如，现在大多数人的家居主要以简约风格为主，宜选择节奏明快、线条简单的窗帘杆。

2. 居室主人的品位

人们愿意从细节来观察他人，居室装饰也一样。窗帘杆的选择可以从一个侧面反映房间主人的品味。

3. 房间的功能和使用性质

除了做到方便易拉、美观耐用等最基本的需求外，还可根据窗户的边缘形状选择特殊的弯管和功能性的过圈支架相搭配，来满足不同客户的需求。

4. 材质

要选择材质坚固，经久耐用的产品。一般来讲，塑料的产品容易老化；木制的产品容易虫蛀、开裂，长时间悬挂较为厚重的窗帘布，容易弯曲，而且拉动窗帘时感觉很涩重；铝合金的产品颜色单一，铝合金包皮时间一长又很容易开胶，承重性能较差也不耐摩擦；铁制的产品如果后期表面处理不当，很容易掉漆；只有纯不锈钢的产品才真正是众多材质中的最优的，但价格不菲。

5. 安装支架的挑选最重要

很多家庭因为墙壁的原因，杆子安不上去，或者勉强安上但岌岌可危，这种例子不胜枚举。专家建议多注意挑选杆子所搭配的支架。一般来讲支架与墙的接触面要大，挂起来稳定，所配的螺钉要长短适宜真正吃住力量，另外安装工人的经验和技术的娴熟程度也很关键。很多时候安装工人图快和省事，不负责任地草草上墙，留下很多隐患。专家建议设计师最好是请专业生产窗帘杆厂家的工人来上门安装，这样的产品和服务才最有保障。

6. 细节五金、工艺别忽略

在选购窗帘杆时，细节方面不可忽视。例如，窗帘杆上不可避免地有螺钉，但不应太突出，从而影响窗帘整体的美观；要仔细检查加工工艺，如：是否经过表面拉丝处理，喷涂的颜色是否均匀等。

二、窗帘轨道的识别与选购

窗帘轨道是一种用于悬挂窗帘，以便窗帘开合，又可增加窗帘布艺美观的窗帘配件。

（一）窗帘轨道的识别

1. 窗帘轨道的品种

窗帘轨道的品种很多，分为明轨和暗轨两大系列，明轨有木制杆，铝合金杆，钢管杆，铁艺杆，塑钢杆等多种，常见形式是艺术杆。暗轨有：纳米轨道，铝合金轨道和静音轨道，质地有塑钢、铁、铜、木、铝合金等材料，此外，近年来新兴起了一种蛇形帘的窗帘轨道，主要流行于欧洲和我国台湾、日本等地。

（1）暗轨

① 型材　以铝合金为上，所谓的纳米轨道，其实是塑料的，只是换了一个名称，长期使用会老化，断裂，属于短期使用产品。铝合金轨道品种较多，表面处理有氧化，喷涂，电泳，原材料以原生铝合金为上，许多便宜的铝合金轨道是用再生料制造的，表面处理以电泳为最好，表面光滑，不褪色。

② 滑轮　有塑料的和尼龙的两大类，塑料的大都采用再生料，表面暗淡毛糙，用不多久就会断裂和老化，它的拉环一般采用普通的铁丝弯曲，时间长了会生锈，污染窗帘，好的滑轮采用耐磨的原生尼龙制造，光滑无毛刺，用手拉动顺滑。拉环采用 304 不锈钢，选择时可用磁铁来分辨。

③ 安装码　一般采用 0.5mm 厚度普通涂装，压板采用再生塑料，容易生锈和损坏，良好的安装码是轨道牢固的保证，应采用 1.0mm 的钢板，使用尼龙压板，表面严格采用酸洗、清洁、鳞化、清洁工艺，涂装牢固，安装方便。

④ 轨盖（封盖）　一般便宜的轨道采用再生塑料制造，表面暗淡没有韧性，优良的封盖采用优质 ABS 制造，表面光洁，商标和文字清晰。

⑤ 包装　一般轨道包装简单和没有包装，好的轨道会使用印刷良好的 PE 包装袋。

在选购时不能贪图轨道的便宜，要从以上几个方面来比较，轨道是窗帘的基础，好的轨道使用顺滑牢固，可省去许多麻烦。

（2）明轨　现在家装时用明轨的比较多，所谓明轨是罗马轨和装饰轨的统称，明轨按材质分为铝合金、实木、钢管三大类。

① 实木装饰轨　比较普遍，颜色多样，按种类可分为透明色和覆盖色两种，基本上要看表面的处理，是否光滑，油漆是否均匀，装饰头的形状是否匀称等，实木装饰轨有带消音条和不带消音条的两种，基本没什么区别，因为窗帘开合的次数一天也没有几次。

② 铝合金装饰轨　市场上较多，区别品质只要看它的壁厚就可以，好的管壁相对较厚，要在 1.5～2mm 之间。另外看拉环的设计，许多铝合金装饰轨的拉环在轨道的上部和下部有拉槽，实际上是假性的装饰轨设计，真正的装饰杆的拉环是直接在杆上滑动的，差的装饰杆采用再生塑料的拉环，制造工艺粗糙。

③ 钢管装饰杆　俗称铁艺杆，表面处理有喷涂，电镀，直径有 16mm，19mm，20mm，25mm 等，品质看喷涂和电镀的质量，安装脚的钢板厚度和管壁的厚度。

【注意】　窗轨的质量决定了窗帘的开合顺畅。

窗轨根据其形态可分为直轨、弯曲轨、伸缩轨等，主要用于带窗帘箱的窗户。最常用的直轨有重型轨、塑料纳米轨、低噪声轨等。

窗轨根据其材料可分为铝合金、塑料、铁、木头等。

窗轨根据其工艺可分为罗马杆、艺术杆等。罗马杆、艺术杆适用于无窗帘箱的窗户，最有装饰功能。

（3）伸缩杆　除了滑轨与装饰杆外，目前还有一种伸缩杆。

伸缩杆使用简便、不需打孔与特别的安装。非常适用于小窗户，用于挂门帘、半帘、浴帘以及其他很多需要挂小帘子的地方。购买时测量好需使用伸缩杆的窗户大小，定好伸缩杆的伸缩范围，需要的承重能力即可。一般伸缩杆有 3 个主要的长度调节范围：45～70cm、70～120cm、120～200cm。

2. 窗帘轨道的安装

（1）定位　画线定位的准确性关系到窗帘安装的成败，首先测量好固定孔距，与所需安装轨道的尺寸。

（2）安装窗帘轨

① 窗帘轨有单、双或三轨道之分。当窗宽大于 1200mm 时，窗帘轨应断开，断开处煨弯错开，煨弯应平缓曲线，搭接长度不小于 200mm。明窗帘盒一般先安轨道。重窗帘轨应加机螺钉；暗窗帘盒应后安轨道。重窗帘轨道小角应加密间距，木螺钉规格不小于 30mm。

② 安装吊装卡子，将卡子旋转 90° 与轨道衔接完毕，用自攻螺纹将吊装卡子安装到顶板之上。如果是混凝土结构，需要加膨胀螺钉。

（3）安装窗帘杆

① 校正连接固定件，将杆或铁丝装上，拉于固定件上。做到平、正，同房间标高一致。

② 安装标准的窗帘轨道（双轨），其基础宽度一般应在 15cm 以上，单轨可根据适当情况缩减。

（4）调节位置　落地式窗帘或垂过台面的窗帘，安装轨道时应让出窗台的宽度，避免窗帘下垂时受阻而显得不雅观。

（5）注意实贴的墙面　要求不能空心，否则钻孔时，贴面容易炸裂。

（二）窗帘轨道的选购

适合一般家庭窗艺布置的单轨、双轨，容易与整个家庭氛围相融洽，安装也十分方便。

材质上有铁制、铝合金、不锈钢、木制、塑钢等。无论何种样式，关键要看使用是否安全、启动是否便利，以及材料的厚薄。伸缩轨的使用很方便，尺度可任意调节，材质上有铁制、铝合金、塑钢等，在挑选时重点要注意伸缩接口的处理，因为接口决定窗轨的使用寿命。接口处理不好，使用时会磨损滑轮，从而影响拉启。弯曲轨适应各种圆弧、八角形和不规则窗台的使用，材质上大致分为铝合金、塑钢两种。弯曲轨材料的厚薄，决定弯曲角度大小及承重的大小。识别塑钢窗轨的优劣，下面的四字要诀可供参考。

1. 轻

窗户开启时声音的轻重决定了窗轨的优劣。优质的塑钢窗轨拉启时仅 43dB 左右，相当于一台分体式空调运转的声音。而劣质产品开启声音大、寿命短。

2. 滑

窗轨拉启的流畅、滑轨的强度和承重力是十分重要的选购参考指标。优质塑钢窗轨的滑轮可承受 48kg 的拉力，在负荷 5kg 的情况下，拉启上万次仍轻滑流畅。

3. 平

造型美观，表面平整，规格误差小于 0.15mm，在加热至 150℃状况下无气泡、痕纹、无老化变形现象发生，内外壁仍光滑平整。

4. 安全

经有关权威机构的检测，只有产品的承受冲击程度、提伸强度、氧指标、断裂伸长率、耐热性达到标准，才算优质的塑钢窗轨。

三、窗帘的识别与选购

（一）窗帘的识别

1. 窗帘的种类

现在，窗帘已与我们的空间并存，格调千变，样式万化，功能用途也细化到任何用得着的地方。欧式、韩式、中式、遮阳帘、隔声帘、天棚帘、百叶帘、木质帘、竹质帘、金属帘、风琴帘、电动窗帘、手动窗帘……举不胜举，应有尽有。

窗帘种类繁多，大体可归为成品帘和布艺帘两大类。

（1）成品帘　根据其外型及功能不同可分为：卷帘、折帘、垂直帘和百叶帘。

① 卷帘　卷帘的特点是收放自如。它可分为：人造纤维卷帘、木质卷帘、竹质卷帘。其中人造纤维卷帘以特殊工艺编织而成，可以过滤强日光辐射，改善室内光线品质，有防静电防火等功效。

② 折帘　根据其功能不同可以分为：日夜帘、蜂房帘、百折帘。其中蜂房帘有吸声效果，日夜帘可在透光与不透光之间任意转换。

③ 垂直帘　根据其面料不同，可分为铝质帘及人造纤维帘等。

④ 百叶帘　一般分为木百叶、铝百叶、竹百叶等。百叶帘的最大特点在于光线按不同角度得到任意调节，使室内的自然光富有变化。

（2）布艺帘　用装饰布经设计缝纫而做成的窗帘。

① 布艺窗帘根据其面料、工艺不同可分为：印花布、染色布、色织布、提花布等。

印花布：在素色胚布上用转移或圆网的方式印上色彩、图案称为印花布，其特点为色彩艳丽，图案丰富、细腻。

染色布：在白色胚布上染上单一色泽的颜色，称为染色布，其特点为素雅、自然。

色织布：根据图案需要，先把纱布分类染色，再经交织而构成色彩图案，称为色织布，其特点为色牢度强，色织纹路鲜明，立体感强。

提花布：把提花和印花两种工艺结合在一起，称为提花布。

② 布艺窗帘的面料质地有纯棉、麻、涤纶、真丝，也可集中原料混织而成。棉质面料质地柔软、手感好；麻质面料垂感好，肌理感强；真丝面料高贵、华丽，它是100％天然蚕丝构成，其自然、粗犷、飘逸、层次感强的特点成为近年来最时尚产品；涤纶面料挺括、色泽鲜明、不褪色、不缩水。

2. 窗帘的作用

窗帘的主要作用是与外界隔绝，保持居室的私密性，同时它又是不可或缺的装饰品。冬季，拉上幔帐式的窗帘将室内外分隔成两个世界，给屋里增加了温馨的暖意。

现代窗帘，既可以减光、遮光，以适应人对光线不同强度的需求；又可以防风、除尘、隔热、保暖、消声，改善居室气候与环境。因此，装饰性与实用性的巧妙结合，是现代窗帘的最大特色。

（1）保护隐私　对于一个家庭来说，谁都不喜欢自己的一举一动在别人的视野之内。从这点来说，不同的室内区域，对于隐私的关注程度又有不同的标准。客厅这类家庭成员公共活动区域，对于隐私的要求就较低，大部分的家庭客厅都是把窗帘拉开，大部分情况下处于装饰状态。而对于卧室、洗手间等区域，人们不但要求看不到，而且要求连影子都看不到。这就造成了不同区域的窗帘选择不同的问题。客厅我们可能会选择偏透明的一款布料，而卧室则选用较厚质的布料。

（2）利用光线　其实保护隐私的原理，还是从阻拦光线方面来处理的。这里所说的利用光线，是指在保护隐私的情况下，有效地利用光线的问题。例如一层的居室，大家都不喜欢人家走来走去都看到室内的一举一动。但长期拉着厚厚的窗帘又影响自然采光。所以类似于纱帘一类的轻薄帘布就应运而生了。

（3）装饰墙面　窗帘对于很多普通家庭来说，是墙面的最大装饰物。尤其是对于一些"四白落地"的简装家庭来说，除了几幅画框，可能墙面上的东西就剩下窗帘了。所以，窗帘的选择漂亮与否，常常起着举足轻重的作用。同样，对于精装的家庭来说，合适的窗帘将使得家居更漂亮、更有个性。

（4）吸声降噪　我们知道，声音的传播，高音是直线传播的，而窗户玻璃对于高音的反射率也是很高的。所以，有适当厚度的窗帘，将可以改善室内音响的混响效果。同样，厚窗帘也有利于吸收部分来自外面的噪声，改善室内的声音环境。

3. 窗帘的主要特点

（1）平拉式　这是一种最普通的窗帘式样。这种式样比较简洁，无任何装饰，大小随意，悬挂和掀拉都很简单，适用于大多数窗户。它分为一侧平拉式和双侧平拉式。不同的制作方式与辅料运用，也能产生赏心悦目的视觉效果。

（2）掀帘式　这种形式也很普通，它可以在窗帘中间系一个蝴蝶结起装饰作用，窗帘可以掀向一侧，也可以掀向两侧，形成柔美的弧线，非常好看。

（3）楣帘式　这种式样要复杂一些，但装饰效果更好，它可以遮去比较粗糙的窗帘轨及窗帘顶部和房顶的距离，显得室内更整齐漂亮。罗马轨的流行，也可选择帷帘合一的款式。

（4）升降帘（百叶帘）　这种窗帘可以根据光线的强弱而上下升降，当阳光只照到半个窗户时，升降式窗帘既不影响采光，又可遮阳，这种式样适用于宽度小于1.5m的窗户。

（5）绷窗固定式　这种窗帘上下分别套在两个窗轨上，然后将帘轨固定在窗框上，可以平拉展开，也可用饰带或蝴蝶结在中间系住，这种式样适用于办公室或卫生间的玻璃门上。

（二）窗帘的选购

1. 窗帘的选购原则

首先，应当考虑居室的整体效果。就一般而言，薄型织物如薄棉布、尼龙绸、薄罗纱、网眼布等制作的窗帘，不仅能透过一定程度的自然光线，同时又可使人在白天的室内有一种隐秘感和安全感。况且，由于这类织物具有质地柔软、轻薄等特点，因此悬挂于窗户之上效果较佳。同时，还要注意与厚型窗帘配合使用，因为厚型窗帘对于形成独特的室内环境及减少外界干扰更具有显著的效果。在选购厚型窗帘时，宜选择诸如灯芯绒、呢绒、金丝绒和毛麻织物之类材料制作的窗帘比较理想。

其次，应当考虑窗帘的花色图案。织物的花色要与居室相协调，根据所在地区的环境和季节而权衡确定。夏季宜选用冷色调的织物，冬季宜选用暖色调的织物，春秋两季则应选择中性色调的织物为主。从居室整体协调角度上说，应考虑与墙体、家具、地板等的色泽是否协调。假如家具是深色调的，就应选用较为浅色的窗帘，以免过深的颜色使人产生压抑感。

再次，应考虑窗帘的式样和尺寸。在式样方面，一般小房间的窗帘应以比较简洁的式样为好，以免使空间因为窗帘的繁杂而显得更为窄小。而对于大居室，则宜采用比较大方、气派、精致的式样。窗帘的宽度尺寸，一般以两侧比窗户各宽出 10cm 左右为宜，底部应视窗帘式样而定，短式窗帘也应长于窗台底线 20cm 左右为宜；落地窗帘，一般应距地面 2～3cm。

2. 选购窗帘的要点

（1）个人需求　需要考虑的个人需求主要是指允许的花费是多少、是否需要通风透光或遮阳衬里、是否需要隔冷、隔燥层，是用衬帘还是厚织物、是否要做防火、防污染考虑。

（2）视觉方面　视觉方面需要考虑以下四点：色彩、质地和图案；长度，是及地还是到窗台高度；需要的帷幔款式；需要打几倍褶，选择怎样的窗轨。

（3）窗帘布艺配套定做效果才好　家装中真正能体现特色、彰显艺术品位要靠窗帘、布艺沙发、床上用品等软性装修。它们的装饰性远远大于实用性，因此在挑选布艺时，时尚、漂亮应作为首选标准，配套定做最保险。

比如，客厅选定窗帘后，可以再选同一色系的花布，做一套沙发，或靠垫，也可以把旧沙发重新做套，这样客厅的协调度就比较好把握。同样，卧室、儿童房用这种方法也很合适，床上用品、窗帘、靠垫都统一在一个色系或花色中，稳中求变，协调而不失生动。

（4）依窗型选款式　在一套房间中，窗户的大小、形状不同，要选用不同的款式，有时可以起到弥补有些窗型缺陷的作用。

目前市场上较受欢迎的款式有罗马帘、吊带帘、手提帘、升降帘等，还有适合卫生间、厨房的金属百叶窗、木制百叶窗、竹制百叶窗等，适合卧室用的黑白天两用的无纺布百叶帘更是方便之极。

一般来讲，装有大面积玻璃的观景窗，可以使用装有拉绳机械的窗轨，采用落地垂帘效果不错，也可采用几组罗马帘拼接而成，装饰效果更强。

对于凸窗来讲，大的窗户要选用由几幅单独的帘布组合而成的窗帘，各帘布可单独系好，选用连续的软帘轨道把各帘布之间连为一个整体。

窗户较小，选用罗马帘或升降帘较好。

厨房、卫生间等由于潮湿、油烟，用百叶窗较合适。另外休闲室、茶室也较适合选用木制或竹制百叶窗，阳台要选用耐晒、不易褪色材质的窗帘。

(5) 自然花色棉质地受欢迎 布艺窗帘的价格受织物的质地左右，棉花、亚麻、丝绸、羊毛质地的价格较高，但也最受消费者喜爱。目前价格不是左右消费的主要因素，相反花色设计的新颖成为吸引消费者的首要因素。而一些新式带有团花、碎花图案设计最受欢迎。不过这些质地的织物有一定的缩水率，购买时要留出缩水的尺寸，目前国家没有关于缩水率的标准，欧洲执行的标准在 $3\% \sim 5\%$，购买时最好问清楚。

人造纤维、合成纤维质地的窗帘，由于耐缩水、耐褪色、抗皱等方面优于棉麻织物，适于阳光日照较强的房间。不过，现代的许多织物都是把天然纤维与人造纤维或合成纤维进行混纺，因而兼具两者之长。

由于现代窗帘的款式越来越简洁，悬挂也方便简单，因此许多家庭都同时做几套，在不同季节悬挂。目前在布艺消费领域中，也越来越讲究品牌，这些品牌布艺也成为款式、花色的先锋者，他们与国际接轨，把一些世界一流的布艺引进国内，实行上门测量、设计，服务较规范。

(6) 小心窗帘中的甲醛 在窗帘的印染和后期整理（柔软整理、硬挺度整理、抗皱整理等）过程中，需要加入各种染料、助剂、整理剂，其所含的树脂中就含有甲醛。这些含有甲醛的树脂在整理完成后还会有残余，就会释放甲醛。一般来说，这些种类的窗帘甲醛含量会较高。

当窗帘长时间暴露在空气中时，由于甲醛具有挥发性，就会不断释放而污染室内环境。特别是现在一些住宅的窗户比较大，如落地窗、观景窗，装修一套一百平方米左右的房子，购买窗帘布就需要近万元，这就是为什么有的家庭装修时特别注意控制甲醛污染，但是在装修以后检测，仍会发现室内甲醛超标的原因之一。那么，在进行室内装饰装修时，选购窗帘如何才能防甲醛呢？主要需要做到以下两方面。

① 购买窗帘布时要注意 闻异味：如果产品散发出刺鼻的异味，就可能有甲醛残留，最好不要购买。

挑花色：挑选颜色时，以选购浅色调为宜，这样甲醛、染色牢度超标的风险会小些。

看品种：在选购经防缩、抗皱、柔软、平挺等整理的布艺和窗帘产品时也要谨慎。

② 使用时要注意 买回来的窗帘应先在清水中充分浸泡、水洗，以减少残留在织物上的甲醛含量。

除了窗帘，一些床单、被罩等直接与皮肤接触的纺织品里面也含有甲醛，一定要水洗以后再用。

水洗以后最好把窗帘布在室外通风处晾晒，然后再用。

如果房间窗户比较多，可以选择不同材料的窗帘，比如百叶帘、卷帘等。

(7) 窗帘颜色的选择 在所有颜色中，深红色最保暖，适合冬天使用。如果窗帘颜色过于深沉，时间久了，会使人心情抑郁；颜色太鲜亮也不好，一些新婚夫妇喜欢选择颜色鲜艳的窗帘，但时间一长，会造成视觉疲劳，使人心情烦躁。其实，不妨去繁就简，选择浅绿、淡蓝等自然、清新的颜色，能使人心情愉悦；容易失眠的人，可以尝试选用红、黑配合的窗帘，有助于尽快入眠。

客厅选择暖色调图案的窗帘，能给人以热情好客之感，若加以网状窗纱点缀，更会增强整个房间的艺术魅力。书房的窗帘以中性偏冷色调为佳，其中淡绿、墨绿色、浅蓝色为各色之冠。卧室则主要应选择平稳色、静感色窗帘，如浅棕色、棕红色的家具可搭配米黄、橘黄色窗帘，白色家具可配浅咖啡、浅蓝、米色窗帘，使房间显得幽雅而不冷清，热烈而不俗气。餐厅里，黄色和橙色能增进食欲，白色则有清洁之感。一般来说，窗帘颜色应与地面接近，如地面是紫红色的，窗帘可选择粉红、桃红等近似于地面的颜色，但也不可千篇一律，如面积较小的房间，地板栗红色，再选用栗红色窗帘，就会显得房间狭小。所以，当地面同家具颜色对比度强的时候，可以地面颜色为中心进行选择；地面颜色同家具颜色对比度较弱时，可以家具颜色为中心进行选择；若地面颜色和家具颜色均不能作为参照物时，也可根据灯光颜色来选择色系，橘黄色的暖色光系，可搭配米白、果绿等冷色系，乳白色的中性光系，则可选配米黄、浅咖啡、淡红等暖色系。

选窗帘须识色，颜色各具品格。黄色、温柔、恬静；绿色，养心、养目；红色，喜庆、艳丽；咖啡色，沉稳、成熟；紫色与玫瑰色，幽婉、华贵；青色，邃远、深沉；蓝色，宁静、宽阔。根据不同居室的特点，可选取不同"品格"的颜色。客厅，选暖色窗帘，热情、豪华。书房，最好用绿色。卧室，选平衡色、静感色窗帘较好。餐厅，如果用黄色做底，用白色好。以白色网扣加以点缀，会起锦上添花的作用，光线偏暗的朝北房间，适用中性偏冷色调，情调优雅。采光较好的朝阳房间，挂粟红色或黄色窗帘，会把强光调节成纤柔的散光。

窗帘色彩的选择，还重在协调。窗帘的色调、质地需与房间的家具协调，与居室内装潢的风格协调，与室内的墙面、地面、天花板相协调，以形成统一和谐的整体美。但更为重要的是：配色与居室主人的心理感觉、色彩喜好相协调，才是关键。给人心理感觉不好的配色是：红与绿；青与橙；红与蓝；黄与紫。这些不协调体现在窗帘与地面、窗帘与家具、窗帘与床罩的颜色搭配上。墙面和家具偏黄色调，窗帘选色采用米黄、杏黄。这样选色，虽达到了和谐的整体美，但是，在如此配色的居室待久了，心理上感到"晕"，就该另选淡蓝、绿色等色比较合理。又如，淡湖色的墙面，采用中绿色的窗帘，色彩统一，但给人的感觉偏冷，用中色调到浅暖色调，就没有这个问题了，只是颜色反差不宜过大。选购窗帘色彩、质料，应区分出季节的不同特点。夏季用质料轻薄、透明柔软的纱或绸，以浅色为佳，透气凉爽；冬天宜用质厚、细密的绒布，颜色暖重，以突出厚密温暖。春秋季用厚料冰丝、花布、仿真丝等为主，色泽以中色为宜。而花布窗帘，活泼明快，四季皆宜。

四、百叶窗的识别与选购

（一）百叶窗的识别

百叶窗，安装有百叶的窗户，中国古代建筑中，有直棂窗和卧棂窗。近代的百叶窗是由美国人约翰·汉普逊发明的。

百叶窗区别于百叶帘。百叶帘类似窗帘，叶片较小，可以收拢。

百叶窗一般相对较宽，一般用于室内室外遮阳、通风。现在越来越多的人认同的百叶幕墙也是从百叶窗进化而来的。百叶幕墙功能优点多，而且非常美观，一般用于高楼建筑。

现代人崇尚健康舒适的生活。木头在所有的装修材料中具有无可比拟的天然之美。一块简单的木头，让深居钢筋水泥丛林中的都市人联想到青翠欲滴的树木和绿树成荫的树林，就仿佛有缕缕由绿叶尖上飘逸出来的清新氧气倏地浸入了心扉。对于木材的天然之美，现在的人都想拥有，特别是在绿色和健康大行其道的今天。家，作为最隐秘和放松的场所，人们都想将其装饰得舒适些。风格俊朗迷人的硬木大门和窗户往往使人一见难忘，印象深刻。无论在视觉和触觉上，木材都是上乘的材料。它清晰深厚的线条会马上吸引人的注意，使人不禁想触摸一下木的纹理。实木百叶窗更是使居室显得优美典雅。从维多利亚时代到如今美国居室设计的变迁，木材都始终在其中扮演了一个相当重要的角色，其中堪称经典的斜角玻璃镶花木门和舒适自然的硬木窗花，曾让多少居家人士充满眷恋。

不同于窗帘柔软的质地，百叶窗叶片一般采用木、玻璃和铝合金等材料，因此可以抵挡阳光、风雨、灰尘的侵蚀，且容易清洗。

目前市场上的百叶窗，或纤细华丽，或粗犷伟岸。其整体排列的横向线条表现出气派与温馨的平面美。通过光线的调节，百叶窗还可以为现代简洁的空间带来变化悦目之感；多种颜色的选择更使百叶窗与家居装饰的格调融为一体。

百叶窗主要有以下功能。

1. 美观节能，简洁利落

百叶窗可完全收起，窗外景色一览无余，窗户简约大方。但窗帘占用了窗户的部分空间，使得房屋的视觉宽度受到影响，显得烦琐。

2. 冬暖夏凉

采用了隔热性好的材料，有效保持室内温度，达到了节省能源的目的。

3. 可任意调节射入光线

角度可自由调整，从而控制射入光线。一般以调整叶片角度来控制射入光线，可以任意调节叶片至最适合的位置。

4. 保护隐私

以叶片的凹凸方向来阻挡外界视线，采光的同时，阻挡了由上至下的外界视线，夜间，叶片的凸面向室内的话，影子不会映显到室外。

5. 干净放心，清洁方便

平时只需以抹布擦拭即可，清洗时用中性洗剂。不必担心褪色、变色。防水型百叶窗还可以完全水洗。

6. 阻挡紫外线

有效阻挡紫外线的射入，保护家具不受紫外线的影响而褪色。百叶窗与窗帘相比，百叶窗那可以灵活调节的叶片，具有窗帘所欠缺的功能。在遮阳方面，百叶窗除了可以抵挡紫外线辐射之外，还能调节室内光线；在通风方面，百叶窗固定式的安装以及厚实的质地，可以舒心地享受习习凉风而没有其他顾虑；窗帘的飘摆会使室内生活时隐时现，百叶窗层层叠覆式的设计则保证了家居的私密性；此外，百叶窗完全封闭时就如多了一扇窗，能起到隔声隔热的作用。

（二）百叶窗的选购

现在常用的百叶窗是铝合金的，选购时应注意以下几点：

1. 观察颜色

叶片、所有的配件包括线架、调节棒、拉线、调节棒上的小配件等都要保持颜色一致。

2. 检查光洁度

用手感觉叶片与线架的光滑度，质量好的产品光滑平整，无刺手扎手之感。

3. 打开窗帘，测试叶片的开合功能

转动调节棒打开叶片，各叶片间应保持良好的水平度，即各叶片间的间隔距离匀称，各叶片保持平直，无上下弯曲之感。当叶片闭合时，各叶片间应相互吻合，无漏光的空隙。

4. 检查抗变形度

叶片打开后，可用手用力下压叶片，使受力叶片下弯，然后迅速松手，如各叶片迅即恢复水平状态，无弯曲现象出现，则表明质量合格。

5. 测试自动锁紧功能

当叶片全部闭合时，拉动拉线，即可卷起叶片。此时向右扯拉线，叶片应自动锁紧，保持相应的卷起状态，既不继续上卷，也不松脱下滑。否则的话，该锁的功能就有问题。

本章小结

本章主要以装饰画、装饰品、装饰植物、窗户装饰品的特点出发，分析它们所适合的装饰环境，要求能够掌握它们的特性及选择要点。

复习思考题

1. 室内常用装饰挂饰有哪些种类，如何根据不同的装修风格进行选择？
2. 室内常用装饰品有哪些种类，如何根据不同的装修风格进行选择？
3. 室内常用的绿色植物有哪些种类，如何根据不同的装修风格进行选择？
4. 如何根据不同的装修风格选择窗帘？

实训练习

1. 参观建材市场，了解各种挂饰、装饰品、窗帘的价格。分析同类产品价格差异的原因。
2. 学生分组，根据老师提供的室内或室外装饰设计的环境及功能要求，提出不同部位的装饰画、装饰品、绿色植物、窗帘的选择方案，各组讨论各自提出方案的理由，并比较各方案的合理性及适宜性。

第九章

绿色环保装饰材料与健康装饰

第一节　绿色环保装修

　　随着环保型消费逐步占据主流，建材生产商和消费者对建材提出了安全、健康、环保的要求。采用清洁卫生技术生产，减少对天然资源和能源的使用，大量使用无公害、无污染、无放射性，有利于环境保护和人体健康的环保型建筑材料，是建材产品发展的必然趋势。所谓环保型建材，即考虑了地球资源与环境的因素，在材料的生产与使用过程中，尽量节省资源和能源，对环境保护和生态平衡具有一定积极作用。环保型建材与传统建材相比，应具有以下特征：

　　① 满足建筑物的力学性能、使用功能以及耐久性的要求。

　　② 对自然环境具有友好性、符合可持续发展的原则。即节省资源和能源，不生产或不排放污染环境、破坏生态的有害物质，减轻对地球和生态系统的负荷，实现非再生性资源的可循环使用。其生产所用原料尽可能少用天然资源，应大量使用尾矿、废渣、垃圾、废液等废弃物；采用低能耗制造工艺和不污染环境的生产技术；在配制或生产过程中不得使用甲醛、卤化物溶剂或芳香族碳氢化合物，产品中不得含有汞及其化合物；不得用铅、镉、铬及其他化合物作为颜料及添加剂；产品可循环或回收再生利用，无污染环境的废弃物。

　　③ 能够为人类构筑温馨、舒适、健康、便捷的生存环境，产品的设计是以改善生活环境、提高生活质量为宗旨，即产品不仅不损害人体健康，而且应有益于人体健康，产品具有多功能性，如抗菌、灭菌、防霉、除臭、隔热、防火、调温、消声、消磁、放射线、抗静电等。

　　消费者购买建材，仅凭视觉、嗅觉很难辨认出材质是否对人体有害，因此专家建议，到正规建材市场购买装修用品，仔细阅读所购材质的检测报告书，看看各项指标的检测结果与国家相关标准的对比是否达标。另外，装修完成后，如果室内的异味长期不能散去，居住人有不同程度的不适，心悸、气喘、流泪、难以入睡或瞌睡等，一定要请相关部门进行监测检查，找出原因所在。

一、绿色环保装修及相关知识

建筑工程在 21 世纪的发展目标是充分采用绿色环保建材，为人类建造有利于舒适、健康的生活、工作、学习的建筑空间和环境。世界各国均在向健康建筑目标探索、试验，并逐渐建起示范工程，以利于总结经验，为开展健康建筑的全面科研而努力。

"绿色"象征勃勃生机，大自然植物以此为主色调。"环保"是有关防止自然环境恶化，改善环境使之适于人类劳动和生活的一项工作。"绿色环保"体现人类向往自然，崇尚自然的美好追求，及对于环境保护、治理后最终要达到的与自然的和谐统一。

近几年，绿色环保概念被引进了家庭装饰行业，"绿色家装"随之而出。通过对于居室环境的分析显示，"绿色家装"主要指居室内环境的质量方面。虽然室内环境中一些相关因素，如光线、噪声、温度、湿度等，同样影响着室内环境质量，但主要决定者还是来自于室内空气中有毒气体释放量的多少。为了减小有害气体含量，北京建筑装饰协会绿色家装委员会，特提出绿色建材选用标准，对于不同品牌装修材料提供参考指标。

（一）绿色装修的概念

绿色装修材料指在原料选用、产品制造、使用或者再循环以及废料处理等环节中，对地球环境负荷最小和有利于人类健康的材料。

所谓的绿色装修，就是指在对房屋进行装修时采用环保型的材料来进行室内的装饰，使用有助于环境保护的材料，把对环境造成的危害降低到最小。

比如在木材上选用再生林而非天然林木材，使用可回收利用的材料，装修后的房屋室内能够符合国家的标准，比如某种气体含量等，确保装修后的房屋不对人体健康产生危害。绿色装修还有一个更为广泛的定义，就是指在对房屋进行装修时采用环保型的材料进行房屋装饰。

事实上，真正的绿色装修是不存在的，只有相对的绿色，而且现在人们对于绿色装修有很多误解，大家以为用了所谓零污染的绿色环保装修材料就没有污染了，在整个装修过程中，污染几乎是不可避免的。实际上，要做到真正的绿色，需要关注的方面不仅仅只有装修材料，更要从设计开始，包括设计原则、设计方案、施工程序、装修材料选择与室内空气质量检验等方面都要加以重视。

（二）室内绿色设计手法

1. 室内设计室外化

设计师通过设计把室内做得如室外一般，把自然引进室内。

2. 通过设计尽可能多接触大自然

通过建筑设计或改造建筑设计使室内、外通透，或打开部分墙面，使室内、外一体化，创造出开敞的流动空间，让居住者更多地获得阳光、新鲜空气和景色。

3. 营造自然的氛围

在城市住宅中，甚至餐饮商业服务的内部空间中追求田园风味，通过设计营造农家田园的舒适气氛。

4. 将植物尽可能多地应用于室内

在室内设计中运用自然造型艺术，即有生命的造型艺术：室内绿化盆栽、盆景、水景、插花等。

5. 用绘画手段在室内创造绿化景观

6. 室内造园手法

7. 尽可能多地利用自然色彩和自然材质

在室内设计中强调自然色彩和自然材质的应用，让使用者感知自然材质，回归原始和自然。

8. 在室内环境创造中采用模拟大自然的声音效果、气味效果的手法

9. 可依据地形特点进行个性化的设计

环境是生态学的范畴，黄土窑洞等穴居形式、构木为巢的巢居形式等将再度成为建筑、室内设计的研究和设计方向。

10. 设计时尽可能让空间更开阔

普通的家庭室内楼层高度，一般都在 2.5～3m，为了使居住者在室内不感到压抑，在设计上，可做镂空雕饰的天棚架，落级在 30cm 左右，让镂空架离天顶在 15cm 左右，并在镂空架中装置暗藏蓝色灯带或灯管，照射到天顶面上，泛出天蓝色光面，使人犹如在幻境中，有一种开阔感、清新感。

11. 注意运用色彩的搭配和组合创造环保的效果

环保设计的另一个方面就是色彩的搭配和组合，选用恰当颜色和搭配可以起到健康和装饰的双重功效。

（三）使用绿色建材

一般来说，装饰材料中大部分无机材料是安全和无害的，如龙骨及配件、普通型材、地砖、玻璃等传统饰材，而有机材料中部分化学合成物则对人体有一定的危害，它们大多为多环芳烃，如苯、酚、蒽、醛等及其衍生物，具有浓重的刺激性气味，可导致人各种生理和心理的病变。

1. 墙面装饰材料的选择

家居墙面装饰尽量不要大面积使用木制板材装饰，可将原墙面抹平后刷水性涂料，也可选用新一代无污染 PVC 环保型墙纸，甚至采用天然织物，如棉、麻、丝绸等作为基材的天然墙纸。

2. 地面材料的选择

地面材料的选择面较广，如地砖、天然石材、木地板、地毯等。地砖一般没有污染，但居室大面积采用天然石材，应选用经检验不含放射性元素的板材。选用复合地板或化纤地毯前，应仔细查看相应的产品说明。若采用实木地板，应选购有机物散发率较低的地板粘接剂。

3. 顶面材料的选择

居室的层高一般不高，可不做吊顶，将原天花板抹平后刷水性涂料或贴环保型墙纸。若局部或整体吊顶，建议用轻钢龙骨纸面石膏板、硅钙板、埃特板等材料替代木龙骨夹板。

4. 软装饰材料的选择

窗帘、床罩、枕套、沙发布等软装饰材料，最好选择含棉麻成分较高的布料，并注意染料应无异味，稳定性强且不易褪色。

5. 木制品涂装材料的选择

木制品最常用的涂装材料是各类油漆，是众人皆知的居室污染源。不过，国内已有一些企业研制出环保型油漆，如雅爵、爱的牌装修漆、鸽牌金属漆等，均不采用含苯稀释剂，刺激性气味较小，挥发较快，受到了用户的欢迎。

在使用绿色环保建材的同时，在施工过程之中还要始终保持室内空气的畅通，及时散发有害气体，同时对于建筑垃圾进行妥善分类处理，保证施工过程之中不会对施工人员健康和环境产生影响。

（四）使用绿色环保家具

在甲醛含量超标的环境中生活会出现甲醛中毒症状，一般的表现为头晕、气味辛辣刺鼻、流泪、心悸。长期接触甲醛，还会增加导致癌症的可能性。

在家装材料中，如复合地板、一些家具、橱具的背板、面板等使用的是密度板，由于密度板中使用的是脲醛胶，甲醛的含量就较高，目前国家对密度板中的甲醛含量制定了严格标准，因此在选购时应注意材料的品牌、产地及检测报告。装修后的房间必须充分通风换气，不能马上入住。

其他人造板如大芯板、三合板、五合板等由于使用的胶合剂以醋丙乳液为主，因此甲醛含量相对较低。

甲醛释放量是衡量产品释放甲醛气体多少的一项指标。目前装饰板材中使用的胶黏剂仍以脲醛树脂为主，板材中残留的未参与反应的甲醛会逐渐向周围的环境释放。甲醛、氨气的释放和放射性污染是家庭装修中比较重要的三个污染源，尤其是氨气和放射性，如果不通过仪器，人们根本无法觉察出它们的存在。因此可以通过专家检测，判断居住环境是否有这些污染。

二、绿色装修注意事项

（一）购买绿色环保材料时需注意的事项

① 不要轻信非专业性的广告宣传。对于厂家或商家的广告宣传，要多了解有关资料和细节，查阅有关书籍，货比三家，理智地进行分析比较。

② 不要迷信名牌。产品的知名度高，并不一定代表其质量上乘，更不能表示其不含有害成分。

③ 选择正规企业的饰材产品。特别是通过 ISO 9000 系列质量体系认证或中国方圆标志产品质量认证的企业。

④ 了解他人对某种饰材产品的使用情况。

⑤ 严格测量花岗石和大理石的放射性值是否超标。

⑥ 使用保健抗菌建材：使用灭菌玻璃，墙面使用防菌瓷砖。

⑦ 优质绿色环保涂料。

⑧ 使用天然树脂漆（大漆）、水性木器清漆、磁漆涂饰建筑物门、窗表面。

⑨ 木材是否符合环保的标准，大芯板是否有刺激性气味，使用专业器材用以判别其异氰化合物、氯、防腐杀虫剂、游离甲醛是否超标。

（二）涂料使用和施工时的注意事项

大多数情况下，装修材料中的有害物质挥发时间较长，容易留下装修"后遗症"，造成长期污染。总的来说，在家庭装修中常用到的装修材料可以按照可能会造成的污染程度分为三类。优先推荐材料有水泥、玻璃、天然木材、天然石材、瓷砖等陶瓷制品、不含纤维的石膏板材、金属材料、无机涂料。使用需要注意材料有成品门窗、有机饰面材料、成片地板、家具、地毯等，在选择这一类的材料时要坚决保证质量。控制总量材料有油漆、各种合成木制品及人造板、各种胶黏剂等，这一类的材料在装修中使用得越少越好。

1. 墙面涂料注意"内存"污染

在选择涂料时，除了颜色和光泽外，最重要的是要选择环保涂料。一般来说，合资、进口品牌的质量和环保方面都比较有保证。

在选购涂料时，一定要去指定品牌专卖店，真正的品牌代理商都有一系列证明文件，购买前一定要看是否有相关的证件。

同时需注意施工中辅料的使用，特别是胶和底漆。即使选择了环保涂料，在基底处理时也不能马虎，使用知名品牌的底漆不仅能保证整体效果，从环保的角度考虑也绝对必要。

此外胶的使用也要注意，107胶内含有害物质，国家有关条例已经明令禁止在家庭装修中使用107胶。对于这些容易被忽略的辅料，一定要特别注意。

2. 施工时需注意的问题

施工是家庭装修非常重要的环节，施工过程中会产生大量的污染，所以要尽量选择无毒、少毒或者无污染、少污染的施工工艺，降低施工中粉尘、噪声、废气、废水对环境的污染和破坏，并重视对垃圾的处理，特别是建筑垃圾要和生活垃圾分开处理。同时，在施工的时候要严格根据设计要求，杜绝偷工减料，特别是在卫生间、厨房要特别注意细节的东西，否则不仅仅会造成污染，甚至会影响正常使用。

第二节　室内装修污染对人体的危害及防治措施

一、室内装修污染概述

（一）室内装修污染概念

环境法所研究的环境是以人类为中心对象的环境——人类环境，它指的是以人类为中心、为主体的外部世界，即人类赖以生存和发展的天然和人工改造过的各种物质因素的综合体。根据人类的视野或人类活动所及的空间范围，可以把人类环境分为许多层次，如居住环境、生活环境、地面环境、地质环境、区域环境、地球环境、大气环境、水环境、宇宙环境等；根据人类环境的国界性，可分为国内环境、国际环境、区际环境等。《中华人民共和国环境保护法》第二条规定："本法所称环境，是指影响人类生存和发展的各种天然的和经过人工改造的自然因素的总体，包括大气、水、海洋、土地、矿藏、森林、草原、野生生物、自然遗迹、人文遗迹、自然保护区、风景名胜区、城市和乡村等。"可见，无论从理论上还是立法中，我们都可以认为室内环境属于环境法上的环境范畴，我们完全可以采用环境法中的相关理论及原则来研究室内环境的污染问题，而室内装修污染则是室内环境问题中最为明显且最为紧要的一个问题。

要想清晰地理清室内装修污染，首先要明确室内装修的概念。目前无论是建筑建材行业还是学术界都对室内装修缺乏统一的认识。根据《汉语大词典》的解释，装修包括两层含义："一是指在房屋中安装门窗厨壁等设备；二是指在建房工程上进行内部修饰，包括抹面、安装门窗等。"我们日常所称的装修即为第二层含义。虽然我国的立法对装修这个概念也有所规定，但几部法律的定义并不一致。结合学术界和立法的相关规定，笔者认为对室内装修比较全面和科学的论述应当为：室内装修，主要着重于工程技术、施工工艺和构造做法等方面，是指土建施工完成之后，对室内各个界面、门窗、隔断等最终的装饰、修饰工程。相较于室内设计与室内装饰，室内装修有最终完成的含义。

室内装修污染是新出现的环境污染，简单来说，室内装修污染就是指因装修行为对室内环境所产生的污染。它是近年来随着人们生活水平的提高对室内空间进行装修过程中出现的一种新的污染，主要是由于人们在室内装修过程中采用不合格装修材料以及不合理的设计造成的。

目前比较有代表性的一种观点认为："室内装修污染是指室内空气中混入有害人体健康的甲醛、苯、氨和挥发性有机物等气体的现象。"但是，这一定义仅将室内装修污染局限于空气污染，而忽略了其他的污染现象，不利于保证人们享有绿色的室内环境。众所周知，对室内空间环境进行装修，可以带来多种环境问题，比如使用含有有毒、有害物质的建材会对室内空气质量产生影响；装修过程中会产生各种粉尘、废弃物和噪声污染，这些都会严重影响到人们的生活。但是，一般研究室内装修污染的只是把目光放在室内空气质量上，而忽略了其他方面，这显然不够全面。室内装修污染是一种广义的污染，是指在居所、办公场所、公共场所等全封闭或半封闭的室内环境中，因为装修行为而产生的有害人体健康的气体，以及其他超过环境自净能力的物质和能量进入室内环境后，对环境和人体健康产生不利影响的现象。

（二）室内装修污染的分类

依照不同的分类标准，可以对室内装修污染做不同的分类，且每种分类有着不同的法律意义及现实意义。

1. 依照污染的表现形式可以分为空气污染、噪声污染、各种废弃物污染以及视觉污染和设计污染

这一分类有助于人们对室内装修活动可能造成的污染进行分门别类的控制，对不同表现形式的污染采用相对应的控制防范措施。例如：控制空气污染，可以从规范环保建材入手；控制噪声污染，可以要求装修人员严格遵守施工时间的要求，或采取防噪声的其他措施；控制视觉污染和设计污染，可以请专业的室内装修设计公司来设计。

2. 依照污染物种类可以分为甲醛污染、苯污染、氨气污染、氡污染、铅污染

这些污染物主要是针对室内空气污染而言，这些物质是看不见摸不着的，它们混合在空气中，通过呼吸道进入人体，对人体产生各种不良影响。据称，氡、苯、甲醛、氨、三氯乙烯这些室内空气污染物会导致人体 35.7％的呼吸道疾病，22％的慢性肺病和 15％的气管炎、支气管炎和肺癌，它导致的是多系统、多器官、多组织、多细胞、多基因的损害。因此，为避免室内装修污染的侵害，在选购装修材料时应避免使用含有有害物质的材料，采用符合国家标准的绿色建材。

3. 依照室内装修污染发生的场合可以分为居所污染、办公场所污染及公共场所污染

由于居所具有很大的私密性，属于个人的隐私空间；而办公场所以及纯公共场所，比如商场、娱乐场所等又具有很强的开放性，因此，在不同的场合其污染防范措施应当不同。比如，相较于私密性较强的居室空间环境而言，公共空间就应当与其采用不同的防范措施。

二、我国室内装修污染的现状

近年来，随着我国经济的高速发展，人们生活水平显著提高，大家对舒适高雅的室内环境的追逐越来越明显。于是，随之而来的对住房、商场、写字间等室内空间进行高档装修的浪潮接踵而至。但是，在进行室内装修的同时，污染问题也随之凸现出来，严重地影响人们的身体健康并造成了巨大的财产损失。越来越多的装修污染问题引起公众的广泛关注，有

39.7％的公众表示对"装修涂料安全"最不放心。

（一）室内环境质量不断恶化，室内装修污染严重

随着人们生活水平的提高，人们在追逐大房子的同时也在追逐高档豪华的装饰装修，而居室豪华装修后产生的室内空气污染正成为一个隐性杀手。

据中国质量万里行家居空气污染调查活动报告显示，包括北京在内的全国大部分城市室内环境情况都不容乐观。以北京市为例，在随机挑选的 21 个检测家庭中，95％甲醛超标，最多的超标 6.1 倍，平均超标 1.43 倍；33％苯超标，最多的超标 24.8 倍，平均超标 3.48 倍。中国室内装饰协会室内环境监测工作委员会主任宋广生指出，甲醛和苯污染是造成室内污染的主要原因。

然而，绝不仅仅是甲醛和苯才是室内装修污染的元凶。装修所带来的污染源种类繁多，包括各种有害气体、粉尘、细菌、放射性石材、光与噪声等。这些污染物无疑会对人体产生极大的危害，例如甲醛，就是确定无疑的致癌物质。苯及其同系物，也是人们身边的"恶魔"，可以引起血小板和白细胞的减少、贫血及出血倾向。2000 年初春就发生了室内苯浓度超标，而在一夜之间杀死主人的恶性事件。室内装修所用的花岗石、水泥、陶瓷制品等可以产生具有放射性的氡，它的衰变会破坏呼吸道周边的细胞，产生肺癌。其他的污染物也会不同程度地对人身产生各种危害。在一个相对密闭的环境中存在种类如此繁多的污染源，各种污染相互交错，使得损害后果的发生呈现出综合性特征，致使室内装修污染程度严重。

（二）室内装修污染严重影响人体健康，特别是对儿童健康影响巨大

中国标准化协会和中国儿童卫生保健疾病防治指导中心的调查显示：全国每年因装修污染引发呼吸道感染而死亡的儿童高达 210 万，因环境质量导致的白血病、呼吸道疾病、血液性疾病、胎死、畸形儿、皮肤病等疾病的发病率比上年平均增长 2％以上。我国每年新增白血病患者 4 万～5 万人，约 50％是儿童。据某家儿童医院血液科统计，接诊的白血病患儿中，90％家庭在半年之内曾经装修过。由于室内环境的恶化，我国的肺癌发病率更以每年 26.9％的惊人速度迅猛递增，装修污染已经严重地侵害了人体健康甚至危及人类生命安全，更为严重的是，装修污染对于儿童的健康影响巨大，特别是目前已经出现的装修污染致使胎儿畸形、流产，更将严重地影响到人类的生存和繁衍。目前，装修污染已被列入对公众危害最大的五种环境因素之一。

（三）室内装修污染诉讼呈升温态势

目前，越来越多的室内装修污染的受害者通过法律途径寻求救助，但其效果却不尽如人意。

三、装修污染的来源及危害

夏季是室内空气污染的高峰期，随着室温的升高，各种建筑材料和家具中的有害气体的释放量也随之增加。据有关资料显示，室内温度在 30℃时，室内有害气体释放量最高。甲醛的沸点为 19℃，往往秋冬季节感觉没有污染的房屋，在夏季会感觉气味很大。

调查证实，在现代城市中，室内空气污染的程度比户外高出很多倍，更重要的是 80％以上的城市人口，七成多的时间在室内度过，而儿童、孕妇和慢性病人，因为在室内停留的时间比其他人群更长，受到室内环境污染的危害就更加显著，特别是儿童，他们比成年人更容易受到室内空气污染的危害。一方面，儿童的身体正在成长发育中，呼吸量按体重比成年人高近 50％，另一方面，儿童有 80％的时间生活在室内。世界卫生组织宣布：全世界每年有 10 万人因为室内空气污染而死于哮喘，而其中 35％为儿童，我国儿童哮喘患病率为

2%～5%，其中 85%的患病儿童年龄在 5 岁以下。

甲醛已经被世界卫生组织确定为一类致癌物，并且认为甲醛与白血病发生之间存在着因果关系。目前甲醛是我国新装修家庭中的主要污染物，儿童是室内环境污染的高危人群，甲醛污染与儿童白血病之间的关系应该引起全社会关注。

2004 年，美国职业安全和健康研究所调查了 11039 名曾在甲醛超标环境中工作 3 个月以上的工人，发现有 15 名死于白血病，美国国立癌症研究所调查了 25019 名工人，发现有 69 名死于白血病，死亡比例略高于普通人群，相对危险度随着甲醛浓度的增高而增加，所以推测甲醛可能与白血病发生有关，认为甲醛可能引发白血病。

我国发布的流行病学统计，我国白血病的自然发病率较高，每年约新增 4 万名白血病患者，其中 50%是儿童，而且以 2～7 岁的儿童居多。家庭装修导致室内环境污染，被认为是导致城市白血病患儿增多的主要原因。2001 年北京儿童医院统计就诊的城市白血病患儿中，有九成以上的患儿家庭在半年内装修过。2004 年深圳儿童医院与有关部门曾对新增加的白血病患儿进行了家庭居住环境调查，发现 90%的小患者家中在半年之内曾经装修过。

在这些流行病学调查中，还缺乏对装修甲醛污染与儿童白血病关系的研究。由于儿童有不同于成年人的血液学特点，如儿童正处于成长过程中，造血功能不稳定，造血储备能力差；儿童造血器官易受感染，容易发生营养缺乏情况。因此，甲醛超标对儿童造血器官的影响可能比成年人更严重。不当装修引起的室内环境污染是近年来小儿白血病患者明显增加的一个原因。

装修污染的来源很多，其中有相当一部分是由于装修过程中所使用的材料不当造成的，包括甲醛、苯、二甲苯等挥发性有机物气体（表 9-1）。因此在装修过程中应尽量选择有机污染物含量比较少的材料。家庭装修污染的四大来源主要是以下几种材料。

表 9-1　室内装修污染的三大杀手

名称	特性	主要危害	主要来源
甲醛	透明无色，有刺激性气体	可引起恶心、呕吐、咳嗽、胸闷、哮喘甚至肺气肿；长期接触低剂量甲醛，可引起慢性呼吸道疾病、女性月经紊乱、妊娠综合征、引起新生儿体质降低、染色体异常，引起少年儿童智力下降；被世界卫生组织确认为一类致癌物；甲醛可引起人类的鼻咽癌、鼻腔癌和鼻窦癌；损伤人的造血功能，可引发白血病	夹板、大芯板、中密度板等人造板材及其制造的家具，塑料纸、地毯、油漆、涂料、胶黏剂等大量使用黏合剂的环节
苯系物（苯、甲苯、二甲苯）	室内挥发性有机物，无色有特殊芳香气味	属于致癌物质，轻度中毒会造成嗜睡、头痛、头晕、恶心、胸部紧束感等，并可有轻度黏膜刺激症状。重度中毒会出现视物模糊、呼吸浅而快、心律不齐、抽搐或昏迷。长期接触可引发各种癌症，特别是白血病。苯于 1993 年被世界卫生组织（WHO）确定为致癌物	合成纤维、油漆及各种油漆涂料的添加剂和稀释剂、各种溶剂型塑胶剂、防水材料
TVOC（总挥发性有机物）	TVOC 多指沸点在 50～250℃的化合物，总共包括 300 多种化合物	当 TVOC 浓度为 $3.0～25mg/m^3$ 时，会产生刺激和不适，可能会出现头痛等症状。当 TVOC 浓度大于 $25mg/m^3$ 时，可能会出现神经毒性作用。常见症状有：眼睛不适、浑身赤热、干燥、头痛等	建筑材料、装饰材料、纤维材料、生活及办公用品等

1. 木工板

木材来自天然，本身无毒，而是其加工时使用脲醛胶粘接，而形成甲醛的污染源；尤其胶合板、密度板、刨花板胶水含量较大，含有大量甲醛（成品板式家具、橱柜使用此板较多）。建议：装修中现场制作家具采用实木指接板或绿蛙无毒大芯板，可以大幅减少或杜绝。

2. 胶水

家庭装修中使用胶水的主要成分为甲醛，使用胶水的地方如墙面乳胶漆基层的腻子胶，粘贴木工板使用的白乳胶，粘贴墙纸中的墙纸胶。$10m^2$ 的居室使用的胶水在 100kg 以上，国家标准甲醛含量为 1g/kg 胶水，那么装修完后居室基本有 100g 甲醛，按照标准换算前三年可能超标 3 倍以上，几乎笼罩整个房间使新房成为毒气室。胶水的污染才是装修中占有污染源最大比例的部分。建议使用绿蛙无毒植物胶或零甲醛胶水，或者尽量避免大面积使用化学胶水，可以杜绝装修污染源 60% 以上。

3. 油漆

因为油漆中含有大量刺鼻的苯，因此人们对油漆感知最为强烈；家庭装修中油漆只是局部使用，加上油漆的挥发相当快，三天可以挥发有害物质 70% 以上。因此其不是最大的污染源。建议使用水性油漆替代（加水即可稀释，油性油漆加天那水或香蕉水稀释），即可避免。

4. 乳胶漆

因为乳胶漆使用面积很宽，客户通常认为乳胶漆污染很重；现在市面上的只要是国家批准生产的乳胶漆，都是水性乳胶漆，主要差别是其他的物理性能，乳胶漆涂刷后 1 天内可以挥发其中的有害物质 90% 以上，因此通常可以将其环保性能指标忽略不计。

四、装修污染的解决办法

如今各类室内空气污染治理多如牛毛，数不胜数。从技术方面主要分为两大类：以活性炭为主的物理吸附和臭氧发生器、负离子、光催化剂技术、甲醛喷雾剂、植物提取液等为主的化学祛除。具体可分为以下几种。

1. 竹炭、活性炭吸附法

竹炭、活性炭是国际公认的吸毒能手，活性炭口罩，防毒面具都使用活性炭。竹炭是近几年才发现的一种比一般木炭吸附能力强 2～3 倍的吸附有害物质的新型环保材料。竹炭的特点：物理吸附，吸附彻底，不易造成二次污染。现在竹炭产地主要集中在江西、浙江、湖南、四川等地。

2. 通风法去除装修污染

通过室内空气的流通，可以降低室内空气中有害物质的含量，从而减小此类物质对人体的危害。冬天，人们常常紧闭门窗，室内外空气不能流通，不仅室内空气中甲醛的含量会增加，氡气也会不断积累，甚至达到很高的浓度。

3. 传统方法

300g 红茶泡入两脸盆热水，放入居室中，并开窗透气，48h 内室内甲醛含量将下降 90% 以上，刺激性气味基本消除。

4. 植物去除法

中低度污染可选择植物去污：一般室内环境污染在轻度和中度污染、污染值在国家标准 3 倍以下的环境，采用植物净化能达到比较好的效果。

根据房间的不同功能、面积的大小选择和摆放植物。一般情况下，$10m^2$ 左右的房间，

1.5m 高的植物放两盆比较合适。

5. 化学去除法

活性炭属物理吸附，很安全，虽对人体无害，但只是治标不治本，而喷剂可以直接针对污染源作用，能从根源上消除污染。需要注意的是喷剂容易形成二次污染，购买时需仔细鉴别。

6. 纯中草药喷剂分解法

目前这种效果比较好，它结合了植物去除法的和化学去除法的优点，而摒弃了它们的不足，首先较化学去除法安全无二次污染，比之植物去除法，由于它是草本提取液，所以效果比较好。像市面上目前比较好的如"迪亚林"草本空气清新剂就是它们之中的佼佼者，是当今为数不多的纯天然去除装修污染产品，可见，伴随着人们生活水平的提高和环境概念的加强，这样的纯草本方法去除装修污染将越来越深入人心。

7. 在选择材料上防止装修污染

防止室内空气污染应从头做起，即在设计、工艺、材料几个方面加强防范。在装修时，应尽量选用环保的无毒或少毒材料，并且请正规的家装公司按环保要求施工。购买家具时，要选择有信誉保证的正规厂家生产的产品。装修完后，不要立即入住，可以采用小粒径负离子清除室内甲醛。

① 在材料选择上，住宅装饰装修应采用 A 类天然石材，不得采用 C 类天然石材，应采用 E1 级人造木板，不得采用 E3 级人造木板。

② 内墙涂料严禁使用聚乙烯醇水玻璃内墙涂料（106 内墙涂料）、聚乙烯醇缩甲醛内墙涂料（107、803 内墙涂料）。

③ 粘贴壁纸严禁使用聚乙烯醇缩甲醛胶黏剂（107 胶）。

④ 木地板及其他木质材料严禁采用沥青类防腐、防潮处理剂处理，阻燃剂不得含有可挥发氨气成分。

⑤ 粘贴塑料地板时，不宜采用溶剂型胶黏剂。脲醛泡沫塑料不宜作为保温、隔热、吸声材料。

⑥ 施工要求

a. 在施工要求方面，住宅装饰装修中所用的稀释剂和溶剂不得使用苯（包括工业苯、石油苯、重质苯，不包括甲苯、二甲苯）。

b. 严禁使用苯、甲苯、二甲苯和汽油进行大面积除油和清除旧油漆作业。

c. 涂料、胶黏剂、处理剂、稀释剂等溶剂使用后，应及时封闭存放，废料应及时清出室内，严禁在室内用溶剂清洗施工用具。

d. 进行人造木板拼接时，除芯板为 E1 级外，断面及边缘应进行密封处理。

e. 加强室内通风非常关键，几大主要污染物质通过加强通风都可以大量清除。装修好的居室不能马上入住，要尽量通风散味，做好空气净化工作。但是，不能打开所有门窗通风，因为这样对刚刚涂刷完毕的墙面及顶棚漆不利，会使漆急速风干，容易出现裂纹。

f. 负离子治理法，改善室内环境最好的办法就是增加室内的负氧离子含量。负离子能有效净化空气，降解各类污染，并在室内营造空气负离子疗养空间。中科院经实验证实，人工生成的小粒径负离子清除甲醛的有效率达 73.33% 以上，长期使用达 99%。

本章小结

本章主要介绍产生装修污染的原因、危害及绿色装修的概念、从设计开始如何进行绿色装修，使人类更好地在室内进行生活和工作。

复习思考题

1. 什么是绿色装修？
2. 绿色环保建材有哪些基本特点？
3. 什么是装修污染？现代装修中哪些建材容易产生污染？
4. 装修的污染对人们的生活都会产生哪些不良后果，在装修过程中如何避免装修污染的发生？

实训练习

参观考察建材市场，了解各种绿色装修材料的价格。分析它们与其他产品产生价格差异的原因。

参考文献

[1] 张粉芹，赵志曼. 建筑与装饰材料. 重庆：重庆大学出版社，2007.

[2] 魏鸿汉. 建筑材料. 等2版. 北京：中国建筑工业出版社，2007.

[3] 柯昌君. 建筑与装饰材料. 郑州：黄河水利出版社，2006.

[4] 陆平，黄燕生. 建筑装饰材料. 北京：化学工业出版社，2006.

[5] 张长江，陈晓蔓. 材料与构造. 北京：中国建筑工业出版社，2006.

[6] 安素芹，魏鸿汉. 建筑装饰材料. 北京：中国建筑工业出版社，2005.

[7] 沈春林. 新型建筑涂料产品手册. 北京：化学工业出版社，2005.

[8] 向才旺. 建筑装饰材料. 第2版. 北京：中国建筑工业出版社，2004

[9] 杨天佑. 简明装饰装修施工与质量验收手册. 北京：中国建筑工业出版社，2004.

[10] 张书梅. 建筑与装饰材料. 北京：机械工业出版社，2003.

[11] 建筑装饰材料手册编写组. 建筑装饰材料手册. 北京：机械工业出版社，2002.

[12] 全国一级建筑师执业资格考试用书编写委员会. 建筑工程管理与实务. 北京：中国建筑工业出版社，2007.

[13] 何平. 装饰材料. 南京：东南大学出版社，2002.

[14] 何新闻. 室内设计材料的表现应用. 长沙：湖南科学技术出版社，2002.

[15] 陈军. 住宅装修大全. 南京：江苏科学技术出版社，2002.